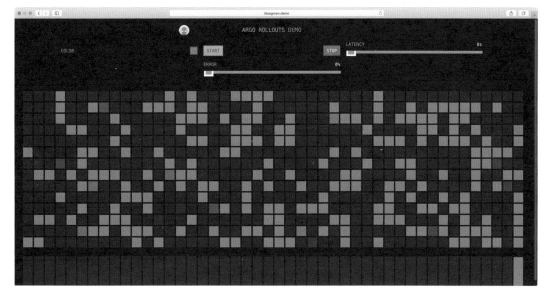

图 8-3　访问蓝色环境

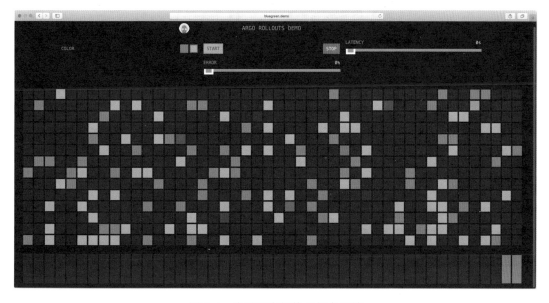

图 8-4　流量逐渐切换至绿色环境

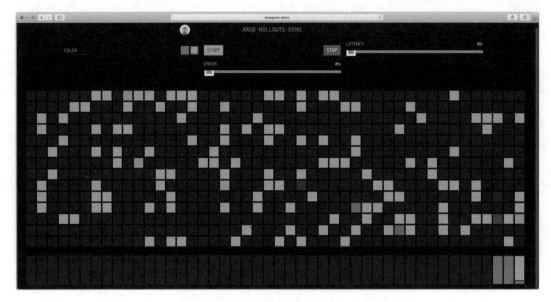

图 8-5　流量完全切换至绿色环境

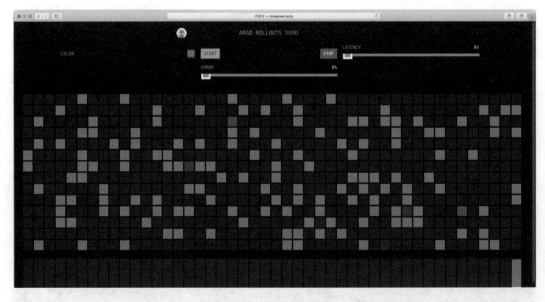

图 8-7　访问蓝色环境

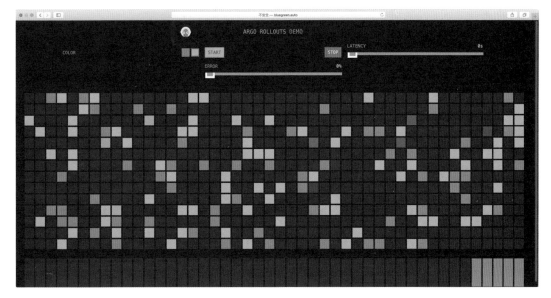

图 8-8　流量逐渐切换至绿色环境

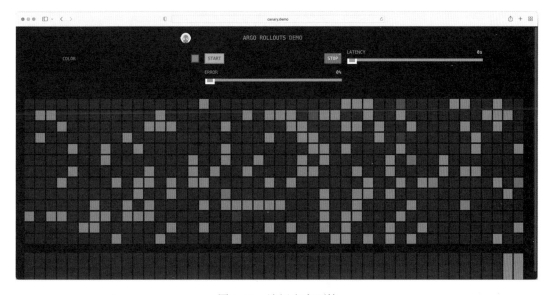

图 8-15　访问生产环境

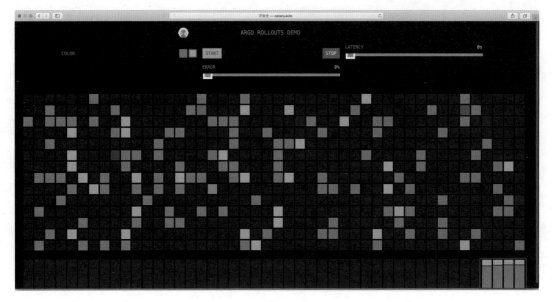

图 8-18　金丝雀环境中的流量占比

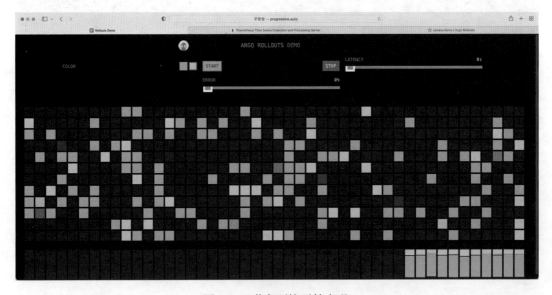

图 8-32　黄色环境开始出现

云计算与虚拟化技术丛书

CLOUD NATIVE ARCHITECTURE
AND GITOPS IN ACTION

云原生架构
与GitOps实战

王炜 张思施 ◎著

机械工业出版社
CHINA MACHINE PRESS

图书在版编目（CIP）数据

云原生架构与 GitOps 实战 / 王炜，张思施著. —北京：机械工业出版社，2023.11
（云计算与虚拟化技术丛书）

ISBN 978-7-111-73742-1

Ⅰ.①云…　Ⅱ.①王…　②张…　Ⅲ.①云计算　Ⅳ.① TP393.027

中国国家版本馆 CIP 数据核字（2023）第 160471 号

机械工业出版社（北京市百万庄大街 22 号　邮政编码 100037）

策划编辑：孙海亮　　　　　责任编辑：孙海亮　董惠芝
责任校对：贾海霞　王　延　责任印制：李　昂
河北宝昌佳彩印刷有限公司印刷
2023 年 11 月第 1 版第 1 次印刷
186mm×240mm·23.25 印张·2 插页·502 千字
标准书号：ISBN 978-7-111-73742-1
定价：109.00 元

电话服务　　　　　　　　　　网络服务

客服电话：010-88361066　　机 工 官 网：www.cmpbook.com
　　　　　010-88379833　　机 工 官 博：weibo.com/cmp1952
　　　　　010-68326294　　金 书 网：www.golden-book.com
封底无防伪标均为盗版　　　　机工教育服务网：www.cmpedu.com

2023 年 4 月 KubeCon 在北美与欧洲的大会都有上万人参加，而且 70% 以上到会者是第一次参加。这说明大量欧美企业开始使用云原生技术，这些企业的技术人员有很强的学习需求。2022 年年底，云原生基金会通过问卷调查了全球 2200 多位 IT 专业人士，得出的核心结论是：容器是新常态，而 WebAssembly 是未来。

作为新常态的容器技术，与作为未来的 WebAssembly 技术，都需要一套云原生应用工具（比如 Kubernetes 与 Docker）来实现管理、配置与服务调度。

随着云原生技术的成熟与广泛应用，云原生生态也变得越来越复杂。对于新手来说，开发与部署一个哪怕是最简单的 Kubernetes 应用都要学习很多概念与工具，然后需要走通一系列复杂的步骤，中间如果弄错了顺序，或者输错了任何参数，都会导致最后部署与执行的失败。GitOps 用 Git 仓库来集中管理 Kubernetes 应用的代码、配置文件、参数，以及部署、运行的详细步骤。它保证了 Kubernetes 应用的可重复性，降低了团队多人管理一个应用的沟通成本，提高了系统的鲁棒性。今天，GitOps 已经是云原生开发者必备的工具。而学习成功项目的 GitOps 配置，也是了解云原生架构的一个很好的渠道。

GitOps 的特点是管理与协同复杂系统，本身就是复杂的。对于新手来说，它隐藏了系统本身的大量复杂操作，从而可以快速上手。但是要真正理解并精通 GitOps 其实不容易。

王炜老师的《云原生架构与 GitOps 实战》是一本由浅入深地系统介绍 GitOps 的各种工具与构建方法论的优秀图书。

第 1 章介绍了一个完整的简单 GitOps 应用，通过这个应用介绍 GitOps 和云原生应用的核心概念与工具，包括应用容器 Docker、容器的管理与调度工具 Kubernetes、代码与配置的管理仓库 Git，以及监听 Git 仓库并自动部署到 Kubernetes 的工具 Flux CD。

第 2 章和第 3 章讨论了第 1 章中介绍的两个核心工具 Docker 与 Kubernetes。

第 4～7 章介绍了基于 Git 的配置管理与持续构建，从常用的自动化持续构建工具 GitHub Action，到针对 Kubernetes 云原生应用的两个 GitOps 核心工具 Helm 与 Argo CD。

第 8～12 章讨论了 GitOps 的最佳实践，并且介绍了多个非常流行的工具，包括发布策略、多环境管理、安全、可观测性与服务网格的应用，这些都是在实际云原生项目中肯定会碰到的。

第 13 章介绍了一个云原生的开发环境 Nocalhost，它提供了类似 IDE 的界面，以便开发者遵循最佳实践快速配置与启动云原生系统，并且稳定地重现系统状态。从某种意义上说，这是可视化的 GitOps。

当然，对于复杂应用来说，只有技术工具是远远不够的。

第 14 章和第 15 章讨论了"人"与"社区"的因素，包括行业标准的制定，如何参与开源社区，以及如何在团队内部做技术沟通。

王炜老师的这本书从 GitOps 角度，通过实战介绍了复杂的云原生系统，非常值得所有云原生开发者学习。

Michael Yuan

WasmEdge 项目创始人

为什么要写这本书

随着 2015 年云原生计算基金会（CNCF）的成立，云原生领域已经持续高速发展了 7 年多。Kubernetes 就像是一个全新的云操作系统，围绕它延伸出丰富的上层应用。迄今为止，CNCF 公布的云原生全景图涉及近 30 个领域的数百个项目，云原生技术的广度和深度也得到了前所未有的发展。

回想国内云原生刚普及的时候，我正面临着职业发展的重大选择，一边是继续自己熟悉的业务开发方向，另一边则是完全陌生的云原生和 DevOps 领域。在职业发展瓶颈带来的焦虑和对未知方向的迷茫的双重压力下，我思考了许久。在咨询宋净超后，我决定做出改变，从此埋头扎进了未知的云原生和 DevOps 领域。

在加入腾讯云 CODING 之后，我有幸遇到伯乐王振威，并有机会参与了 CODING 持续部署和 Nocalhost 等项目从无到有的研发工作，拓展了技术视野。在深入该领域之后，我猛然发现，原来困扰我多年的业务架构难题，例如高并发、高可用架构以及自动扩 / 缩容等，在这里都能找到最优的解法。此时，我深刻地明白了一个道理：要想深入某个领域，最高效的方式是跨维度去学习更上层的技术。

事实证明，我的选择是正确的。很快，我在云原生领域的收获就超过了之前在业务开发领域七八年时间的收获。2021 年，我主导研发的 Nocalhost 项目通过了 CNCF 技术委员会的投票，成功入选了 CNCF 沙箱项目。同年，我被推举为 CNCF 官方大使，并出版了国内第一本系统介绍云原生持续部署的书籍《Spinnaker 实战：云原生多云环境的持续部署方案》。2022 年，我成为 Linux 基金会亚太地区的"布道师"，并与我国云原生社区的其他技术专家联合出版了《深入理解 Istio：云原生服务网格进阶实战》。2023 年，我成为期待已久的微软 MVP（最具价值专家）。

渐渐地，我收到了很多关于云原生技术的咨询。在这之中，最普遍也是让他们感到最焦虑的问题是：云原生技术的落地实在是太难了，下一步该怎么做？

在我看来，这里的"难"主要体现在两方面：一方面是技术本身，云原生背后的技术栈过于庞大，仅仅掌握 Kubernetes 和 Docker 技术是不足以实施云原生工程的；另一方面是人为因素，在公司里实施一项新技术，往往意味着打破常规进行组织调整，此时非技术因素就凸显出来了，而这是技术人员极不擅长的。

技术本身的难题，建议通过跨维度方法来解决。什么意思呢？云原生技术背后虽然由非常多的技术栈构成，但我认为它们最终都指向一个工程实践：GitOps。所以，掌握了GitOps 就相当于系统性地学习了云原生中常见的 12 大技术栈，如下图所示。

不过遗憾的是，目前国内并没有一本体系化介绍云原生和 GitOps 的书籍，这导致很多学习了 Kubernetes 或 Docker 的从业者不知道该怎么将其运用在工程实践上，此外，还有很多想转型云原生领域的从业人员也不知怎么学，以及从哪里学起。

而这些迷茫也正是我经历过的。我在学习过程中同样走了一些弯路，所以希望我的经验分享能启发并帮助更多的人，这也是我写本书的出发点。

本书将立足于实践，尽量对概念性内容进行精简，为读者提供从零开始构建 GitOps 的视角和方法，在覆盖技术广度的同时，对部分核心技术在深度上进行补充。希望本书能拓展读者的技术视野，最终使读者将书中的内容灵活运用到工作中。

本书特色

考虑到云原生技术学习曲线过于陡峭以及职业发展的问题，本书的内容设计遵循以下两个原则。

- ❑ 知识减负，零基础适用。
- ❑ 从实践出发，学以致用。

本书将从实际的业务场景出发，通过模拟真实的微服务应用，带领读者从零开始构建 GitOps 工作流，并最终将 GitOps 的 12 大技术栈系统地联系起来，帮助读者理解最佳实践中的**高级发布策略、多环境管理**以及**服务网格**等内容。

在内容结构方面，本书和其他技术性书籍有较大区别。为了激发读者的学习兴趣，我不会在一开始就讲解枯燥的概念，而是通过实战的方式让读者对 GitOps 的业务价值产生直观的感受。

此外，本书在每个技术栈都提供了基于真实场景的参考代码，读者将其稍加改造就可以用在工作当中。

除了技术本身，本书还进一步提供了**云原生职业发展指南**和**实施指南**，比如借助 CNCF 考试获得行业认可、构建云原生知识体系以及落地一项新技术可能遇到的挑战和困难等，为读者的长期职业发展提供参考路线。

读者对象

- ❑ DevOps 工程师
- ❑ 运维开发工程师
- ❑ 云原生开发工程师
- ❑ SRE 工程师
- ❑ 云原生架构师
- ❑ 解决方案架构师

如何阅读本书

本书分为四部分，分别是背景、GitOps 核心技术、高级技术以及知识拓展与落地，建议读者按照下面的路线图进行阅读。

第一部分（第 1 章）着重介绍如何从零开始构建 GitOps 工作流。

第二部分（第 2～7 章）重点介绍构建 GitOps 工作流所需要的核心技术栈。

第 2 章介绍如何将业务代码构建为 Docker 镜像以及构建过程中的一些最佳实践，例如压缩镜像体积、构建多平台镜像、多阶段构建和缓存等。

第 3 章从实际场景出发，介绍将业务迁移至 Kubernetes 平台的实践，并进一步介绍了 Kubernetes 常用的对象和工作负载。

第 4 章介绍 3 种持续集成工具的使用方法，包括 GitHub Action、GitLab CI 和 Tekton。

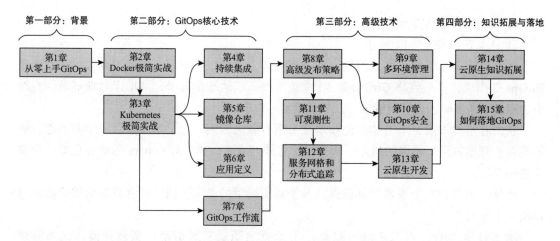

第5章介绍如何使用 Harbor 构建生产级的自托管镜像仓库，包括大规模下的生产建议。

第6章介绍 Kustomize 和 Helm Chart 两种应用定义的方式，并进一步介绍了 Helm 的应用管理能力。

第7章介绍连接 GitOps 工作流的步骤，以及实现全自动构建和发布的流程。

第三部分（第8~13 章）着重介绍企业级场景下 GitOps 工作流的高级实践。

第8章介绍高级发布策略，例如蓝绿发布、金丝雀发布以及自动渐进式交付，并结合 Argo Rollout 进行发布实践。

第9章介绍 GitOps 中多环境的概念、分支管理模型以及如何实施自动多环境管理。

第10章介绍 GitOps 工作流中需要关注安全问题的环节，并通过实际案例介绍如何在 GitOps 中实现密钥的安全存储。

第11章介绍组成可观测性的三大支柱——日志、监控和告警，从零开始构建业务可观测性，并进一步介绍了常用的指标查询和告警策略。

第12章简单介绍服务网格和分布式追踪技术，例如为业务配置熔断和限流策略，借助 Jaeger、Zipkin、SkyWalking 实施分布式追踪。

第13章介绍在云原生环境下开发的最佳实践，例如开发循环反馈、远程开发、热加载和一键调试等技术。

第四部分（第14 和15 章）介绍构建 GitOps 时"人"与"社区"的因素。

第14章对 CNCF 以及 GitOps 理念进行深入介绍，包括云计算和 CNCF 的发展、GitOps 的优势以及声明式开发和命令式开发的优劣。

第15章着重介绍在团队内实施新技术将会遇到的问题，以及如何破解这些技术和非技术难题并实现新技术的落地。

勘误和支持

由于作者水平有限，书中难免会出现一些错误或者不准确的地方，恳请读者批评指正。如果你有更多的宝贵意见，可以通过邮箱 wangwei27494731@gmail.com 与我联系。期待得到你的真挚反馈，让我们在技术之路上互勉共进。

致谢

感谢在云原生道路上给予我帮助的人：王振威、张海龙、宋净超、周鹏飞。

感谢 XVC 的胡博予、陆宜、文煊义对氦三的支持。

在撰写本书时，我也得到了很多朋友的帮助和支持，他们是 Hong Wang（Akuity 公司 CEO）、Michael Yuan（Second State 公司 CEO）、周明辉（北京大学教授）、黄东旭（PingCap 公司 CTO）、Chris Aniszczyk（CNCF CTO）、Keith（Linux 基金会负责人），以及耿洁和梁正霖（极客时间工作人员）。

最后，我要特别感谢我的太太和母亲在我写作时的默默付出与支持。

谨以此书献给我最亲爱的家人，以及众多热爱云原生技术的朋友们！

王　炜

2023 年 7 月

目 录 *Contents*

推荐序
前 言

第一部分 背景

第1章 从零上手 GitOps ················· 2

1.1 构建容器镜像 ····················· 2
  1.1.1 初识容器镜像 ··············· 2
  1.1.2 构建镜像 ····················· 4
  1.1.3 构建方法总结 ··············· 7
1.2 将镜像部署到 Kubernetes ······· 8
  1.2.1 初识 Kubernetes ··········· 8
  1.2.2 本地安装 Kubernetes ······· 8
  1.2.3 部署容器镜像 ··············· 9
  1.2.4 查看和访问 Pod ··········· 11
  1.2.5 进程、容器镜像和工作负载的
      关系 ······················· 11
1.3 自动扩 / 缩容和自愈 ··········· 12
  1.3.1 传统扩 / 缩容和自愈方案 ······· 12
  1.3.2 传统方案的缺点 ··········· 13
  1.3.3 Kubernetes 自愈 ··········· 13
  1.3.4 Kubernetes 自动扩 / 缩容 ······· 16
1.4 构建工作流 ····················· 17
  1.4.1 Kubernetes 应用的一般发布流程 ··· 18

1.4.2 安装 Flux CD ··············· 20
1.4.3 构建 GitOps 工作流 ········· 21
1.4.4 自动发布 ····················· 23
1.4.5 快速回滚 ····················· 24
1.5 小结 ····························· 25

第二部分 GitOps 核心技术

第2章 Docker 极简实战 ············· 28

2.1 为不同语言的应用构建容器镜像 ··· 28
  2.1.1 Java ························· 28
  2.1.2 Golang ······················· 32
  2.1.3 Node.js ····················· 33
  2.1.4 Vue ························· 35
  2.1.5 构建多平台镜像 ··········· 38
2.2 压缩镜像体积 ··················· 42
  2.2.1 查看镜像大小 ··············· 42
  2.2.2 替换基础镜像 ··············· 43
  2.2.3 重新思考 Dockerfile ········· 43
  2.2.4 多阶段构建 ················· 45
  2.2.5 进一步压缩 ················· 46
  2.2.6 极限压缩 ····················· 47
  2.2.7 复用构建缓存 ··············· 48
2.3 基础镜像的选择 ··············· 48

2.3.1 通用镜像 ············ 48

2.3.2 专用镜像 ············ 50

2.4 小结 ············ 52

第3章 Kubernetes 极简实战 ······· 54

3.1 示例应用 ············ 54

3.1.1 应用架构 ············ 54

3.1.2 部署对象 ············ 55

3.1.3 部署示例应用 ············ 56

3.1.4 Kubernetes 对象解析 ··· 58

3.2 命名空间 ············ 59

3.2.1 概述 ············ 59

3.2.2 使用场景 ············ 62

3.2.3 跨命名空间通信 ······· 62

3.2.4 规划命名空间 ········ 63

3.3 工作负载类型和使用场景 ·· 64

3.3.1 ReplicaSet ············ 64

3.3.2 Deployment ············ 66

3.3.3 StatefulSet ············ 68

3.3.4 DaemonSet ············ 69

3.3.5 Job 和 CronJob ······ 69

3.4 服务发现和 Service 对象 ····· 71

3.4.1 Pod 通信 ············ 71

3.4.2 Service 工作原理 ····· 72

3.4.3 Endpoints ············ 74

3.4.4 Service IP ············ 74

3.4.5 Service 域名 ········ 75

3.4.6 Service 类型 ········ 76

3.5 服务配置管理 ············ 77

3.5.1 传统的配置管理方式 ·· 78

3.5.2 Env ············ 79

3.5.3 ConfigMap ············ 80

3.5.4 Secret ············ 82

3.6 服务暴露 ············ 83

3.6.1 传统的服务暴露方式 ····· 83

3.6.2 NodePort ············ 84

3.6.3 LoadBalancer ············ 85

3.6.4 Ingress ············ 86

3.7 资源配额和服务质量 ········ 88

3.7.1 概述 ············ 88

3.7.2 初识 CPU 和内存 ····· 88

3.7.3 查看 Pod 资源消耗 ···· 89

3.7.4 资源请求和资源限制 ·· 89

3.7.5 服务质量 ············ 90

3.8 水平扩容 ············ 91

3.8.1 基于 CPU 的扩容策略 ·· 92

3.8.2 基于内存的扩容策略 ·· 92

3.9 服务探针 ············ 93

3.9.1 Pod 和容器的状态 ···· 93

3.9.2 探针类型和检查方式 ·· 94

3.9.3 就绪探针 ············ 95

3.9.4 存活探针 ············ 97

3.9.5 StartupProbe 探针 ···· 98

3.10 小结 ············ 100

第4章 持续集成 ············ 101

4.1 GitHub Action ············ 101

4.1.1 基本概念 ············ 101

4.1.2 创建持续集成 Pipeline ···· 102

4.2 GitLab CI ············ 109

4.2.1 基本概念 ············ 109

4.2.2 创建持续集成 Pipeline ···· 110

4.3 Tekton ············ 114

4.3.1 安装组件 ············ 114

4.3.2 基本概念 ············ 120

4.3.3 创建 Tekton Pipeline ···· 121

4.3.4 创建 GitHub Webhook ···· 128

4.3.5　触发 Pipeline ·················· 128

4.4　小结 ····································· 130

第 5 章　镜像仓库 ····················· 131

5.1　搭建 Harbor 企业级镜像仓库 ········ 131

5.1.1　安装组件 ······················· 131

5.1.2　访问 Dashboard ············· 134

5.1.3　推送镜像 ······················· 134

5.2　在 Tekton Pipeline 中使用 Harbor ·· 136

5.2.1　修改仓库地址 ················ 136

5.2.2　修改凭据 ······················· 137

5.2.3　触发 Pipeline ················ 137

5.3　Harbor 生产建议 ···················· 138

5.3.1　PVC 在线扩容 ············· 138

5.3.2　使用 S3 存储镜像 ········· 139

5.3.3　使用托管数据库和 Redis ······· 140

5.3.4　开启"自动扫描镜像"和

"阻止潜在漏洞镜像"功能 ····· 141

5.4　小结 ····································· 142

第 6 章　应用定义 ····················· 143

6.1　Kustomize ···························· 143

6.1.1　准备示例应用 ················ 144

6.1.2　环境差异分析 ················ 145

6.1.3　创建基准 Manifest ·········· 145

6.1.4　创建不同环境下差异化的

Manifest ····················· 146

6.1.5　部署 ····························· 149

6.2　Helm Chart ··························· 151

6.2.1　基本概念 ······················· 151

6.2.2　示例应用改造 ················ 152

6.2.3　部署 ····························· 156

6.2.4　发布 ····························· 157

6.3　Helm 应用管理 ···················· 159

6.3.1　调试 ····························· 160

6.3.2　查看已安装的 Helm Release ···· 160

6.3.3　更新 Helm Release ········· 160

6.3.4　查看 Helm Release 历史版本 ···· 161

6.3.5　回滚 Helm Release ········· 161

6.3.6　卸载 Helm Release ········· 161

6.4　小结 ····································· 161

第 7 章　GitOps 工作流 ·············· 162

7.1　使用 Argo CD 构建 GitOps

工作流 ·································· 162

7.1.1　工作流总览 ··················· 162

7.1.2　安装 Argo CD ··············· 163

7.1.3　创建应用 ······················· 165

7.1.4　连接工作流 ··················· 168

7.1.5　触发 GitOps 工作流 ········ 169

7.2　生产建议 ······························ 170

7.2.1　修改默认密码 ················ 170

7.2.2　配置 Ingress 和 TLS ······· 170

7.2.3　使用 Webhook 触发 ········ 171

7.2.4　将源码仓库和应用定义仓库

分离 ···························· 173

7.2.5　加密 Git 仓库中存储的密钥 ···· 173

7.3　自动监听镜像版本变更触发

工作流 ·································· 174

7.3.1　工作流总览 ··················· 175

7.3.2　安装 Argo CD Image Updater ···· 175

7.3.3　创建镜像拉取凭据 ·········· 176

7.3.4　创建 Helm Chart 仓库 ····· 176

7.3.5　创建应用 ······················· 177

7.3.6　触发工作流 ··················· 179

7.4　小结 ····································· 180

第三部分　高级技术

第 8 章　高级发布策略 ················ 182

8.1　蓝绿发布 ························· 182

  8.1.1　概述 ····················· 183

  8.1.2　手动实现蓝绿发布 ········· 183

  8.1.3　Argo Rollout 自动实现蓝绿

       发布 ··················· 189

  8.1.4　原理解析 ················· 194

8.2　金丝雀发布 ····················· 195

  8.2.1　概述 ····················· 196

  8.2.2　手动实现金丝雀发布 ······· 197

  8.2.3　Argo Rollout 自动实现金丝雀

       发布 ··················· 202

  8.2.4　原理解析 ················· 209

8.3　自动渐进式交付 ················· 211

  8.3.1　概述 ····················· 211

  8.3.2　创建生产环境 ············· 212

  8.3.3　创建 Analysis Template ········ 215

  8.3.4　安装组件并配置 ··········· 216

  8.3.5　启动自动渐进式交付流水线 ··· 219

8.4　小结 ··························· 223

第 9 章　多环境管理 ················ 224

9.1　环境类型和晋升 ················· 224

  9.1.1　环境隔离方式 ············· 224

  9.1.2　环境晋升 ················· 225

9.2　环境管理模型 ··················· 226

  9.2.1　多分支管理模型 ··········· 226

  9.2.2　单分支管理模型 ··········· 227

9.3　自动多环境管理 ················· 227

  9.3.1　概述 ····················· 228

  9.3.2　示例应用 ················· 229

  9.3.3　ApplicationSet ··············· 230

  9.3.4　访问多环境 ··············· 232

  9.3.5　自动创建新环境 ··········· 232

9.4　小结 ··························· 233

第 10 章　GitOps 安全 ··············· 234

10.1　重点关注对象 ················· 234

  10.1.1　Docker 镜像 ············· 234

  10.1.2　业务依赖 ··············· 235

  10.1.3　CI 流水线 ··············· 235

  10.1.4　镜像仓库 ··············· 236

  10.1.5　Git 仓库 ··············· 236

  10.1.6　Kubernetes 集群 ········· 237

  10.1.7　云厂商服务 ············· 237

10.2　安全存储密钥 ················· 238

  10.2.1　Sealed Secrets ············ 238

  10.2.2　External Secrets ··········· 238

  10.2.3　Vault ·················· 238

10.3　Sealed Secrets 实战 ············ 239

  10.3.1　安装 ·················· 239

  10.3.2　示例应用 ··············· 240

  10.3.3　创建 Argo CD 应用 ······· 240

  10.3.4　加密 Secret 对象 ········· 241

  10.3.5　验证 Secret 对象 ········· 244

  10.3.6　原理解析 ··············· 244

  10.3.7　生产建议 ··············· 245

10.4　小结 ························· 246

第 11 章　可观测性 ················ 247

11.1　健康状态排查 ················· 247

  11.1.1　应用健康状态 ··········· 247

  11.1.2　Pod 健康状态 ··········· 248

  11.1.3　Service 连接状态 ········· 251

11.1.4　Ingress 连接状态 ⋯⋯⋯⋯ 251

11.2　日志 ⋯⋯⋯⋯⋯⋯⋯⋯⋯⋯ 252

11.2.1　Loki 安装 ⋯⋯⋯⋯⋯⋯ 252

11.2.2　部署示例应用 ⋯⋯⋯⋯ 254

11.2.3　查询日志 ⋯⋯⋯⋯⋯⋯ 254

11.2.4　常见的 LogQL 用途 ⋯⋯⋯ 258

11.2.5　Loki 工作原理解析 ⋯⋯⋯ 263

11.2.6　生产建议 ⋯⋯⋯⋯⋯⋯ 264

11.3　监控 ⋯⋯⋯⋯⋯⋯⋯⋯⋯⋯ 266

11.3.1　安装 Prometheus 和其他必要

组件 ⋯⋯⋯⋯⋯⋯⋯⋯⋯ 266

11.3.2　配置 Loki 数据源 ⋯⋯⋯⋯ 268

11.3.3　部署示例应用 ⋯⋯⋯⋯ 270

11.3.4　查询监控指标 ⋯⋯⋯⋯ 270

11.3.5　Dashboard 市场 ⋯⋯⋯⋯ 276

11.4　告警 ⋯⋯⋯⋯⋯⋯⋯⋯⋯⋯ 278

11.4.1　选择告警指标 ⋯⋯⋯⋯ 279

11.4.2　配置告警策略 ⋯⋯⋯⋯ 280

11.4.3　配置邮箱通知 ⋯⋯⋯⋯ 282

11.4.4　触发告警 ⋯⋯⋯⋯⋯⋯ 285

11.4.5　CPU 使用率告警 ⋯⋯⋯⋯ 287

11.4.6　飞书告警通知配置 ⋯⋯⋯ 289

11.5　小结 ⋯⋯⋯⋯⋯⋯⋯⋯⋯⋯ 293

第 12 章　服务网格和分布式追踪 ⋯⋯ 294

12.1　服务网格 ⋯⋯⋯⋯⋯⋯⋯⋯ 294

12.1.1　Istio 简介 ⋯⋯⋯⋯⋯⋯ 295

12.1.2　安装 Istio ⋯⋯⋯⋯⋯⋯ 296

12.1.3　示例应用 ⋯⋯⋯⋯⋯⋯ 297

12.1.4　流量管理：超时 ⋯⋯⋯⋯ 299

12.1.5　流量管理：熔断 ⋯⋯⋯⋯ 302

12.2　分布式追踪 ⋯⋯⋯⋯⋯⋯⋯ 304

12.2.1　原理解析 ⋯⋯⋯⋯⋯⋯ 304

12.2.2　Jaeger ⋯⋯⋯⋯⋯⋯⋯ 305

12.2.3　Zipkin ⋯⋯⋯⋯⋯⋯⋯ 308

12.2.4　SkyWalking ⋯⋯⋯⋯⋯ 311

12.3　小结 ⋯⋯⋯⋯⋯⋯⋯⋯⋯⋯ 315

第 13 章　云原生开发 ⋯⋯⋯⋯⋯⋯ 316

13.1　开发循环反馈 ⋯⋯⋯⋯⋯⋯ 316

13.1.1　架构演进 ⋯⋯⋯⋯⋯⋯ 317

13.1.2　循环反馈变慢的原因 ⋯⋯⋯ 318

13.1.3　提高循环反馈效率 ⋯⋯⋯ 319

13.2　远程开发 ⋯⋯⋯⋯⋯⋯⋯⋯ 321

13.2.1　安装 Nocalhost ⋯⋯⋯⋯ 322

13.2.2　添加 Kubernetes 集群 ⋯⋯⋯ 323

13.2.3　部署示例应用 ⋯⋯⋯⋯ 324

13.2.4　秒级开发循环反馈 ⋯⋯⋯ 324

13.3　热加载和一键调试 ⋯⋯⋯⋯⋯ 327

13.3.1　容器热加载 ⋯⋯⋯⋯⋯ 327

13.3.2　一键调试 ⋯⋯⋯⋯⋯⋯ 329

13.3.3　原理解析 ⋯⋯⋯⋯⋯⋯ 331

13.4　小结 ⋯⋯⋯⋯⋯⋯⋯⋯⋯⋯ 332

第四部分　知识拓展与落地

第 14 章　云原生知识拓展 ⋯⋯⋯⋯ 334

14.1　CNCF 和云计算 ⋯⋯⋯⋯⋯⋯ 334

14.1.1　组织形式 ⋯⋯⋯⋯⋯⋯ 335

14.1.2　项目托管 ⋯⋯⋯⋯⋯⋯ 336

14.1.3　职业认证 ⋯⋯⋯⋯⋯⋯ 337

14.2　GitOps 原则和优势 ⋯⋯⋯⋯⋯ 337

14.2.1　GitOps 的定义 ⋯⋯⋯⋯ 337

14.2.2　GitOps 的 4 个原则 ⋯⋯⋯ 338

14.2.3　GitOps 的优势 ⋯⋯⋯⋯ 338

14.2.4 GitOps 成为交付标准的原因 …339

14.3 GitOps 最佳实践：Argo CD ……340

14.3.1 特性 ……………………340

14.3.2 Argo CD 和 Flux CD 对比 …342

14.3.3 Argo 生态 ………………342

14.4 命令式和声明式开发 ……………344

14.4.1 什么是命令式开发 ………345

14.4.2 什么是声明式开发 ………345

14.4.3 命令式开发和声明式开发
对比 …………………347

14.4.4 Kubernetes 实现声明式开发

的核心原理 ………………348

14.4.5 其他声明式项目 …………349

14.5 小结 ………………………351

第 15 章 如何落地 GitOps ………… 352

15.1 说服团队 ……………………352

15.2 迁移原则 ……………………353

15.2.1 提供组织保障 ……………353

15.2.2 工作流最小变更原则 ………354

15.2.3 利用已有的基础设施 ………354

15.3 小结 ………………………355

第一部分 *Part 1*

背　　景

■ 第 1 章　从零上手 GitOps

从零上手 GitOps

GitOps 是一种管理基础设施和应用程序的新方式。在今天，它几乎成为容器应用交付的事实标准。

GitOps 使用 Git 作为声明式基础设施和应用程序的"唯一可信源"，旨在为基础设施和应用程序提供持续交付模型，它可以使团队更快、更有信心地在 Kubernetes 平台上交付应用。

不过，要从零实施 GitOps 并不容易，它涉及多个云原生垂直领域的技术。本章将从零开始实现一个最小化的 GitOps 工作流，带你感受 GitOps 的强大之处。

1.1 构建容器镜像

容器镜像具有极高的可移植性和可复用性。它可以将应用程序、环境配置及其依赖组件打包到镜像中，实现"一次构建，到处运行"的效果。在 GitOps 中，容器镜像是应用程序的标准封装格式。

此外，由于构建后的容器镜像具备更高效的传输特性，所以它还可以进一步提高部署效率。

在 GitOps 工作流中，构建容器镜像是实现 GitOps 的关键步骤。下面将带你认识容器镜像，并学习容器镜像的构建方法。

1.1.1 初识容器镜像

在开始实践之前，你需要在电脑上安装好 Docker，具体流程请参考官网：https://docs.docker.com/get-docker/。

接下来，在本地拉取一个镜像并将它运行起来。

首先要用下面的命令从官方镜像仓库中拉取一个镜像到本地，这是提前制作好的演示镜像。

```
$ docker pull lyzhang1999/hello-world-flask:latest
```

如果拉取镜像失败，你可以开通一台 Linux 主机进行实验。

这里要注意两个细节。首先，lyzhang1999/hello-world-flask 代表镜像地址，在这里其实并没有指定完整的镜像地址，Docker 会默认从 docker.io 官方镜像仓库中搜索。所以，你可以理解为 lyzhang1999/hello-world-flask:latest 和 docker.io/lyzhang1999/hello-world-flask:latest 是等效的。

另一个细节是，冒号后面的 latest 指的是镜像版本号，代表最新版本。

那么，怎么列出本地已经拉取了哪些镜像呢？可以使用 docker images 命令来查看：

```
$ docker images
REPOSITORY                      TAG        IMAGE ID        CREATED          SIZE
lyzhang1999/hello-world-flask   latest     e2b1a18ed1c1    1 minutes ago    116MB
```

显然，打印的结果就是刚才拉取的镜像。

接下来，到了最重要的一步：**运行镜像**。可以使用 docker run 命令来运行镜像。

```
$ docker run -d -p 8000:5000 lyzhang1999/hello-world-flask:latest
c370825640b6b3669cae20f14e2684ec82b20e4980b329c02b47e47771c931fd
```

看到上面的输出说明成功启动了 hello-world-flask 镜像。

❑ -d 代表"在后台运行容器"，同时输出容器 ID，这是运行容器的唯一标识。

❑ -p 代表"将容器内的 5000 端口暴露到宿主机（本地的 8000 端口）"，这样可以方便在本地访问容器。

现在，打开浏览器访问 http://localhost:8000，可以看到下面这段输出内容：

```
Hello, my first docker images!
```

通过这么简单的几条命令，我们完成了从拉取镜像到运行镜像的全过程。

容器启动成功后，就可以进入容器内部了。

首先，使用 docker ps 命令来查看当前运行中的容器列表，输出结果中的 c370825640b6 就是容器 ID：

```
$ docker ps
CONTAINER ID       IMAGE                                       COMMAND
   CREATED         STATUS          PORTS                       NAMES
c370825640b6       lyzhang1999/hello-world-flask:latest        "python3 -m flask ru…"    1
. hours ago        Up 1 hours      0.0.0.0:8000->5000/tcp      xenodochial_black
```

然后，使用 docker exec [容器 ID] 命令进入容器内部：

```
$ docker exec -it c370825640b6 bash
root@c370825640b6:/app#
```

-it 的含义是"保持 STDIN 打开状态，并且分配一个虚拟的终端"（Terminal）。可以简单理解为，上面的命令通过 SSH 进入容器内部，在当前终端下运行的所有命令都是基于容器的。

例如，在当前终端执行 ls 查看容器内的文件：

```
$ root@c370825640b6:/app# ls
Dockerfile __pycache__ app.py requirements.txt
```

从上面的返回结果来看，容器内的工作目录 /app 包含了从本地复制到镜像内的 Dockerfile、app.py 和 requirements.txt 这 3 个文件。这些文件其实是在构建容器镜像的时候复制到容器内的。

现在，尝试编辑容器内的 app.py。

```
$ vi app.py
```

进入 VI 编辑器之后，将 "Hello, my first docker images!" 修改为 "Hello" 并保存，刷新浏览器，可以看到输出了新的内容。

最后，在容器的终端执行 exit 命令来退出并返回宿主机的终端。

```
$ root@c370825640b6:/app# exit
```

注意，上面列出和编辑文件的操作，事实上都是对容器的操作。在刚开始学习的时候，初学者经常容易把镜像和容器这两个概念搞混。

通俗地说，镜像是一个同时包含业务应用和运行环境的系统安装包，它需要运行起来之后才能提供服务，运行后镜像的实例化称为容器（Container）。你可以对同一个镜像实例化多次，产生多个独立的容器。这些容器拥有不同的容器 ID，不同的容器之间是相互隔离的。

进一步理解，你还可以把容器看作虚拟机，虚拟机彼此之间的数据和状态都是隔离的。

最后，可以通过 docker stop [容器 ID] 命令来停止容器。

```
$ docker stop c370825640b6
```

到这里，相信你对镜像和容器已经有了基本的认识。

1.1.2　构建镜像

镜像到底是怎么被构建出来的呢？实际项目的业务代码又如何构建成镜像呢？接下来带你从零构建镜像。

假设下面是一段业务代码，这是一个使用 Python 和 Flask 框架编写的 Web 应用，将下面这段代码保存为 app.py。

```
from flask import Flask
import os
app = Flask(**name**)
app.run(debug=True)

@app.route('/')
def hello_world():
return 'Hello, my first docker images! ' + os.getenv("HOSTNAME") + ''
```

这段代码的含义非常简单，启动一个 Web 服务器，当接收到 HTTP 请求时，返回
"Hello, my first docker images!"以及 HOSTNAME 环境变量。

接下来，创建 Python 的依赖文件 requirements.txt，用它来安装程序所依赖的 Flask 框
架。你可以执行下面的命令来创建 requirements.txt 文件并将 Flask==2.2.2 内容写入该文件。

```
$ echo "Flask==2.2.2" >> requirements.txt
```

有了这两个文件，实际上已经可以在本地启动该应用了。接下来，继续将这段 Python
应用构建为容器镜像。

在构建容器镜像之前，首先需要一个文件来描述镜像是如何被构建的，这个文件叫作
Dockerfile。将以下内容保存为 Dockerfile 文件。

```
 1  # syntax=docker/dockerfile:1
 2
 3  FROM python:3.8-slim-buster
 4
 5  RUN apt-get update && apt-get install -y procps vim apache2-utils && rm -rf /var/
 6  lib/apt/lists/\*
 7
 8  WORKDIR /app
 9
10  COPY requirements.txt requirements.txt
11  RUN pip3 install -r requirements.txt
12
13  COPY . .
14
15  CMD [ "python3", "-m" , "flask", "run", "--host=0.0.0.0"]
```

虽然这个 Dockerfile 只有短短几行，但它代表了一些非常典型的镜像构建命令。例如
FROM、COPY、RUN、CMD 等命令，它们是从上到下按顺序执行的。

第一行以 syntax 开头的是解析器注释，它与 Docker 构建镜像的工具 buildkit 相关，
docker/dockerfile:1 代表始终指向最新的语法版本。

FROM 命令表示使用官方仓库的 python:3.8-slim-buster 镜像作为基础镜像。在编程场
景中，可以理解为从该镜像继承。该镜像包含 Python3 和 Pip3 等所有的 Python 相关工具
和包。

RUN 的含义是在镜像内运行指定的命令，这里为镜像安装了一些必要的工具。

　　WORKDIR 的含义是镜像的工作目录，可以理解为后续所有的命令都将以此为基准路径。这样，后续的命令就可以使用相对路径了。

　　COPY 的含义是将本地的文件或目录复制到镜像内指定的位置。第一个参数代表本地文件或目录，第二个参数代表要复制到镜像内的位置。例如，这里第 1 个 COPY 表示将本地当前目录下的 requirements.txt 文件复制到镜像工作目录 /app 中，文件名也为 requirements.txt。

　　第 2 个 RUN 的含义是在镜像里运行 pip3 安装 Python 依赖。注意，这些依赖将会被安装在镜像里。

　　接下来又出现了一个 COPY 命令，它的含义是将当前目录所有的源代码复制到镜像的工作目录 /app 中。复制目录的语法和我们之前提到的复制文件的语法是类似的。

　　最后一行 CMD 的含义是镜像的启动命令。在一个 Dockerfile 中只能有一个 CMD 命令，如果有多个，那么只有最后一个 CMD 命令会起作用。在这里，我们希望在镜像被运行时启动 Python Flask Web 服务器，并在特定主机上监听。

　　一些场景下还有一种与 CMD 类似的命令：ENTRYPOINT。它的功能和 CMD 类似，但有一些细微的差异，CMD 命令可以满足大部分场景的需求。

　　万事俱备，接下来正式开始构建属于自己的第一个镜像。

　　在本机的当前目录下执行 ls 命令，确认 app.py、requirements.txt 以及 Dockerfile 文件是否存在。

```
$ ls
Dockerfile app.py requirements.txt
```

　　接下来，在本机的当前目录下执行 docker build 命令，开始制作镜像。

```
$ docker build -t hello-world-flask .
```

　　在上面的命令中，-t 表示镜像名，这里还隐含了镜像版本，Docker 会默认用 latest 作为版本号，这和 hello-world-flask:latest 的写法是等价的。

　　此外，这条命令的最后有一个 "."，代表构建镜像的上下文，简单理解为本地源码与执行 docker build 命令的相对位置。

　　执行这条命令时，Docker 将从官方镜像仓库拉取 python:3.8-slim-buster 镜像，并启动该镜像。接下来，Docker 会依次执行 Dockerfile 中的命令，例如 WORKDIR、COPY、RUN 等。

　　构建镜像完成后，可以使用 docker images 命令来查看本地镜像。

```
$ docker images
REPOSITORY              TAG          IMAGE ID        CREATED         SIZE
hello-world-flask       latest       3b0803ab8c9c    1 hours ago     121MB
```

　　接下来使用 docker run 命令启动镜像，进一步验证是否已经成功将业务代码构建为容器镜像了。

```
$ docker run -d -p 8000:5000 hello-world-flask:latest
```

下一步，打开浏览器访问 http://localhost:8000，如果看到下面的输出说明已经成功将业务代码构建为容器镜像了。

```
$ Hello, my first docker images!
```

1.1.3　构建方法总结

除了 Python 以外，对于其他的语言，例如 Java、Golang、Node.js 等，我们可以参考以下步骤来构建镜像。

1）使用 FROM 命令指定一个已经安装了特定编程语言编译工具的基础镜像。例如：对于 Java 而言，可以使用 eclipse-temurin:17-jdk-jammy；对于 Golang 而言，可以使用 golang:1.16-alpine；其他语言的基础镜像可以在 Docker Hub 镜像仓库中搜索。

2）使用 WORKDIR 命令配置一个镜像的工作目录，如 WORKDIR /app。

3）使用 COPY 命令将本地目录的源码复制到镜像的工作目录下。

4）使用 RUN 命令下载业务依赖，例如 pip3 install。如果是静态语言，那么要进一步编译源码生成可执行文件。

5）使用 CMD 配置镜像的启动命令，将你的业务代码启动起来。

实际上，不同的语言构建镜像的方法大同小异。上面的 5 个步骤可以满足构建容器镜像的最基本要求。

此外，构建镜像还有其他高级技巧，例如基础镜像的选择、多阶段构建、跨平台构建、buildkit 依赖缓存等，这些会在后续章节进一步介绍。

最后，要在团队之间共享容器镜像，则需要将它上传到镜像仓库。最简单的方法是，你可以注册一个 Docker Hub（https://www.docker.com/）的账户，并且使用 docker login 命令登录（在提示框中输入你的 Docker Hub 账户名和密码）。

```
$ docker login
Username:
Password:
```

接下来，使用 docker tag 重命名之前在本地构建的镜像。

```
$ docker tag hello-world-flask my_dockerhub_name/hello-world-flask
```

注意，这里需要把 my_dockerhub_name 替换为实际的 Docker Hub 账户名。

然后，使用 docker push 把本地的镜像上传到 Docker Hub。

```
$ docker push my_dockerhub_name/hello-world-flask
```

上传成功后，在任何设备上都能够通过 docker pull 命令来拉取并运行该容器镜像了。

1.2　将镜像部署到 Kubernetes

在 Kubernetes 中，容器镜像是部署和运行应用程序的基本单位，你可以通过声明式的 Manifest 文件来定义应用，并将它部署到 Kubernetes 集群中来实现应用的部署。

本节将介绍如何在本地安装 Kubernetes，并把之前构建的镜像部署到 Kubernetes 集群中。此外，还将进一步介绍如何在集群外访问应用以及进程、容器镜像和工作负载的关系。

在实战之前，你需要做好以下准备：

1）安装 Docker。

2）安装 Kubectl（可参考 https://kubernetes.io/docs/tasks/tools/）。

1.2.1　初识 Kubernetes

现在，请你试着回答一个问题：Docker 已经挺好用了，为什么还需要 Kubernetes 呢？

我们已经知道，要启动容器镜像，只需要运行 docker run 命令即可。但是试想一下，若同时启动 10 个不同的容器镜像，则需要运行 10 次 docker run 命令。

此外，如果容器之间有依赖顺序，你还需要按照特定的命令顺序运行它们。

Kubernetes 的独特之处在于，它抽象了诸如"启动 10 个容器镜像"这样的过程式命令，只需要向 Kubernetes 描述"我需要 10 个容器"。10 个容器是我期望的最终状态，用户不管怎么执行命令，执行了多少次命令等，最终要的就是结果。

用来向 Kubernetes 描述"期望的最终状态"的文件叫作 Kubernetes Manifest，也被称为清单文件，通过 YAML 来描述。Manifest 就好比餐厅的菜单，你只管点菜，而不需要关注做菜的过程。

Manifest 是用来描述如何将容器镜像部署到集群中的清单文件，也是 Kubernetes 接收用户命令的唯一入口。

要将 Manifest 部署到 Kubernetes 集群中，你需要借助 Kubectl 命令行工具。Kubectl 是一个与 Kubernetes 集群交互的工具。通过 Kubectl，你可以非常方便地以 Manifest 为媒介操作 Kubernetes 集群的对象。就像操作数据库一样，你可以对 Manifest 所描述的对象执行创建、删除、修改、查找等操作。

1.2.2　本地安装 Kubernetes

安装 Kubernetes 的方法多种多样，有生产级的安装方法，也有以测试为目标的安装方法。为了方便测试，这里推荐一种在本地安装 Kubernetes 集群的方法：Kind。

首先，你需要根据官方文档（https://kind.sigs.k8s.io/docs/user/quick-start/#installation）安装 Kind。它是一个命令行工具，使用非常简单。

接下来，开始创建本地 Kubernetes 集群。

首先将下面的内容保存为 config.yaml 文件：

```
kind: Cluster
apiVersion: kind.x-k8s.io/v1alpha4
nodes:
- role: control-plane
  kubeadmConfigPatches:
  - |
    kind: InitConfiguration
    nodeRegistration:
      kubeletExtraArgs:
        node-labels: "ingress-ready=true"
  extraPortMappings:
  - containerPort: 80
    hostPort: 80
    protocol: TCP
  - containerPort: 443
    hostPort: 443
    protocol: TCP
```

接下来，执行 kind create 命令来创建 Kubernetes 集群：

```
> kind create cluster --config config.yaml
Creating cluster "kind" ...
✓ Ensuring node image (kindest/node:v1.23.4) 🖼
✓ Preparing nodes 📦
✓ Writing configuration 📜
✓ Starting control-plane 🕹
✓ Installing CNI 🔌
✓ Installing StorageClass 💾
Set kubectl context to "kind-kind"
You can now use your cluster with:

kubectl cluster-info --context kind-kind
```

通过这两个非常简单的步骤，本地 Kubernetes 集群就创建完成了。

1.2.3　部署容器镜像

要将容器镜像部署到 Kubernetes 集群中，首先需要编写 Manifest。将下面的内容保存为 flask-pod.yaml 文件：

```
apiVersion: v1
kind: Pod
metadata:
  name: hello-world-flask
spec:
  containers:
    - name: flask
      image: lyzhang1999/hello-world-flask:latest
```

```
    ports:
      - containerPort: 5000
```

接下来，使用 kubectl apply 命令将其部署到集群中：

```
$ kubectl apply -f flask-pod.yaml
pod/hello-world-flask created
```

如果提示无法连接到集群，你可以执行 kind export kubeconfig 命令来切换集群连接的上下文。

参数 -f 表示指定一个 Manifest 文件，当看到输出内容 pod/hello-world-flask created 时，说明 Manifest 文件已经成功提交到集群了。也就是说，当你想要向 Kubernetes 集群部署 Manifest 的时候，只需要使用 kubectl apply 命令即可。

这里对上面的 Manifest 进行一些必要的解释，首先聚焦 4 个字段：kind、containers、image、ports。

1）kind 字段表示 Kubernetes 的工作负载类型。在 Kubernetes 中，无法像 Docker 一样直接运行一个容器镜像，镜像需要依赖 Kubernetes 更上层的封装方式运行，这种封装方式也就是工作负载。Pod 是工作负载的一种类型。

工作负载的名称对应 Metadata.Name 字段。

为了进一步理解，你可以把 Pod 类比成虚拟技术中的 VM，或者 Docker 技术中的容器，它们都是一种调度对象，如图 1-1 所示。

图 1-1　不同技术的调度对象

Pod 是 Kubernetes 的最小调度单位。在实际项目中，一般不会直接创建 Pod 类型的工作负载，而是会通过其他的工作负载间接创建 Pod。

2）containers 字段代表 Pod 要运行的容器配置，例如名称、镜像和端口等。它是一个数组类型，可以配置多个容器。

3）image 字段表示容器镜像，你可以将它替换为自己构建的容器镜像。

4）ports 字段表示容器要暴露的端口。它和 docker run 命令的 -p 参数有着类似的作用，5000 也是业务进程的监听端口。

通常，当把一段 Manifest 文件内容部署到 Kubernetes 集群之后，接下来会面临两个问题：如何查看刚才提交的 Pod，以及如何访问 Pod ？

1.2.4　查看和访问 Pod

要查看 Kubernetes 集群中正在运行的 Pod，可以使用 kubectl get pods 命令：

```
$ kubectl get pods
NAME                   READY   STATUS    RESTARTS   AGE
hello-world-flask      1/1     Running   0          1m
```

返回内容中列出了之前部署的名为 hello-world-flask 的 Pod，状态为"运行中"。

因为 Pod 和宿主机网络是隔离的，所以要想在本地访问集群内的 Pod，可以使用 kubectl port-forward 命令执行端口转发操作，以此来打通容器和本地网络。

```
$ kubectl port-forward pod/hello-world-flask 8000:5000
Forwarding from 127.0.0.1:8000 -> 5000
Forwarding from [::1]:8000 -> 5000
```

有些读者可能会有疑问：既然已经在 Manifest 里定义了 ports 参数，为什么还需要进行端口转发呢？这是因为 ports 参数只定义了 Pod 在集群内部暴露的端口，该端口可以在集群内部进行访问。但由于本地和集群的网络是隔离的，自然不能在集群外部访问 Pod。

所以，当执行 kubectl port-forward 进行端口转发之后，打开浏览器访问 http://127.0.0.1:8000 即可看到输出内容：

```
Hello, my first docker images! hello-world-flask
```

注意：端口转发的进程是在前台运行的，可以按 <Ctrl+C> 组合键终止转发进程。

除了访问 Pod 以外，我们还可以使用 kubectl exec 命令进入容器内部：

```
$ kubectl exec -it hello-world-flask -- bash
root@hello-world-flask:/app#
```

-it 参数与 docker exec 的作用是一致的。在进入容器后，可以尝试修改 app.py 的输出，保存后刷新浏览器，即可看到新的输出内容。

最后，可以通过 kubectl delete 命令来删除 Pod：

```
$ kubectl delete pod hello-world-flask
pod "hello-world-flask" deleted
```

至此，我们就完成了将容器镜像部署到 Kubernetes 以及查看、访问和删除 Pod 一系列操作。

1.2.5　进程、容器镜像和工作负载的关系

对于初学者而言，进程、容器镜像和工作负载之间层层封装，往往难以理解它们之间的关系。下面结合图 1-2 进一步说明。

如图 1-2 所示，内层是业务应用的进程，中间

图 1-2　进程、容器镜像和工作负载的关系

层通过容器镜像将业务进程打包，并在 Kubernetes 中以容器的形式运行，外层是 Kubernetes 的最小调度单位 Pod。

1.3　自动扩 / 缩容和自愈

自动扩 / 缩容和自愈是现代微服务应用的两个特征，可以提升应用的可靠性和可伸缩性，从而更好地满足业务需求。

通过自动扩 / 缩容，系统还能够根据实际需求动态地增加或减少资源，从而降低风险。实现应用"无状态"是自动扩 / 缩容的基础，而容器化和微服务技术提供了很好的支撑。

自愈是指系统可以自动检测和修复故障。通过自动对故障节点进行重启来实现自愈，缩短系统停机时间和减小故障对业务的影响，从而保证系统的高可用性。

自动扩 / 缩容和自愈提高了应用的可靠性、可伸缩性和高可用性，同时降低了风险和资源成本。

1.3.1　传统扩 / 缩容和自愈方案

在 VM 时代，业务通常以进程的方式运行在虚拟机上，由虚拟机对外提供服务。随着业务规模的扩大，当有更多的访问流量时，系统扩容就成了首先要考虑的问题。

在公有云环境下，VM 架构最典型的一种扩 / 缩容方式是弹性伸缩组，即通过对虚拟机内存、CPU 等监控指标配置伸缩阈值，实现动态地自动伸缩。该方案一般还会结合虚拟机镜像、负载均衡器等云产品一起使用，如图 1-3 所示。

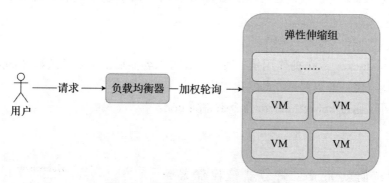

图 1-3　弹性伸缩组扩 / 缩容方式

在上述架构中，负载均衡器是集群的唯一入口。它在接收访问流量后，一般会通过加权轮询的方式将流量转发到后端集群。对于负载均衡器，一般直接使用云厂商的产品，有一些团队也会自建高可用的 Nginx 作为集群入口。为了保证伸缩组节点的业务一致性，弹性伸缩组的所有 VM 都使用同一个虚拟机镜像。

最后，要在 VM 粒度实现业务自愈，常见的方案是使用 Crontab 定时检查业务进程或者通过守护进程的方式来运行。

1.3.2　传统方案的缺点

传统的扩 / 缩容和自愈方案有一些显而易见的缺点，其中最大的两个问题如下。

1）扩容慢，主要体现在两方面。

首先，虚拟机层面会出现较高的延迟。

其次，扩 / 缩容的虚拟机冷启动时间比较长，弹性伸缩组需要执行购买、配置镜像、加入伸缩组以及启动等操作。这很可能导致失去扩 / 缩容的最佳时机，并最终影响业务稳定。

2）负载均衡器无法感知业务健康情况。虚拟机是否加入弹性伸缩组接收外部流量，一般取决于虚拟机的健康状态，但虚拟机的健康并不等于业务可用，这导致在扩缩容过程中，请求流量有可能会被转发至不健康的节点，造成业务短暂中断的问题。

1.3.3　Kubernetes 自愈

Kubernetes 自愈具有比传统自愈方案更多的优势。它能够自动检测并处理集群中的故障和异常，保证应用程序的可用性和稳定性。

自愈机制将定期检查应用程序的存活状态。当应用处于不健康状态时，Kubernetes 将通过 Pod 自动重启来恢复业务。

为了体验 Kubernetes 的自愈能力，首先需要创建 Deployment 工作负载。你可以通过 kubectl create 命令来创建它：

```
$ kubectl create deployment hello-world-flask --image=lyzhang1999/hello-world-
  flask:latest --replicas=2
deployment.apps/hello-world-flask created
```

在上述命令中，hello-world-flask 代表工作负载的名称，--image 代表镜像，--replicas 代表 Pod 副本数，你可以把它类比为弹性伸缩组中的虚拟机数量。

本质上来说，上述命令会生成 Manifest 内容，然后通过 kubectl apply 将 Manifest 应用到集群，这省略了手动编写 Manifest 的过程。你还可以为上面的命令增加 --dry-run 和 -o 参数，单纯输出 Manifest 内容：

```
$ kubectl create deployment hello-world-flask --image lyzhang1999/hello-world-
  flask:latest --replicas=2 --dry-run=client -o yaml
apiVersion: apps/v1
kind: Deployment
metadata:
  creationTimestamp: null
  labels:
    app: hello-world-flask
  name: hello-world-flask
spec:
  replicas: 2
  selector:
    matchLabels:
      app: hello-world-flask
```

```
    strategy: {}
    template:
      metadata:
        creationTimestamp: null
        labels:
          app: hello-world-flask
      spec:
        containers:
        - image: lyzhang1999/hello-world-flask:latest
          name: hello-world-flask
          resources: {}
status: {}
```

可见，上述输出的 Manifest 文件中的各参数符合预期。

接下来，通过 kubectl create service 命令来创建 Service：

```
$ kubectl create service clusterip hello-world-flask --tcp=5000:5000
service/hello-world-flask created
```

此外，为了方便访问 Pod，还需要使用 kubectl create ingress 命令创建 Ingress：

```
$ kubectl create ingress hello-world-flask --rule="/=hello-world-flask:5000"
ingress.networking.k8s.io/hello-world-flask created
```

最后，还需要部署 Ingress-Nginx：

```
$ kubectl create -f https://ghproxy.com/https://raw.githubusercontent.com/
lyzhang1999/resource/main/ingress-nginx/ingress-nginx.yaml
namespace/ingress-nginx created
serviceaccount/ingress-nginx created
serviceaccount/ingress-nginx-admission created
......
```

上述实战环节出现了几个新的概念：Deployment、Service 和 Ingress。它们都是 Kubernetes 对象。现阶段，你只需要知道 3 件事。

1）Pod 会被 Deployment 工作负载管理，例如创建和销毁等。

2）Service 相当于弹性伸缩组的负载均衡器，它能以加权轮询的方式将流量转发到多个 Pod 副本上。

3）Ingress 相当于集群的外网访问入口。

实验环境准备完后，接下来进行 Kubernetes 自愈实验。

首先，通过 kubectl get pods 命令列出 Pod：

```
$ kubectl get pods
NAME                              READY   STATUS    RESTARTS   AGE
hello-world-flask-56fbff68c8-2xz7w   1/1     Running   0          3m38s
hello-world-flask-56fbff68c8-4f9qz   1/1     Running   0          3m38s
```

从上述返回结果可以看出，Deployment 管理了两个 Pod 副本，它们都有不同的名称。

因为在创建 Kind 集群时提前暴露了 80 端口，所以集群的访问入口也就是本机的 http://127.0.0.1。

当在集群内部署了 Ingress 之后，访问 Pod 无须再进行端口转发，而是可以通过在本机输入 http://127.0.0.1 来访问。以下命令可实现每隔 1s 发送一次请求，并打印时间和返回内容：

```
$ while true; do sleep 1; curl http://127.0.0.1; echo -e '\n'$(date);done
Hello, my first docker images! hello-world-flask-56fbff68c8-4f9qz
2022 年 9 月 7 日星期三 19 时 21 分 03 秒 CST
Hello, my first docker images! hello-world-flask-56fbff68c8-2xz7w
2022 年 9 月 7 日星期三 19 时 21 分 04 秒 CST
```

从上述返回内容可以得出结论，Pod 名称是交替出现的，这说明请求被平均分配到了两个 Pod 上，**保留这个命令行窗口，以便继续观察**。

接着，尝试模拟其中一个 Pod 宕机的情况，并观察返回内容。

打开一个新的命令行终端，执行以下命令来终止容器内的 Python 进程，该操作实际上模拟了进程意外中止导致宕机的情况：

```
$ kubectl exec -it hello-world-flask-56fbff68c8-2xz7w -- bash -c "killall python3"
```

然后，回到刚才的请求窗口查看返回内容，将看到以下返回内容：

```
Hello, my first docker images! hello-world-flask-56fbff68c8-4f9qz
2022 年 9 月 7 日星期三 19 时 27 分 44 秒 CST
Hello, my first docker images! hello-world-flask-56fbff68c8-4f9qz
2022 年 9 月 7 日星期三 19 时 27 分 45 秒 CST
Hello, my first docker images! hello-world-flask-56fbff68c8-4f9qz
```

通过上面的返回内容可以得出结论：虽然有一个 Pod 实例宕机，但所有请求流量都被转发到了可用的 Pod 实例上，这意味着**故障成功地被转移**！

继续观察，返回内容里将重新出现 hello-world-flask-56fbff68c8-2xz7w Pod，这说明 Kubernetes 识别了故障，自动恢复 Pod 的同时重新将其加入负载均衡并接收外部流量：

```
Hello, my first docker images! hello-world-flask-56fbff68c8-2xz7w
2022 年 9 月 7 日星期三 19 时 27 分 52 秒 CST
Hello, my first docker images! hello-world-flask-56fbff68c8-4f9qz
2022 年 9 月 7 日星期三 19 时 27 分 53 秒 CST
Hello, my first docker images! hello-world-flask-56fbff68c8-2xz7w
```

此时，查看 Pod 列表：

```
$ kubectl get pods
NAME                                    READY   STATUS    RESTARTS     AGE
hello-world-flask-56fbff68c8-2xz7w      1/1     Running   1(1m ago)    3m38s
hello-world-flask-56fbff68c8-4f9qz      1/1     Running   0            3m38s
```

从返回内容可知，结尾为 2xz7w 的 Pod RESTARTS 值为 1 ，也就是说在 Pod 宕机时，Kubernetes 自动对其执行了重启操作。

现在，重新梳理一下全过程。

首先，Kubernetes 感知到了业务 Pod 故障，立刻进行故障转移动作并隔离了有故障的 Pod，确保请求都转发到了健康的 Pod 上。随后，Kubernetes 重启了故障的 Pod，将重启后的 Pod 加入负载均衡并重新开始接收外部请求。这些过程都是自动完成的。

至此，Kubernetes 自愈实验就完成了。有了 Kubernetes 自愈能力的支持，在不改造业务应用的情况下获得了高可用和稳定的特性。

1.3.4　Kubernetes 自动扩 / 缩容

Kubernetes 除了能为应用提供自愈能力以外，还能提供自动扩 / 缩容能力。借助水平 Pod 自动扩展器（Horizontal Pod Autoscaler，HPA），Kubernetes 可以通过监控 CPU 使用率等指标来自动调整 Pod 数量。尤其是在业务高峰期，自动扩容可以很好地应对突然产生的高并发流量，这也减少了人工干预。

接下来，继续尝试体验 Kubernetes 自动扩 / 缩容能力。

自动扩 / 缩容依赖 Kubernetes Metric Server 提供的监控指标，因此首先需要安装它：

```
$ kubectl apply -f https://ghproxy.com/https://raw.githubusercontent.com/
  lyzhang1999/resource/main/metrics/metrics.yaml
serviceaccount/metrics-server created
clusterrole.rbac.authorization.k8s.io/system:aggregated-metrics-reader created
clusterrole.rbac.authorization.k8s.io/system:metrics-server created
......
```

安装完成后，等待 Metric Server 相关工作负载就绪：

```
$ kubectl wait deployment -n kube-system metrics-server --for condition=Available=
  True --timeout=90s
deployment.apps/metrics-server condition met
```

Metric Server 准备就绪后，接下来使用 kubectl autoscale 命令来为 Deployment 创建自动扩 / 缩容策略：

```
$ kubectl autoscale deployment hello-world-flask --cpu-percent=50 --min=2 --max=10
```

在上述命令中，--cpu-percent 代表 CPU 使用率阈值，当 CPU 超过 50% 时将进行自动扩容，--min 代表最小的 Pod 副本数，--max 代表最大扩容的副本数。这意味着，系统会根据 CPU 使用率在 2 个副本和 10 个副本之间进行扩 / 缩容。

最后，要使自动扩 / 缩容生效，还需要为之前部署的 hello-world-flask Deployment 设置资源配额：

```
$ kubectl patch deployment hello-world-flask --type='json' -p='[{"op": "add",
```

```
    "path": "/spec/template/spec/containers/0/resources", "value": {"requests":
    {"memory": "100Mi", "cpu": "100m"}}}]'
deployment.apps/hello-world-flask patched
```

现在，Deployment 工作负载将会重建两个新的 Pod。要查看它们，可以使用以下命令进行筛选：

```
$ kubectl get pod --field-selector=status.phase==Running
NAME                                  READY   STATUS    RESTARTS   AGE
hello-world-flask-64dd645c57-4clbp    1/1     Running   0          117s
hello-world-flask-64dd645c57-cc6g6    1/1     Running   0          117s
```

接下来，选择一个 Pod 并使用 kubectl exec 命令进入容器内：

```
$ kubectl exec -it hello-world-flask-64dd645c57-4clbp -- bash
root@hello-world-flask-64dd645c57-4clbp:/app#
```

现在，到了最重要的一步，模拟业务高峰场景并使用 ab 命令来创建并发请求：

```
root@hello-world-flask-64dd645c57-4clbp:/app# ab -c 50 -n 10000 http://127.0.0.1:5000/
```

在上述压力测试命令中，-c 参数表示 50 个并发，-n 表示请求次数，整个过程大概会持续十几秒。

接下来，**打开一个新的命令行窗口**，并使用如下命令来持续监控 Pod 的状态：

```
$ kubectl get pods --watch
NAME                                  READY   STATUS             RESTARTS   AGE
hello-world-flask-64dd645c57-9x869    1/1     Running            0          4m6s
hello-world-flask-64dd645c57-vw8nc    0/1     Pending            0          0s
hello-world-flask-64dd645c57-46b6s    0/1     ContainerCreating  0          0s
hello-world-flask-64dd645c57-vw8nc    1/1     Running            0          18s
```

在上述命令中，--watch 参数会一直等待，你可以按 <Ctrl+C> 组合键或关闭窗口来终止。

从返回结果可知，在压力测试过程中，新的 Pod 会不断被创建，这说明 Kubernetes 感知到了 Pod 的业务压力，并且正在自动进行横向扩容操作。

1.4　构建工作流

Kubernetes 自动扩 / 缩容和自愈可以很好地保障业务稳定性，不过在软件研发生命周期中还有非常重要的一环：发布和回滚。

本节将解释 Kubernetes 应用发布的一般做法，以及如何从零开始构建 GitOps 工作流来实现应用发布和回滚，体验 GitOps 在发布和回滚方面的强大之处。

在实战之前，你需要做好如下准备：

1）安装 Docker。

2）安装 Kubectl。

3）按照 1.2.2 节的内容在本地 Kind 集群中安装好 Ingress-Nginx。

1.4.1　Kubernetes 应用的一般发布流程

在创建 Deployment 工作负载时，一般会通过编写 Manifest 文件来实现：

```
apiVersion: apps/v1
kind: Deployment
metadata:
  creationTimestamp: null
  labels:
    app: hello-world-flask
  name: hello-world-flask
spec:
  replicas: 2
  selector:
    matchLabels:
      app: hello-world-flask
  strategy: {}
  template:
    metadata:
      creationTimestamp: null
      labels:
        app: hello-world-flask
    spec:
      containers:
      - image: lyzhang1999/hello-world-flask:latest
        name: hello-world-flask
        resources: {}
status: {}
```

在上述 Manifest 内容中，Image 字段同时指定了镜像名称和版本号。当需要更新镜像时，一般会先修改 Manifest 镜像版本，再通过 kubectl apply 重新将 Manifest 应用到集群来更新应用。

接下来模拟 3 种方式来手动更新应用，它们代表 Kubernetes 应用的一般发布流程。

1）使用 kubectl set image 命令更新应用。

2）通过修改本地的 Manifest 更新应用。

3）通过修改集群内的 Manifest 更新应用。

1. 使用 kubectl set image 命令更新应用

要更新应用的镜像版本，最简单的方式是通过 kubectl set image 命令来更新集群内工作负载的镜像版本，例如更新 hello-world-flask Deployment 工作负载的镜像版本：

```
$ kubectl set image deployment/hello-world-flask hello-world-flask=lyzhang1999/
  hello-world-flask:v1
```

```
deployment.apps/hello-world-flask image updated
```

当 Kubernetes 接收到镜像更新命令时，会拉取新的镜像版本，并通过新镜像来重新创建 Pod。你可以使用 kubectl get pods 来查看 Pod 的更新情况：

```
$ kubectl get pods
NAME                                  READY   STATUS              RESTARTS   AGE
hello-world-flask-8f94845dc-qsm8b     1/1     Running             0          3m38s
hello-world-flask-8f94845dc-spd6j     1/1     Running             0          3m21s
hello-world-flask-64dd645c57-rfhw5    0/1     ContainerCreating   0          1s
hello-world-flask-64dd645c57-ml74f    0/1     ContainerCreating   0          0s
```

在更新 Pod 的过程中，Kubernetes 会确保先创建新的 Pod，然后再终止旧镜像版本的 Pod。Pod 的副本数始终保持为在 Manifest 中配置 replicas 副本数的值。

现在，打开浏览器访问 http://127.0.0.1，将返回以下内容：

```
Hello, my v1 version docker images! hello-world-flask-8f94845dc-bpgnp
```

从上述返回内容可知，新的 Pod 已经替换了旧的 Pod，这也意味着应用更新成功。

本质上而言，kubectl set image 命令修改了集群内 Deployment 工作负载的 Image 字段，从而触发了 Kubernetes 对 Pod 的变更。

有时候，一次发布中要求变更的内容不仅仅是镜像版本，可能还有副本数、端口号等。这时候，我们可以通过修改本地或集群内的 Manifest 来实现。

2. 通过修改本地的 Manifest 更新应用

以 hello-world-flask Deployment 为例，模拟重新将镜像版本修改为 latest 的过程。将下面的内容保存为 new-hello-world-flask.yaml 文件：

```yaml
apiVersion: apps/v1
kind: Deployment
metadata:
  labels:
    app: hello-world-flask
  name: hello-world-flask
spec:
  replicas: 2
  selector:
    matchLabels:
      app: hello-world-flask
  template:
    metadata:
      labels:
        app: hello-world-flask
    spec:
      containers:
      - image: lyzhang1999/hello-world-flask:latest
        name: hello-world-flask
```

接下来，执行 kubectl apply -f new-hello-world-flask.yaml 来更新应用：

```
$ kubectl apply -f new-hello-world-flask.yaml
deployment.apps/hello-world-flask configured
```

从上述返回内容可知，kubectl apply 命令会自动处理两种情况：

1）如果该资源不存在，那就创建资源。

2）如果资源存在，那就更新资源。

到这里，有些读者可能会有疑问：假设本地的 Manifest 不存在了，如何更新集群内的工作负载呢？此时，可以直接修改集群内的 Manifest 来更新应用，这就是更新应用的第 3 种方式。

3. 通过修改集群内的 Manifest 更新应用

以 hello-world-flask Deployment 为例，要修改集群内已部署的 Manifest，可以通过 kubectl edit 命令来实现：

```
$ kubectl edit deployment hello-world-flask
```

当命令执行时，Kubectl 会自动下载集群内的 Manifest 到本地，并且用 VI 编辑器打开。你可以进入 VI 编辑模式修改任何字段，保存并退出后即可生效。

总体而言，要更新 Kubernetes 的工作负载，可以通过 kubectl set image 命令、修改本地的 Manifest 并通过 kubectl apply 部署到集群或者通过 kubectl edit 命令实现。

在实际项目的早期实践中，负责更新应用的运维可能会在自己的电脑上操作，或者将这部分操作挪到 CI 过程，例如通过 Jenkins 来执行。不过，随着项目的发展，业务往往要求发布流程更加自动化、安全、可追溯。此时，GitOps 是更好的选择。

1.4.2　安装 Flux CD

GitOps 以 Git 仓库作为唯一的可信源，并通过部署在集群内的控制器来实现对 Git 仓库的持续监听和同步。控制器有多种实现方式，接下来以 Flux CD 为例实现 GitOps 工作流。

首先，安装 Flux CD：

```
$ kubectl apply -f https://ghproxy.com/https://raw.githubusercontent.com/
  lyzhang1999/resource/main/fluxcd/fluxcd.yaml
```

由于 Flux CD 的工作负载较多，可以使用 kubectl wait 命令来等待安装完成：

```
$ kubectl wait --for=condition=available --timeout=300s --all deployments -n
  flux-system
deployment.apps/helm-controller condition met
deployment.apps/image-automation-controller condition met
deployment.apps/image-reflector-controller condition met
deployment.apps/kustomize-controller condition met
deployment.apps/notification-controller condition met
```

```
deployment.apps/source-controller condition met
```

所有工作负载都启动完成后，表示 Flux CD 已经准备就绪。

1.4.3　构建 GitOps 工作流

接下来，从零开始构建 GitOps 工作流。

首先，在本地创建 fluxcd-demo 目录：

```
$ mkdir fluxcd-demo && cd fluxcd-demo
```

然后，在该目录下创建 deployment.yaml 文件，并将下面的内容保存到这个文件里：

```
apiVersion: apps/v1
kind: Deployment
metadata:
  labels:
    app: hello-world-flask
  name: hello-world-flask
spec:
  replicas: 2
  selector:
    matchLabels:
      app: hello-world-flask
  template:
    metadata:
      labels:
        app: hello-world-flask
    spec:
      containers:
      - image: lyzhang1999/hello-world-flask:latest
        name: hello-world-flask
```

最后，在 GitHub 或 GitLab 中创建 fluxcd-demo 仓库。为了方便测试，我们需要将仓库设置为公开权限，设置主分支为 main，并将上面创建的 Manifest 推送至远端仓库：

```
$ ls
deployment.yaml
$ git init
......
Initialized empty Git repository in /Users/wangwei/Downloads/fluxcd-demo/.git/
$ git add -A && git commit -m "Add deployment"
[master (root-commit) 538f858] Add deployment
 1 file changed, 19 insertions(+)
 create mode 100644 deployment.yaml
$ git branch -M main
$ git remote add origin https://github.com/lyzhang1999/fluxcd-demo.git
$ git push -u origin main
```

下一步为 Flux CD 创建仓库连接信息，将下面的内容保存为 fluxcd-repo.yaml 文件：

```
apiVersion: source.toolkit.fluxcd.io/v1beta2
kind: GitRepository
metadata:
  name: hello-world-flask
spec:
  interval: 5s
  ref:
    branch: main
  url: https://github.com/lyzhang1999/fluxcd-demo
```

请注意，此处需要将 url 字段修改为实际仓库的地址并使用 HTTPS 协议，将 branch 字段设置为 main 分支，interval 代表 Flux CD 每隔 5s 主动拉取一次仓库。

接着，通过 kubectl apply 命令将其 GitRepository 对象部署到集群内：

```
$ kubectl apply -f fluxcd-repo.yaml
gitrepository.source.toolkit.fluxcd.io/hello-world-flask created
```

可以通过 kubectl get gitrepository 命令检查配置是否生效：

```
$ kubectl get gitrepository
NAME                    URL                                               AGE   READY   STATUS
hello-world-flask       https://github.com/lyzhang1999/fluxcd-demo        5s    True    stored
  artifact for revision 'main/8260f5a0ac1e4ccdba64e074d1ee2c154956f12d'
```

接下来，为 Flux CD 创建部署策略。将下面的内容保存为 fluxcd-kustomize.yaml 文件：

```
apiVersion: kustomize.toolkit.fluxcd.io/v1beta2
kind: Kustomization
metadata:
  name: hello-world-flask
spec:
  interval: 5s
  path: ./
  prune: true
  sourceRef:
    kind: GitRepository
    name: hello-world-flask
  targetNamespace: default
```

在上述配置中，Flux CD 会每隔 5s 运行一次对比工作负载差异，path 参数表示 deployment.yaml 文件相对仓库的目录的位置。Flux CD 识别到期望状态和集群实际状态存在差异时，将会触发重新部署操作。

接下来使用 kubectl apply 命令将上述 Kustomization 对象部署到集群内：

```
$ kubectl apply -f fluxcd-kustomize.yaml
kustomization.kustomize.toolkit.fluxcd.io/hello-world-flask created
```

同样，也可以使用 kubectl get kustomization 来检查配置是否生效：

```
$ kubectl get kustomization
NAME                    AGE       READY      STATUS
hello-world-flask       8m21s     True       Applied revision: main/8260f5a0ac1e4ccdba64e
   074d1ee2c154956f12d
```

配置完成后，接下来正式体验 GitOps 的秒级自动发布和回滚能力。

1.4.4　自动发布

要体验 GitOps 的自动发布能力，可以修改 fluxcd-demo 仓库的 deployment.yaml 文件，例如，将 image 字段的镜像版本从 latest 修改为 v1：

```
......
    spec:
      containers:
      - image: lyzhang1999/hello-world-flask:v1 # 修改此处
        name: hello-world-flask
......
```

然后，将修改推送到远端仓库：

```
$ git add -A && git commit -m "Update image tag to v1"
$ git push origin main
```

接下来，通过 kubectl describe kustomization hello-world-flask 命令查看触发重新部署的事件：

```
$ kubectl describe kustomization hello-world-flask
......
Status:
  Conditions:
    Last Transition Time:   2022-09-10T03:46:37Z
    Message:                Applied revision: main/8260f5a0ac1e4ccdba64e074d1ee2c154956f12d
    Reason:                 ReconciliationSucceeded
    Status:                 True
    Type:                   Ready
  Inventory:
    Entries:
      Id:                   default_hello-world-flask_apps_Deployment
      V:                    v1
  Last Applied Revision:    main/8260f5a0ac1e4ccdba64e074d1ee2c154956f12d
  Last Attempted Revision:  main/8260f5a0ac1e4ccdba64e074d1ee2c154956f12d
  Observed Generation:      1
......
```

从上述返回结果可知，新的镜像版本为 v1。此外，Flux CD 最后一次部署仓库的 commit id 是 8260f5a0ac1e4ccdba64e074d1ee2c154956f12d，这与最后一次的提交记录相对应，说明变更已经生效。

现在，打开浏览器访问 http://127.0.0.1，可以看到 v1 镜像版本的输出内容：

```
Hello, my v1 version docker images! hello-world-flask-6d7b779cd4-spf4q
```

上述配置实现了 Flux CD 自动监听 Git 仓库修改、比较和重新部署 3 个过程。

1.4.5　快速回滚

在 GitOps 工作流中，既然 Git 仓库是描述期望状态的唯一可信源，那么是否只要对 Git 仓库执行回滚就相当于实现发布回滚呢？接下来通过实战来验证这个猜想。

要回滚到 fluxcd-demo 仓库，首先需要找到上一次的提交记录，可以使用 git log 查看：

```
$ git log
commit 900357f4cfec28e3f80fde239906c1af4b807be6 (HEAD -> main, origin/main)
Author: wangwei <434533508@qq.com>
Date:   Sat Sep 10 11:24:22 2022 +0800

    Update image tag to v1

commit 75f39dc58101b2406d4aaacf276e4d7b2d429fc9
Author: wangwei <434533508@qq.com>
Date:   Sat Sep 10 10:35:41 2022 +0800

    first commit
```

从上述返回内容可知，上一次的 commit id 为 75f39dc58101b2406d4aaacf276e4d7b2d429fc9，接下来通过 git reset 命令来回滚到上一次提交，并强制推送到 Git 仓库：

```
$ git reset --hard 75f39dc58101b2406d4aaacf276e4d7b2d429fc9
HEAD is now at 538f858 Add deployment

$ git push origin main -f
Total 0 (delta 0), reused 0 (delta 0), pack-reused 0
To https://github.com/lyzhang1999/fluxcd-demo.git
 + 8260f5a...538f858 main -> main (forced update)
```

然后，使用 kubectl describe kustomization hello-world-flask 命令来查看触发重新部署的事件：

```
......
Status:
  Conditions:
    Last Transition Time:  2022-09-10T03:51:28Z
    Message:               Applied revision: main/538f858909663f4be3a62760cb571529eb50a831
    Reason:                ReconciliationSucceeded
    Status:                True
    Type:                  Ready
  Inventory:
    Entries:
```

```
        Id:                      default_hello-world-flask_apps_Deployment
        V:                       latest
  Last Applied Revision:         main/538f858909663f4be3a62760cb571529eb50a831
  Last Attempted Revision:       main/538f858909663f4be3a62760cb571529eb50a831
  Observed Generation:           1
......
```

在上述返回结果中，Last Applied Revision 变更为最后一次提交的 commit id，代表 Flux CD 已经完成了同步工作。

现在，再次打开浏览器访问 http://127.0.0.1，将得到 latest 镜像对应的返回内容：

```
Hello, my first docker images! hello-world-flask-56fbff68c8-c8dc4
```

至此，GitOps 的发布和回滚实验已经完成。

1.5　小结

本章实现了一个最小化的 GitOps 工作流，并展示了 Kubernetes 和 GitOps 工作流的强大之处，例如自愈、自动扩 / 缩容、秒级发布和回滚。

在实际项目中，构建端到端的 GitOps 工作流还有非常多的细节，例如实现自动化的持续构建、自动更新 Manifest 仓库等。

在实施 GitOps 工作流时，构建镜像是最关键的一步。下一章将深入学习容器镜像的构建方法。

第二部分 *Part 2*

GitOps 核心技术

- 第 2 章　Docker 极简实战
- 第 3 章　Kubernetes 极简实战
- 第 4 章　持续集成
- 第 5 章　镜像仓库
- 第 6 章　应用定义
- 第 7 章　GitOps 工作流

Docker 极简实战

本章将介绍不同语言应用的镜像构建例子和模板，其中包括常用的后端语言 Java、Golang、Node.js 以及前端 Vue 框架编写的业务应用。此外，考虑构建镜像对多平台的兼容性，本章将介绍一种构建多平台镜像的方法，以便镜像能够运行在不同的 CPU 架构下。最后，本章将介绍如何压缩镜像体积，以及如何选择合适的基础镜像。

在进入实战前，你需要做好如下准备。

1）安装好 Docker。

2）将示例应用仓库 https://github.com/lyzhang1999/gitops.git 克隆到本地。

2.1 为不同语言的应用构建容器镜像

在第 1 章的 Python Flask 应用例子中，我们学习了如何编写 Dockerfile 来构建镜像，并学习了 Docker 命令的简单用法。本节将继续深入学习 Docker 以及如何为不同语言应用构建镜像。

2.1.1 Java

本节先介绍如何将 Java 应用打包成容器镜像。常见的 Java 应用启动方式有两种，这意味着镜像构建方式也有两种：一种是将应用打包成 Jar 包并在镜像内以启动 Jar 包的方式来构建镜像；另一种是在容器内通过 Spring Boot 插件构建镜像。接下来分别介绍这两种镜像构建方式。

1. 启动 Jar 包的构建方式

以 Spring Boot 和 Maven 为例，我们提前制作一个 Demo 应用来介绍如何通过启动 Jar

包的方式来构建镜像。

在将示例应用克隆到本地后，进入 Spring Boot Demo 目录并列出所有文件：

```
$ cd gitops/docker/13/spring-boot
$ ls -al
total 80
drwxr-xr-x  12 weiwang  staff     384 10  5 11:17 .
drwxr-xr-x   4 weiwang  staff     128 10  5 11:17 ..
-rw-r--r--   1 weiwang  staff       6 10  5 10:30 .dockerignore
-rw-r--r--   1 weiwang  staff     374 10  5 11:05 Dockerfile
drwxr-xr-x   4 weiwang  staff     128 10  5 11:17 src
......
```

在该示例应用目录中，重点关注 src 目录、Dockerfile 文件和 .dockerignore 文件。

首先，src 目录下路径为 src/main/java/com/example/demo 的 DemoApplication.java 文件是 Demo 应用的主体文件，包含一个 /hello 接口，使用 Get 请求访问后会返回 Hello World，代码如下：

```
package com.example.demo;
import org.springframework.boot.SpringApplication;
import org.springframework.boot.autoconfigure.SpringBootApplication;
import org.springframework.web.bind.annotation.GetMapping;
import org.springframework.web.bind.annotation.RequestParam;
import org.springframework.web.bind.annotation.RestController;

@SpringBootApplication
@RestController
public class DemoApplication {
    public static void main(String[] args) {
        SpringApplication.run(DemoApplication.class, args);
    }

    @GetMapping("/hello")
    public String hello(@RequestParam(value = "name", defaultValue = "World")
String name) {
        return String.format("Hello %s!", name);
    }
}
```

Demo 应用的主体文件内容虽然简单，但它代表了 Spring Boot + Maven 的典型组合，这也是我们在实际开发中最常见的组合。

Dockerfile 文件是构建镜像的核心内容，代码如下：

```
1 # syntax=docker/dockerfile:1
2
3 FROM eclipse-temurin:17-jdk-jammy as builder
4 WORKDIR /opt/app
5 COPY .mvn/ .mvn
6 COPY mvnw pom.xml ./
```

```
 7 RUN ./mvnw dependency:go-offline
 8 COPY ./src ./src
 9 RUN ./mvnw clean install
10
11
12 FROM eclipse-temurin:17-jre-jammy
13 WORKDIR /opt/app
14 EXPOSE 8080
15 COPY --from=builder /opt/app/target/*.jar /opt/app/*.jar
16 CMD ["java", "-jar", "/opt/app/*.jar" ]
```

初学者，可能会有一个疑问：为什么会出现两个 FROM 语句？

实际上，此处的构建方法使用了多阶段构建方式。你可以理解为，第一个阶段的构建产物将作为下一阶段的输入。

第 3 行～第 9 行是第一个构建阶段。

第 3 行 FROM 表示把 eclipse-temurin:17-jdk-jammy 作为构建阶段的基础镜像，然后使用 WORKDIR 关键字指定工作目录为 /opt/app，后续的文件操作都会在这个工作目录下展开。

第 5 和第 6 行通过 COPY 关键字将 .mvn 目录和 mvnw、pom.xml 文件复制到工作目录下。第 7 行通过 RUN 关键字运行 ./mvnw dependency:go-offline 来安装依赖。

第 8 行将 src 目录下的源码复制到镜像中。

第 9 行使用 RUN 关键字执行 ./mvnw clean install 并进行编译。

第 12 行到 16 行是第二个构建阶段。

第 12 行表示将 eclipse-temurin:17-jre-jammy 作为基础镜像。

第 13 行同样指定工作目录为 /opt/app。

第 14 行的 EXPOSE 关键字之前提到过，它是一个备注功能，并不是要暴露真实容器端口的意思。

第 15 行的 COPY 语句较为复杂，它指的是将第一个构建阶段位于 /opt/app/target/ 目录下的所有 Jar 文件都复制到当前构建阶段镜像的 /opt/app/ 目录下。

第 16 行使用 CMD 关键字定义了启动命令，也就是通过 java -jar 的方式启动应用。

最后，.dockerignore 文件功能和我们熟悉的 .gitignore 文件功能类似，它指的是在构建过程中需要忽略的文件或目录。合理的文件忽略策略有助于提高镜像构建的速度。在这个例子中，因为要在容器里重新编译应用，所以忽略了存储本地构建结果的 target 目录。

接下来，就可以使用 docker build 命令来构建镜像了，命令如下：

```
$ docker build -t spring-boot .
```

当镜像构建完成后，我们便能使用 docker run 命令来启动镜像，并通过 --publish 暴露端口：

```
$ docker run --publish 8080:8080 spring-boot
```

```
......
2022-10-05 03:59:48.746   INFO 1 --- [main] com.example.demo.DemoApplication:
  Starting DemoApplication v0.0.1-SNAPSHOT using Java 17.0.4.1 on da50d0bb2460
  with PID 1 (/opt/app/*.jar started by root in /opt/app)
2022-10-05 03:59:48.748   INFO 1 --- [main] com.example.demo.DemoApplication:
  No active profile set, falling back to 1 default profile: "default"
2022-10-05 03:59:49.643  INFO 1 --- [main] o.s.b.w.embedded.tomcat.TomcatWebServer :
  Tomcat initialized with port(s): 8080 (http)
```

现在，你可以打开一个新的命令行终端，并通过 curl 访问 hello 接口来验证返回内容：

```
$ curl localhost:8080/hello
Hello World!
```

要终止 spring-boot 应用，可以返回执行 docker run 命令的终端，并使用 <Ctrl+C> 组合键来停止容器运行。

至此，我们成功以 Jar 包的方式为 Spring Boot 应用构建镜像。

2. 使用 Spring Boot 插件的构建方式

仍然以上述的 Spring Boot 应用为例，我在该应用的目录下提前准备好了 Dockerfile-Boot 文件，内容如下：

```
 1 # syntax=docker/dockerfile:1
 2
 3 FROM eclipse-temurin:17-jdk-jammy
 4
 5 WORKDIR /app
 6
 7 COPY .mvn/ .mvn
 8 COPY mvnw pom.xml ./
 9 RUN ./mvnw dependency:resolve
10
11 COPY src ./src
12 CMD ["./mvnw", "spring-boot:run"]
```

相比较使用 Jar 包的镜像构建方式，使用 Spring Boot 插件的镜像构建方式更加简单。在构建过程中，实际上还用了一个小技巧：第 7 行和第 8 行的 COPY 命令单独复制了依赖清单文件 pom.xml，而不是复制整个根目录下的文件，这样就可以在依赖不变的情况下充分利用 Docker 构建缓存，加快镜像构建速度。

这个 Dockerfile 文件中有两条关键的命令：mvnw dependency:resolve 命令用于安装依赖；mvnw spring-boot:run 命令用于启动应用。

接下来使用 docker build 命令构建镜像，这里要注意增加 -f 参数来指定新的 Dockerfile-Boot 文件：

```
$ docker build -t spring-boot . -f Dockerfile-Boot
```

镜像构建成功后，再次使用 docker run 命令启动镜像：

```
$ docker run --publish 8080:8080 spring-boot
```

最后，使用 curl 访问 http://localhost:8080/hello 接口，同样将获得 Hello World 字符串返回内容。

使用 Spring Boot 插件的构建方式比较简单，将 Jar 包的构建过程延迟到了启动阶段，并且依赖镜像的 JDK 工具。对于生产环境来说，这些都不是必要的。

你可以通过 docker images 命令来对比两种方式构建的镜像占用的空间大小，第一种构建方式生成的镜像约为 280MB，第二种构建方式生成的镜像约为 500MB。在实际生产环境中，推荐使用第一种方式来构建镜像。

至此，Spring Boot 应用镜像的构建方式就介绍完毕了。

2.1.2　Golang

相比 Java 应用，Golang 应用的镜像构建方式更加简单，因为 Golang 应用的启动方式只有一种，即直接启动二进制文件。因此，我们只需要将 Golang 应用打包成二进制文件并在镜像内启动即可。

以 Echo 框架为例，在将示例应用克隆到本地后，你可以进入 docker/13/golang 目录来查看示例应用：

```
$ cd gitops/docker/13/golang
$ ls -al
-rw-r--r--  1 weiwang  staff   292 10  5 14:16 Dockerfile
-rw-r--r--  1 weiwang  staff   599 10  5 14:12 go.mod
-rw-r--r--  1 weiwang  staff  2825 10  5 14:12 go.sum
-rw-r--r--  1 weiwang  staff   235 10  5 14:13 main.go
```

main.go 文件是 Golang 应用的主体文件，它包含一个 /hello 接口，通过 Get 方法发出请求后，将返回 Hello World Golang 字符串，内容如下：

```
package main

import (
    "net/http"
    "github.com/labstack/echo/v4"
)

func main() {
    e := echo.New()
    e.GET("/hello", func(c echo.Context) error {
        return c.String(http.StatusOK, "Hello World Golang")
    })
    e.Logger.Fatal(e.Start(":8080"))
}
```

接下来看 Dockerfile 文件的内容：

```
# syntax=docker/dockerfile:1
FROM golang:1.17 as builder
WORKDIR /opt/app
COPY . .
RUN go build -o example

FROM ubuntu:latest
WORKDIR /opt/app
COPY --from=builder /opt/app/example /opt/app/example
EXPOSE 8080
CMD ["/opt/app/example"]
```

同理，该 Dockerfile 包含了两个构建阶段：第一个构建阶段是以 golang:1.17 为基础镜像，然后通过 go build 命令编译并输出可执行文件，将其命名为 example；第二个构建阶段是以 ubuntu:latest 为基础镜像，并将第一个阶段构建的 example 可执行文件复制到镜像的 /opt/app/ 目录下，最后通过 CMD 关键字来启动应用。

现在，可以通过 docker build 命令来构建镜像了：

```
$ docker build -t golang .
```

镜像构建完成后，可以使用 docker run 来启动镜像：

```
$ docker run --publish 8080:8080 golang
```

```
⇨ http server started on [::]:8080
```

在未终止 Spring Boot 示例应用而运行 Golang 示例应用时，你可能会得到 port is already allocated 的错误提示。你可以通过 docker ps 命令来查看 Spring Demo 的容器 ID，并通过 docker stop [Container ID] 命令来终止它，然后重新启动镜像进行恢复。

镜像启动后，使用 curl 命令来访问 http://localhost:8080/hello 接口，将返回 Hello World Golang 字符串。

至此，Golang 应用的镜像构建方法就介绍完毕了。

2.1.3　Node.js

在使用 Node.js 编写应用时，通常会选择一种后端框架。以 Express.js 框架为例，在将示例应用克隆到本地后，你可以进入 docker/13/node 目录并查看示例应用：

```
$ cd gitops/docker/13/node
$ ls -al
```

```
-rw-r--r--    1 weiwang    staff        12 10   5 16:45 .dockerignore
-rw-r--r--    1 weiwang    staff       589 10   5 16:39 Dockerfile
-rw-r--r--    1 weiwang    staff       230 10   5 16:44 app.js
drwxr-xr-x   60 weiwang    staff      1920 10   5 16:26 node_modules
-rw-r--r--    1 weiwang    staff     39326 10   5 16:26 package-lock.json
-rw-r--r--    1 weiwang    staff       251 10   5 16:26 package.json
```

其中，app.js 是示例应用的主体文件，包含一个 /hello 接口。当通过 Get 请求访问该接口时，将返回 "Hello World Node.js" 字符串。该文件中的代码如下：

```
const express = require('express')
const app = express()
const port = 3000

app.get('/hello', (req, res) => {
  res.send('Hello World Node.js')
})

app.listen(port, () => {
  console.log(`Example app listening on port ${port}`)
})
```

.dockerignore 是构建镜像时的忽略文件。在该例子中，因为程序会在容器内下载依赖，所以忽略了 node_modules 目录，内容如下：

```
$ cat .dockerignore
node_modules
```

接下来，你可以查看用于构建镜像的 Dockerfile 文件中的内容，代码如下：

```
 1 # syntax=docker/dockerfile:1
 2 FROM node:latest AS build
 3 RUN sed -i "s@http://\(deb\|security\).debian.org@https://mirrors.aliyun.com@g"
 4 /etc/apt/sources.list
 5 RUN apt-get update && apt-get install -y dumb-init
 6 WORKDIR /usr/src/app
 7 COPY package*.json ./
 8 RUN npm ci --only=production
 9
10 FROM node:16.17.0-bullseye-slim
11 ENV NODE_ENV production
12 COPY --from=build /usr/bin/dumb-init /usr/bin/dumb-init
13 USER node
14 WORKDIR /usr/src/app
15 COPY --chown=node:node --from=build /usr/src/app/node_modules /usr/src/app/node_
16 modules
17 COPY --chown=node:node . /usr/src/app
18 CMD ["dumb-init", "node", "app.js"]
```

同样，该 Dockerfile 由两个构建阶段组成。第一个阶段使用 node:latest 作为基础镜像，同时安装了 dumb-init 组件。此外，还将 package.json 和 package-lock.json 复制到镜像中，并通过 npm ci --only=production 命令安装依赖。

第 10 行开始是第二个构建阶段，使用了 node:16.17.0-bullseye-slim 作为基础镜像，此外，Express 配置了 NODE_ENV=production 的环境变量，代表在生产环境中使用。这将会改变 Express 框架的默认配置，如日志等级、缓存处理策略等。然后，将第一个构建阶段安装的 dumb-init 组件、依赖以及源码复制到第二个阶段的镜像中，修改源码和依赖目录的用户组。最后，通过 CMD 命令使用 node 启动 app.js。

在将 Node.js 容器化的过程中，需要注意一个细节，因为 Node.js 并不是以 PID=1 的进程运行的，所以常规的启动方式并不能让 Node.js 程序在容器内接收到终止信号。这会导致 Node 进程不能被优雅终止（例如更新时突然中断），所以可以通过 dumb-init 组件来启动 Node 进程。

现在，可以通过 docker build 来构建镜像：

```
$ docker build -t nodejs .
```

接下来，可以使用 docker run 来启动镜像：

```
$ docker run --publish 3000:3000 nodejs
Example app listening on port 3000
```

最后，可以使用 curl 命令来访问 http://localhost:3000/hello，查看是否返回了预期的“Hello World Node.js”字符串。

至此，我们成功地为 Node.js 应用构建镜像。

2.1.4　Vue

常见的 Vue 应用容器化方案有两种：一种是将 http-server 组件作为代理服务器来构建镜像，另一种是将 Nginx 作为代理服务器来构建镜像。接下来分别介绍这两种镜像构建方式。

1. 将 http-server 作为服务器的构建方式

先将示例应用克隆到本地，然后进入 docker/13/vue/example 目录查看：

```
$ cd gitops/docker/13/vue/example
$ ls -al
-rw-r--r--    1 weiwang    staff      12 10   5 17:26 .dockerignore
-rw-r--r--    1 weiwang    staff     172 10   5 17:27 Dockerfile
-rw-r--r--    1 weiwang    staff       0 10   5 17:34 Dockerfile-Nginx
-rw-r--r--    1 weiwang    staff     631 10   5 17:23 README.md
-rw-r--r--    1 weiwang    staff     337 10   5 17:23 index.html
......
```

在该例子中，.dockerignore 文件内容与 Node.js 应用的一致，都忽略 node_modules 目录，以便加快镜像的构建速度。

接下来，重点关注 Dockerfile 文件中的内容：

```
 1  # syntax=docker/dockerfile:1
 2
 3  FROM node:lts-alpine
 4  RUN npm install -g http-server
 5  WORKDIR /app
 6  COPY package*.json ./
 7  RUN npm install
 8  COPY . .
 9  RUN npm run build
10
11  EXPOSE 8080
12  CMD [ "http-server", "dist" ]
```

简单分析一下该 Dockerfile 文件中的内容。首先将 node:lts-alpine 作为基础镜像，然后安装 http-server 并将其作为代理服务器。第 6 行的含义为，将 package.json 和 package-lock.json 复制到镜像中，并使用 npm install 命令安装依赖。

此处让依赖安装和源码安装解耦的目的是尽量使用 Docker 构建缓存。这意味着在 package.json 文件内容不变的情况下，即便源码发生改变，我们也可以使用下载好的 npm 依赖。

依赖安装完毕后，通过第 8 行 COPY 命令将项目源码复制到镜像中，并通过 npm run build 来构建 dist 目录。最后，通过 http-server 来启动 dist 目录下的静态文件。

现在，可以通过 docker build 来构建镜像：

```
$ docker build -t vue .
```

接下来，使用 docker run 启动镜像：

```
$ docker run --publish 8080:8080 vue
Starting up http-server, serving dist

http-server version: 14.1.1

http-server settings:
CORS: disabled
......
```

镜像运行后，打开浏览器访问 http://localhost:8080，如果出现 Vue 示例项目，说明镜像构建完成，如图 2-1 所示。

2. 将 Nginx 作为服务器的构建方式

将 http-server 作为服务器的构建方式适合开发和测试场景，或者小型业务场景。在正式的生产环境中，推荐将 Nginx 作为反向代理服务器来对外提供服务，这也是使用最广泛、稳定性最高的一种方案。

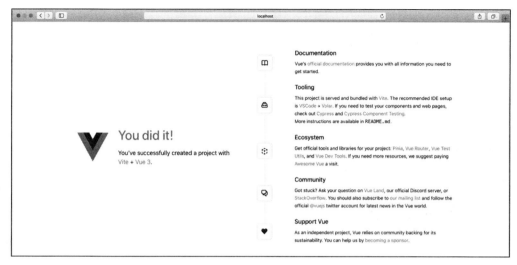

图 2-1　Vue 示例项目

在 Vue 示例项目的同级目录下，我们已经创建好名为 Dockerfile-Nginx 的文件，内容如下：

```
 1 # syntax=docker/dockerfile:1
 2
 3 FROM node:lts-alpine as build-stage
 4 WORKDIR /app
 5 COPY package*.json ./
 6 RUN npm install
 7 COPY . .
 8 RUN npm run build
 9
10 FROM nginx:stable-alpine as production-stage
11 COPY --from=build-stage /app/dist /usr/share/nginx/html
12 EXPOSE 80
13 CMD ["nginx", "-g", "daemon off;"]
```

该 Dockerfile 文件定义了两个构建阶段：第一个阶段是第 3 行到第 8 行的内容；其他的是第二阶段的内容。

第一阶段的构建过程和以 http-server 作为服务器的构建过程非常类似，以 node:lts-alpine 为基础镜像，同时复制 package.json 和 package-lock.json 到镜像中并安装依赖，然后复制项目源码并且执行 npm run build 来构建项目，生成 dist 目录。

第二个阶段的构建过程中引入了一个新的 nginx:stable-alpine 镜像作为运行镜像，并将第一阶段构建的 dist 目录复制到第二阶段的 /usr/share/nginx/html 目录中。该目录是 Nginx 默认的网页目录。默认情况下，Nginx 将该目录下的内容作为静态资源。最后以前台的方式启动 Nginx。

现在，可以通过 docker build 命令构建镜像：

```
$ docker build -t vue-nginx -f Dockerfile-Nginx .
```

接下来，使用 docker run 命令启动镜像：

```
$ docker run --publish 8080:80 vue-nginx
/docker-entrypoint.sh: /docker-entrypoint.d/ is not empty, will attempt to
  perform configuration
/docker-entrypoint.sh: Looking for shell scripts in /docker-entrypoint.d/
......
```

最后，打开浏览器访问 http://localhost:8080 验证，如果返回 Vue 示例项目，说明镜像构建成功。

2.1.5　构建多平台镜像

在上述例子中，通过在本地执行 docker build 命令来构建镜像，然后运行 docker run 命令来启动镜像。实际上，在构建镜像时，Docker 默认构建本机对应平台，例如常见的 Linux/amd64 平台的镜像。

但是，当在不同的平台设备尝试启动镜像，可能会遇到下面的问题：

```
WARNING: The requested image's platform (linux/arm64/v8) does not match the
  detected host platform (linux/amd64) and no specific platform was requested
```

产生该问题的原因是，构建和运行设备存在差异。在实际项目中，最典型的例子是构建镜像的计算机对应 Linux/amd64 平台，但运行镜像的计算机对应 Linux/arm64 平台。

要查看镜像适用的平台，你可以找到 Docker Hub 镜像详情页。图 2-2 显示了 Alpine 镜像适用的平台。

图 2-2　Alpine 镜像适用的平台

我们从这个页面可以得出结论：Apline 镜像适用的平台非常丰富，例如 Linux/386、Linux/amd64 等。一般情况下，在构建镜像时，默认只会构建本机平台对应的镜像，当拉取镜像时，Docker 会自动拉取符合当前平台的镜像版本。

那么，如何实现跨平台的"一次构建，到处运行"目标呢？Docker 为我们提供了构建多平台镜像的方法：buildx。

要使用 buildx，首先需要创建构建器。你可以使用 docker buildx create 命令来创建它，并将其命名为 builder。

```
$ docker buildx create --name builder
builder
```

然后，将 builder 设置为默认的构建器。

```
$ docker buildx use builder
```

接下来，初始化构建器，这一步主要是启动 buildkit 容器。

```
$ $ docker buildx inspect --bootstrap
[+] Building 19.1s (1/1) FINISHED
 => [internal] booting buildkit

       19.1s
 => => pulling image moby/buildkit:buildx-stable-1

       18.3s
 => => creating container buildx_buildkit_mybuilder0

       0.8s
Name:    builder
Driver:  docker-container

Nodes:
Name:       mybuilder0
Endpoint:   unix:///var/run/docker.sock
Status:     running
Buildkit:   v0.10.4
Platforms: linux/amd64, linux/amd64/v2, linux/amd64/v3, linux/arm64, linux/
   riscv64, linux/ppc64le, linux/s390x, linux/386, linux/mips64le, linux/mips64,
   linux/arm/v7, linux/arm/v6
```

从返回结果中可知，buildx 支持的平台有 Linux/amd64、Linux/arm64 和 Linux/386 等。

接下来，尝试使用 buildx 来构建多平台镜像。我们编写了一个简单示例应用，你可以进入示例应用的 docker/13/multi-arch 目录查看：

```
$ cd gitops/docker/13/multi-arch
$ ls -al
-rw-r--r--  1 weiwang  staff   439 10  5 23:49 Dockerfile
-rw-r--r--  1 weiwang  staff  1075 10  5 18:34 go.mod
```

```
-rw-r--r--   1 weiwang   staff    6962 10   5 18:34 go.sum
-rw-r--r--   1 weiwang   staff     397 10   5 18:39 main.go
```

main.go 为示例应用的主体文件，主要实现启动 HTTP 服务器，访问根路径，返回 Runtime 包的一些内置变量：

```go
package main
import (
    "net/http"
    "runtime"
    "github.com/gin-gonic/gin"
)
var (
    r = gin.Default()
)
func main() {
    r.GET("/", indexHandler)
    r.Run(":8080")
}
func indexHandler(c *gin.Context) {
    var osinfo = map[string]string{
        "arch":    runtime.GOARCH,
        "os":      runtime.GOOS,
        "version": runtime.Version(),
    }
    c.JSON(http.StatusOK, osinfo)
}
```

相比较单一平台镜像的构建方法，在构建多平台镜像时，可以在 Dockerfile 内使用一些内置变量，例如 BUILDPLATFORM、TARGETOS 和 TARGETARCH，它们分别对应构建平台（例如 Linux/amd64）、系统（例如 Linux）和 CPU 架构（例如 amd64）。构建平台由系统和 CPU 架构组成

示例应用的 Dockerfile 文件内容如下：

```dockerfile
 1 # syntax=docker/dockerfile:1
 2 FROM --platform=$BUILDPLATFORM golang:1.18 as build
 3 ARG TARGETOS TARGETARCH
 4 WORKDIR /opt/app
 5 COPY go.* ./
 6 RUN go mod download
 7 COPY . .
 8 RUN --mount=type=cache,target=/root/.cache/go-build \
 9 GOOS=$TARGETOS GOARCH=$TARGETARCH go build -o /opt/app/example .
10
11 FROM ubuntu:latest
12 WORKDIR /opt/app
13 COPY --from=build /opt/app/example ./example
14 CMD ["/opt/app/example"]
```

该 Dockerfile 包含两个构建阶段：第一个构建阶段由第 2～9 行程序完成；第二个构

建阶段由第 11～14 行程序完成。

先来看第一个构建阶段。

第 2 行 FROM 语句增加了一个 --platform=$BUILDPLATFORM 参数，它代表强制使用不同平台的基础镜像，例如 Linux/amd64。在没有该参数配置的情况下，Docker 默认使用构建平台（本机）对应 CPU 架构的基础镜像。

第 3 行 ARG 声明使用两个内置变量 TARGETOS 和 TARGETARCH。TARGETOS 对应系统，例如 Linux，TARGETARCH 对应 CPU 架构，如 amd64，这两个参数将在 Golang 交叉编译时生成对应的二进制文件。

第 4 行 WORKDIR 声明了工作目录。

第 5 行和第 6 行的含义是通过 COPY 命令将 go.mod 和 go.sum 文件复制到镜像中，并运行 go mod download 命令来下载依赖。这样，在这两个文件不变的前提下，Docker 将使用构建缓存来加快构建速度。

依赖下载完成后，通过 COPY 命令将所有源码文件复制到镜像中。

第 8 行至第 9 行有两个作用。首先，--mount=type=cache,target=/root/.cache/go-build 旨在告诉 Docker 使用 Golang 构建缓存，加快镜像构建的速度。其次，GOOS=$TARGETOS GOARCH=$TARGETARCH go build -o /opt/app/example . 表示进行 Golang 交叉编译。

注意，$TARGETOS 和 $TARGETARCH 是内置变量，在具体构建镜像的时候，Docker 会进行自动填充。

第二个构建阶段则比较简单，使用了 ubuntu:latest 基础镜像，将第一个构建阶段生成的二进制文件复制到镜像内，然后指定镜像的启动命令。

接下来，就可以进行多平台镜像构建了。为了方便镜像在构建完成后推送到 Docker Hub 镜像仓库，需要先执行 docker login 进行登录：

```
$ docker login
Username:
Password:
Login Succeeded
```

接下来，使用 docker buildx build 一次性构建多平台镜像：

```
$ docker buildx build --platform linux/amd64,linux/arm64 -t lyzhang1999/multi-
    arch:latest --push.
```

在上述命令中，--platform 参数指定了两个平台：Linux/amd64 和 Linux/arm64，-t 参数指定了镜像的版本，--push 参数代表构建完成后直接将镜像推送到 Docker Hub。

构建命令运行后，Docker 会分别使用 Linux/amd64 和 Linux/arm64 两个平台的 golang:1.18 镜像来启动构建过程，并且在对应的镜像内执行编译过程。

构建完成后，镜像将上传至 Docker Hub 平台。进入该镜像详情页，我们会发现此镜像同时兼容了 Linux/amd64 和 Linux/arm64 两个平台，如图 2-3 所示。

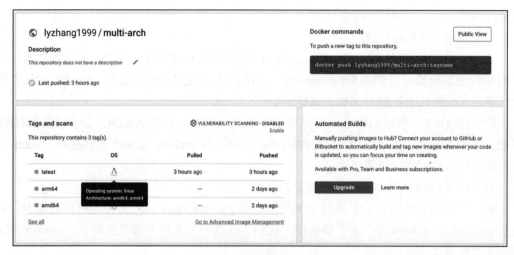

图 2-3 兼容两个平台的镜像

至此，我们已经完成了一个简单的多平台镜像构建过程。

2.2 压缩镜像体积

压缩镜像体积在实际项目中非常重要，因为较小的镜像体积意味着构建、分发和部署速度快。此外，较小的镜像体积意味着包含的软件包数量更少，因此安全性也更高。

多阶段构建的方法能够有效减小镜像大小。接下来将继续深入学习这种构建方法，并介绍其他一些高级镜像构建技巧。

2.2.1 查看镜像大小

仍然以 2.1.2 节 Golang 的应用为例。将示例应用仓库克隆到本地后，进入 Golang 示例应用：

```
$ cd gitops/docker/13/golang
```

对于大多数 Docker 初学者而言，最开始编写 Dockerfile 并不需要考虑太多构建技巧，写法大致和 Golang 应用中的 Dockerfile-1 文件类似：

```
# syntax=docker/dockerfile:1
FROM golang:1.17
WORKDIR /opt/app
COPY . .
RUN go build -o example
CMD ["/opt/app/example"]
```

该 Dockerfile 描述的构建过程非常简单，它以 Golang:1.17 镜像作为编译环境，将源码复制到镜像中，然后运行 go build 命令编译源码，生成二进制可执行文件，最后配置启动命令。

接下来使用该文件来构建镜像：

```
$ docker build -t golang:1 -f Dockerfile-1 .
```

镜像构建成功后，使用 docker images 来查看镜像大小：

```
$ docker images
REPOSITORY          TAG              IMAGE ID          CREATED           SIZE
golang              1                751ee3477c3d      5 minutes ago     903MB
```

从上述命令返回结果可知，该 Dockerfile 构建的镜像体积非常大。Golang 示例程序使用 go build 命令编译后，二进制可执行文件大约为 6MB，但容器化之后，镜像达到了 900MB，显然有必要进一步优化镜像大小。

2.2.2　替换基础镜像

因为镜像的体积很大程度上是由引入的基础镜像决定的，所以要减小镜像体积，最简单的方法是替换基础镜像。

例如，将 Dockerfile 中 Golang:1.17 基础镜像替换为 golang:1.17-alpine 镜像，Dockerfile-2 文件内容如下：

```
# syntax=docker/dockerfile:1
FROM golang:1.17-alpine
WORKDIR /opt/app
COPY . .
RUN go build -o example
CMD ["/opt/app/example"]
```

Alpine 版本的镜像相比普通镜像来说删除了一些非必需的系统应用，所以体积更小。

接下来使用 Dockerfile-2 文件来构建镜像：

```
$ docker build -t golang:2 -f Dockerfile-2 .
```

构建完成后，继续查看镜像大小：

```
$ docker images
REPOSITORY          TAG              IMAGE ID          CREATED           SIZE
golang              2                bbaa9e935080      4 minutes ago     408MB
golang              1                751ee3477c3d      5 minutes ago     903MB
```

通过对比可知，使用 Dockerfile-2 构建的镜像比 Dockerfile-1 构建的镜像体积缩小了 50%，约为 408MB。

2.2.3　重新思考 Dockerfile

通过刚才的实验可知，构建的镜像约为 408MB，相比较编译后 6MB 的二进制可执行文件来说，体积差距仍然非常大。

现在进一步分析 Dockerfile-2 文件内容：

```
# syntax=docker/dockerfile:1
FROM golang:1.17-alpine
WORKDIR /opt/app
COPY . .
RUN go build -o example
CMD ["/opt/app/example"]
```

从上述 Dockerfile 文件内容可知，在容器内通过 go build -o example 命令来生成二进制可执行文件，因为编译过程中需要 Golang 编译工具的支持，所以必须将 Golang 镜像作为基础镜像，这是导致镜像体积过大的直接原因。

既然如此，那么能否不在容器内部编译呢？如果不依赖 Golang 编译工具，再使用体积更小的基础镜像来运行程序，构建出来的镜像体积自然就会变小。

上述思路是正确的。要实现该方案，最简单的办法是在本地先编译出二进制可执行文件，再将它复制到一个更小体积的 Ubuntu 镜像内。

首先在本地使用交叉编译生成 Linux 平台对应的二进制可执行文件：

```
$ CGO_ENABLED=0 GOOS=linux GOARCH=amd64 go build -o example .
$ ls -lh
-rwxr-xr-x  1 wangwei  staff   6.4M 10 10 16:58 example
......
```

接下来，使用 Dockerfile-3 文件构建镜像：

```
# syntax=docker/dockerfile:1
FROM ubuntu:latest
WORKDIR /opt/app
COPY example ./
CMD ["/opt/app/example"]
```

因为不再需要在容器内进行编译，所以完全可以将 Ubuntu 镜像作为基础运行环境，接下来用 docker build 命令构建镜像：

```
$ docker build -t golang:3 -f Dockerfile-3 .
```

构建完成后，使用 docker images 查看镜像大小：

```
$ docker images
REPOSITORY          TAG         IMAGE ID        CREATED         SIZE
golang              3           b53404869778    3 minutes ago   75.9MB
golang              2           bbaa9e935080    4 minutes ago   408MB
golang              1           751ee3477c3d    5 minutes ago   903MB
```

从命令的返回结果可知，该方式构建的镜像只有 75.9MB，相比最初的镜像几乎缩小了 90% 的体积。镜像的最终大小相当于 ubuntu:latest 加上 Golang 二进制可执行文件的大小。

不过，该方式将应用的编译过程拆分到了宿主机，这会让 Dockerfile 失去描述应用编译和打包的作用，**并不是一个好的实践方式**。

实际上，仔细分析上面的构建方式，你会发现本质上是把构建和运行拆分为两个阶段。构建由本地环境的编译工具提供支持，运行由 Ubuntu 镜像提供支持。

那么，如何将上述构建思想迁移到 Dockerfile 构建过程中呢？这种构建方式实际上就是"多阶段构建"。

2.2.4　多阶段构建

多阶段构建的本质其实是将镜像构建过程拆分成编译过程和运行过程。

第一个阶段对应编译过程并生成二进制可执行文件，第二个阶段对应运行过程，也就是复制第一阶段的二进制可执行文件，并为程序提供运行环境，最终构建的镜像也就是第二阶段生成的镜像，如图 2-4 所示。

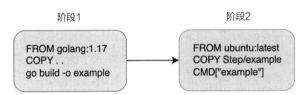

图 2-4　包含两个阶段的镜像构建过程

通过图 2-4，结合刚才的实战内容，我们会得出一个很有意思的结论。多阶段构建其实是将 Dockerfile-1 和 Dockerfile-3 的效果进行整合，最终组成完整的多阶段构建方式。Dockerfile-4 文件内容如下：

```
# syntax=docker/dockerfile:1

# Step 1: build golang binary
FROM golang:1.17 as builder
WORKDIR /opt/app
COPY . .
RUN go build -o example

# Step 2: copy binary from step1
FROM ubuntu:latest
WORKDIR /opt/app
COPY --from=builder /opt/app/example ./example
CMD ["/opt/app/example"]
```

该 Dockerfile 中存在两个 FROM 语句，显然这是一个包含两个阶段的镜像构建过程。

第一阶段负责编译生成二进制可执行文件，可以类比为在本地执行编译过程。

第二阶段负责将第一阶段生成的二进制可执行文件复制到当前阶段的镜像中，以 ubuntu:latest 镜像作为运行环境，并设置容器的启动命令。

接下来，使用 docker build 命令构建镜像，并将其命名为 golang:4：

```
$ docker build -t golang:4 -f Dockerfile-4 .
```

构建完成后，使用 docker images 命令查看镜像大小：

```
$ docker images
REPOSITORY          TAG          IMAGE ID          CREATED          SIZE
golang              4            8d40b16bb409      2 minutes ago    75.8MB
golang              3            b53404869778      3 minutes ago    75.9MB
golang              2            bbaa9e935080      4 minutes ago    408MB
golang              1            751ee3477c3d      5 minutes ago    903MB
```

从返回结果可知，golang:4 镜像和 golang:3 镜像体积几乎一致。

至此，对镜像大小的优化基本完成。在实际项目中，由于 Ubuntu 镜像是标准的 Linux 发行版，**所以推荐使用 ubuntu:latest 作为第二阶段的程序运行镜像。**

2.2.5 进一步压缩

为了继续深入理解多阶段构建，我们还可以尝试进一步压缩构建的镜像大小。

当使用多阶段方式构建镜像时，最终生成的镜像大小实际上很大程度取决于第二阶段引用的镜像体积，在之前的例子中对应的是 ubuntu:latest 镜像大小。

要进一步缩小体积，可以在第二个阶段使用更小体积的镜像，这就不得不提到 Alpine 镜像了。

Alpine 镜像是专门为容器化定制的 Linux 发行版，它的最大特点是体积极小。现在尝试使用它来作为第二阶段的运行镜像，修改后的文件命名为 Dockerfile-5，内容如下：

```
# syntax=docker/dockerfile:1

# Step 1: build golang binary
FROM golang:1.17 as builder
WORKDIR /opt/app
COPY . .
RUN CGO_ENABLED=0 go build -o example

# Step 2: copy binary from step1
FROM alpine
WORKDIR /opt/app
COPY --from=builder /opt/app/example ./example
CMD ["/opt/app/example"]
```

因为 Alpine 镜像并没有 glibc 库，所以在编译可执行文件时指定 CGO_ENABLED=0，这意味着在编译过程中禁用 CGO，以便程序在 Alpine 镜像中运行。

接着使用 Dockerfile-5 构建镜像，并将镜像命名为 golang:5。

```
$ docker build -t golang:5 -f Dockerfile-5 .
```

构建完成后，使用 docker images 查看镜像大小：

```
$ > docker images
REPOSITORY                TAG              IMAGE ID          CREATED             SIZE
golang                    5                7b2de55bf367      About a minute ago  11.9MB
golang                    4                8d40b16bb409      2 minutes ago       75.8MB
golang                    3                b53404869778      3 minutes ago       75.9MB
golang                    2                bbaa9e935080      4 minutes ago       408MB
golang                    1                751ee3477c3d      5 minutes ago       903MB
```

从上述返回结果可知，在使用 Alpine 镜像作为第二阶段的运行镜像后，镜像大小从 75.8MB 降低至 11.9MB，镜像体积缩小了 84%。

但是，由于 Alpine 镜像和常规 Linux 发行版存在一些差异，不推荐在生产环境中把 Alpine 镜像作为业务的运行镜像。

2.2.6　极限压缩

通过 2.2.5 节的实战，我们已经得到了足够小的镜像。相比较 Golang 编译后 7MB 的二进制可执行文件大小，构建的镜像只有 11.9MB。

实际上，我们还可以使镜像体积和二进制可执行文件大小一致。

要实现该目标，只需要把第二阶段的镜像替换为一个"空镜像"即可。该镜像被称为 scratch 镜像。将 Dockerfile-4 第二阶段的镜像替换为 scratch 镜像，修改后的文件命名为 Dockerfile-6，内容如下：

```
# syntax=docker/dockerfile:1

# Step 1: build golang binary
FROM golang:1.17 as builder
WORKDIR /opt/app
COPY . .
RUN CGO_ENABLED=0 go build -o example

# Step 2: copy binary from step1
FROM scratch
WORKDIR /opt/app
COPY --from=builder /opt/app/example ./example
CMD ["/opt/app/example"]
```

注意，因为 scratch 镜像不包含任何内容，所以在编译 Golang 可执行文件时需要禁用 CGO，这样编译后的程序才可以在 scratch 镜像中运行。

接下来使用 docker build 命令构建镜像，将其命名为 golang:6。然后查看镜像大小，你会发现镜像和 Golang 可执行文件的大小是一致的，只有 6.63MB：

```
$ docker build -t golang:6 -f Dockerfile-6 .
$ docker images
REPOSITORY                TAG              IMAGE ID          CREATED             SIZE
golang                    6                aa61f2cff23d      35 seconds ago      6.63MB
```

golang	5	7b2de55bf367	About a minute ago	11.9MB
golang	4	8d40b16bb409	2 minutes ago	75.8MB
golang	3	b53404869778	3 minutes ago	75.9MB
golang	2	bbaa9e935080	4 minutes ago	408MB
golang	1	751ee3477c3d	5 minutes ago	903MB

scratch 镜像是一个空镜像，甚至不包含 shell 命令，所以我们也无法进入容器查看文件或进行调试。在生产环境中，如果对安全有极高的要求，建议考虑将 scratch 镜像作为程序的运行镜像。

2.2.7　复用构建缓存

复用构建缓存虽然不能压缩镜像体积，但能够加快构建速度。

在多阶段构建的例子中，我们先用 COPY . . 的方式将源码复制到镜像内，再进行编译。这种方式存在缺点，即当源码变了，但依赖不变的情况下，构建镜像将无法复用依赖的镜像层缓存，需重新下载 Golang 依赖。

所以，尽量使用 Docker 构建缓存可以大幅加快多阶段构建速度。

在 Golang 的例子中，最简单的方式是先复制依赖文件并安装依赖，然后复制源码进行编译。基于该思路，可以将第一阶段的构建步骤进行修改：

```
# Step 1: build golang binary
FROM golang:1.17 as builder
WORKDIR /opt/app
COPY go.* ./
RUN go mod download
COPY . .
RUN go build -o example
```

在依赖不变的情况下，即便源码产生了变更，Docker 依然会复用依赖的缓存，以此加快镜像的构建速度。

2.3　基础镜像的选择

在镜像构建过程中，基础镜像的选择会影响镜像的大小、构建速度、安全性。

但是，基础镜像的类型和版本众多，在选择时应该考虑哪些因素呢？

归根结底，容器镜像包含运行环境和业务应用。在镜像构建时，需要从程序依赖、可调试（开发）、安全性和镜像大小方面综合考虑。

为了更好地选择基础镜像，我们将镜像类型分成通用镜像和专用镜像。

2.3.1　通用镜像

我们知道，业务镜像并不是从零开始构建的，通常会基于基础镜像进行构建。该基础镜像包含编译工具和运行环境，它负责构建和运行业务代码。

在 2.2.4 节介绍的多阶段构建中，我们通过引用两个基础镜像来构建 Golang 示例应用：

```
FROM golang:1.17 as builder
# 第一阶段

FROM ubuntu:latest
# 第二节阶段
```

此处提一个问题，为什么在第一个阶段必须使用 golang:1.17，而不是 ubuntu:latest？

这是因为 golang:1.17 包含 Golang 的构建工具，而 ubuntu:latest 并没有，为了不用手动在 Dockerfile 中安装 Golang，所以引用了 Golang 镜像。

在上述例子中，实际上 ubuntu:latest 是一种通用镜像，golang:1.17 是一种专用镜像。

简单理解，通用镜像是 Linux 发行版，通常是一个全新安装的 Linux 系统，除了系统工具以外，不包含任何特定语言的编译和运行环境。

一般来说，通用镜像有下面两种使用场景。

1）构建符合业务特定要求的镜像，例如特定的工具链和依赖、特定的构建环境和安全工具等。

2）单纯作为业务的运行环境，常见于多阶段构建场景。

在第一种场景中，可以将 ubuntu:latest 作为基础镜像，然后手动安装 Golang 编译环境，那么 Dockerfile 文件内容可以写成这样：

```
# syntax=docker/dockerfile:1
FROM ubuntu:latest
COPY . .
RUN apt-get update && apt install -y golang-go
RUN go build
```

当然，除了 Ubuntu 镜像以外，我们还可以选择其他的通用镜像。表 2-1 列出常用的通用镜像版本及其压缩后的大小（以 Linux/amd64 平台为例）。

表 2-1　常用通用镜像版本及其压缩后大小

镜像名称	大小 /MB
ubuntu:latest	29.2
alpine:latest	2.68
centos:latest	79.65
debian:latest	52.5
debian:bullseye -slim	29.96

在生产环境中，综合考虑镜像的通用性、可调试、安全和大小等各方面因素，推荐使用以下 3 种通用镜像：ubuntu:latest、debian:slim、alpine:latest。其中，前两个镜像在本质上是同

一个类型，而 Alpine 是一个特殊的 Linux 发行版，接下来对这两个类型的镜像做简单介绍。

1. Ubuntu 与 Debian

Ubuntu 和 Debian 是综合能力非常强的 Linux 发行版，非常适合作为通用镜像使用。它们的主要优点如下。

1）支持的软件包众多。

2）体积较小。

3）用户数量大，社区活跃，问题容易及时发现和修复。

4）比 Alpine 有更通用的 C 语言标准库 glibc。

5）文档和教程丰富。

当然，它们也有一定的缺点，因为内置了更多的系统级工具，所以比 Alpine 更容易受到安全攻击。不过，如果你更关注调试的便利性和通用性，那么它们仍然是生产环境中的首选。

2. Alpine

在很长的时间里，Alpine 发行版并没有受到太多的关注。直到 Docker 普及之后，大家为了追求更小的镜像体积才开始大量使用 Alpine 镜像。相比 Debian，Alpine 有以下优点。

1）快速的包安装体验。

2）极小的镜像体积。

3）只包含少量的系统级程序，安全性更高。

4）更轻量的初始化系统 OpenRC。

与普通的 Linux 发行版相比，最大的差异是 Apline 使用 musl libc 而非标准的 glibc。对编译型语言（例如 C 和 Golang）来说，这可能会导致一些编译方面的问题发生，需要额外注意。

2.3.2　专用镜像

专用镜像提供了特定语言的编译和运行环境。对于绝大多数语言，Docker 官方都有维护的专用镜像。在实际工作中，专用镜像一般有以下两种使用场景。

1）作为解释型语言的运行镜像使用，例如 python:latest、php:8.1-fpm-buster 等。

2）作为编译型语言多阶段构建中编译阶段的基础镜像使用，例如 golang:latest。

下面介绍针对不同语言如何选择专用镜像。

1. Golang

对于编译型语言，推荐使用多阶段构建方法对构建镜像和运行镜像进行区分。

2.1.2 节介绍了如何通过多阶段构建来打包容器镜像，并将 golang:1.17 作为构建镜像，将 ubuntu:latest 作为运行镜像。

```
FROM golang:1.17 as builder
# 第一阶段
```

```
......
RUN go build -o example

FROM ubuntu:latest
# 第二阶段
......
COPY --from=builder /opt/app/example /opt/app/example
```

实际上，在选择第一阶段和第二阶段的镜像时，还有其他的组合，例如，可以使用 Alpine 镜像：

```
FROM golang:alpine
# 第一阶段
RUN go build -o example

FROM alpine:latest
# 第二阶段
```

需要注意的是，以下这种组合将使镜像无法运行：

```
FROM golang:1.17
# 第一阶段
RUN go build -o example

FROM alpine:latest
# 第二阶段
```

运行镜像时，将得到以下错误信息：

```
exec /opt/app/example: no such file or directory
```

产生该问题的原因是：golang:1.17 镜像的 C 语言标准库是 glibc，而 alpine:latest 镜像使用的是 musl libc。

在第一阶段 Golang 的镜像构建过程中，虽然编译生成了二进制可执行文件，但这个二进制可执行文件并不是纯静态的。默认条件下，CGO 将被开启，这意味着当程序内包含底层由 C 语言库实现的功能时，二进制可执行文件仍然需要依赖外部的动态链接库。所以，当程序在第二阶段的 Alpine 镜像运行时，自然就无法找到第一阶段镜像中的外部动态链接库，这就会导致抛出 no such file or directory 异常。

解决这个问题有两种方案。

1）禁用 CGO，即在多阶段构建的编译过程中指定 CGO_ENABLED=0，达到纯静态编译的效果，这样便能使用任意的通用镜像来运行了。

2）在第一阶段和第二阶段构建中同时使用 Alpine 版本的镜像，例如第一阶段使用 golang:alpine 镜像，第二阶段使用 alpine:latest 镜像。

不过，Alpine 的 musl libc 和 glibc 在实现上仍然有一些差异，你可以访问以下链接进一步查看它们的差异 https://wiki.musl-libc.org/functional-differences-from-glibc.html。

对于初学者而言，在不熟悉这些差异的情况下，不推荐仅为了缩小镜像体积而盲目使用 Alpine 镜像。

2. Java

对于 Java 而言，同样推荐使用多阶段构建方式构建镜像。

与 Golang 不同的是，Java 程序需要 JVM 的支持。所以，在编译阶段，需要 JDK 工具提供完整的编译环境；而在运行阶段，只需要 JRE 即可。

以 Linux/amd64 平台为例，表 2-2 列出了几种镜像组合，你可以根据实际情况进行选择。

表 2-2　Java 多阶段构建镜像组合

多阶段构建编译阶段	多阶段构建运行阶段	备注
eclipse- temurin:11-jdk(229.84M)	eclipse- temurin:11-jre(85.23MB)	可选择其他 Java 版本
eclipse-temurin:11-jdk- alpine(198.66M)	eclipse-temurin:11-jre-alpine(55.12MB)	可选择其他 Java 版本
openjdk:11-jdk(317.68M)	openjdk: 11.0-jre(116.79MB)	官方已弃用，谨慎选择

3. 其他解释型语言

因为常见的解释型语言（Python、Node、PHP 和 Ruby）不需要编译，所以多阶段构建自然也就失去了价值。在一些情况下，如果你确信业务程序不依赖外部的 C 代码库，那么可以考虑将专用镜像的 Alpine 版本作为基础镜像，例如 python:alpine 镜像。

不过，除了 Alpine 版本以外，大多数专用镜像会提供 Slim 版本。Slim 版本专用镜像大多基于 Ubuntu、Debian 或 CentOS 等标准 Linux 发行版构建，并且删除了一些不必要的系统应用，体积也相对较小，非常适合作为首选镜像。以 Linux/amd64 平台为例，表 2-3 列出了不同语言专用镜像的 Slim 版本及其大小。

表 2-3　不同语言专用镜像的 Slim 版本及其大小

镜像	大小 /MB
python:slim	45.71
node:lts- slim	62.29
ruby:slim	70.45
php:8.1-fpm-buster	135.11
python:slim-bullseye	45.71
rust:slim-bullseye	229.38

你可以根据表 2-3 来选择合适的镜像。

2.4　小结

本章介绍了不同语言（例如 Java、Golang、Node.js、Vue）构建容器镜像的方法，以及多平台镜像构建方式。此外，本章还介绍了如何压缩镜像体积以及如何选择基础镜像，包括如何选择通用和专用镜像。

针对不同的应用场景，本章还探讨了如何选择适合的镜像，以及如何通过不同的方式来压缩镜像体积，提高镜像的分发效率和构建速度，并进一步提升应用的安全性。

容器技术是实现 GitOps 工作流的首要条件。GitOps 工作流中的不可变制品实际上来源于容器镜像，因此学会这些构建技巧有助于制作安全性更高、更轻量的业务容器镜像。

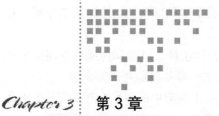

Chapter 3 | 第 3 章

Kubernetes 极简实战

Kubernetes 是一个开源的容器编排平台，它的声明式 API 能力是实现 GitOps 的基础。对于初学者来说，Kubernetes 的学习曲线是非常陡峭的。本章将从实际的工作场景出发，聚焦在 Kubernetes 的核心对象上，帮助初学者快速入门 Kubernetes。

3.1　示例应用

本节设计一个接近真实业务的示例应用。该应用涵盖工作中常用的 Kubernetes 对象，包括 Deployment、Service、Ingress、HPA、Namespace 和 ConfigMap。掌握它们，你也就对 Kubernetes 有了基本的了解。

3.1.1　应用架构

该示例应用是一套微服务架构应用，源码地址为 https://github.com/lyzhang1999/kubernetes-example，你可以将它克隆到本地。

示例应用的目录结构如下：

```
$ ls
backend  deploy  frontend
```

其中，backend 目录中包含后端源码，frontend 目录中包含前端源码，deploy 目录中包含应用的 Manifest，前后端源码都包含构建镜像所需要使用的 Dockerfile 文件内容。

在业务层面，示例应用由前端、后端、数据库 3 个服务组成。其中，前端用 React 编写，是应用对外提供服务的入口，后端用 Python 编写，数据库采用了流行的 PostgreSQL。应用整体架构如图 3-1 所示。

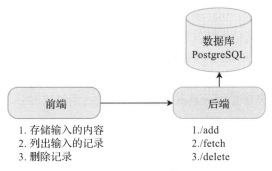

图 3-1　示例应用整体架构

前端主要实现了 3 个功能，分别是存储输入的内容、列出输入的记录以及删除记录。这 3 个功能分别对应后端的 3 个接口，即 /add、/fetch 和 /delete，最后数据会被存储在 PostgreSQL 数据库中。

示例应用的界面如图 3-2 所示。

图 3-2　示例应用界面

3.1.2　部署对象

为了将示例应用部署到 Kubernetes 集群内，示例应用的 deploy 目录中包含 Manifest 文件。示例应用包含的 Kubernetes 对象如图 3-3 所示。

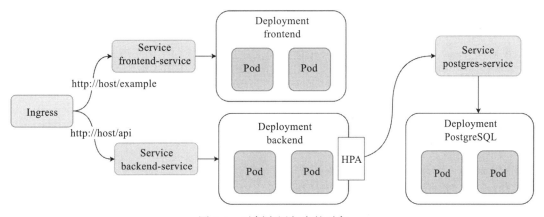

图 3-3　示例应用包含的对象

在图 3-3 的部署对象中，Ingress 是应用的入口。Ingress 会根据请求路径将流量分发到 Service 中，然后 Service 将请求转发给 Pod 进行业务逻辑处理。

后端服务和 PostgreSQL 服务都通过 Deployment 工作负载进行部署，此外，还为后端服务配置了 HPA 策略。

接下来将该应用部署到 Kubernetes 集群，以便进行后续实验。

3.1.3　部署示例应用

1. 搭建基础环境

1）为了避免资源冲突，在部署示例应用之前，需要先删除之前在本地创建的 Kind 集群：

```
$ kind delete cluster
```

2）创建新的 Kind 集群，将下面的内容保存为 config.yaml 文件：

```
kind: Cluster
apiVersion: kind.x-k8s.io/v1alpha4
nodes:
- role: control-plane
  kubeadmConfigPatches:
  - |
    kind: InitConfiguration
    nodeRegistration:
      kubeletExtraArgs:
        node-labels: "ingress-ready=true"
  extraPortMappings:
  - containerPort: 80
    hostPort: 80
    protocol: TCP
  - containerPort: 443
    hostPort: 443
    protocol: TCP
```

3）使用 kind create cluster 重新创建集群：

```
> kind create cluster --config config.yaml
Creating cluster "kind" ...
 ✓ Ensuring node image (kindest/node:v1.23.4) 🖼
 ✓ Preparing nodes 📦
 ✓ Writing configuration 📜
 ✓ Starting control-plane 🕹
 ✓ Installing CNI 🔌
 ✓ Installing StorageClass 💾
Set kubectl context to "kind-kind"
You can now use your cluster with:

kubectl cluster-info --context kind-kind
```

4）部署 Ingress-Nginx：

```
$ kubectl create -f https://ghproxy.com/https://raw.githubusercontent.com/
  lyzhang1999/resource/main/ingress-nginx/ingress-nginx.yaml
```

5）部署 Metric Server，以便开启 HPA 功能：

```
$ kubectl apply -f https://ghproxy.com/https://raw.githubusercontent.com/
  lyzhang1999/resource/main/metrics/metrics.yaml
```

现在，基础环境已经搭建完成，接下来部署示例应用。

2. 部署

1）创建 Namespace：

```
$ kubectl create namespace example
namespace/example created
```

2）部署 PostgreSQL 数据库：

```
$ kubectl apply -f https://ghproxy.com/https://raw.githubusercontent.com/
  lyzhang1999/kubernetes-example/main/deploy/database.yaml -n example
configmap/pg-init-script created
deployment.apps/postgres created
service/pg-service created
```

在上述命令中，-n 参数代表指定命名空间。后续创建其他资源时都需要指定命名空间。

3）分别创建前端、后端 Deployment 工作负载和 Service：

```
$ kubectl apply -f https://ghproxy.com/https://raw.githubusercontent.com/
  lyzhang1999/kubernetes-example/main/deploy/frontend.yaml -n example
deployment.apps/frontend created
service/frontend-service created
```

```
$ kubectl apply -f https://ghproxy.com/https://raw.githubusercontent.com/
  lyzhang1999/kubernetes-example/main/deploy/backend.yaml -n example
deployment.apps/backend created
service/backend-service created
```

4）创建应用的 Ingress 和 HPA 策略：

```
$ kubectl apply -f https://ghproxy.com/https://raw.githubusercontent.com/
  lyzhang1999/kubernetes-example/main/deploy/ingress.yaml -n example
ingress.networking.k8s.io/frontend-ingress created
```

```
$ kubectl apply -f https://ghproxy.com/https://raw.githubusercontent.com/
  lyzhang1999/kubernetes-example/main/deploy/hpa.yaml -n example
horizontalpodautoscaler.autoscaling/backend created
```

除了依次部署示例应用的 Kubernetes 对象以外，还可以使用另一种更快捷的方法：将示例应用的 Git 仓库克隆到本地，然后通过 kubectl apply 命令一次性将所有示例应用的对象部署到集群内：

```
$ git clone https://ghproxy.com/https://github.com/lyzhang1999/kubernetes-example
  && cd kubernetes-example
Cloning into 'kubernetes-example'...
......
Resolving deltas: 100% (28/28), done.

$ kubectl apply -f deploy -n example
deployment.apps/backend created
service/backend-service created
configmap/pg-init-script created
......
```

-f 参数除了可以指定文件外，还可以指定目录。Kubectl 将检查目录下所有可用的 Manifest，然后将它们部署到集群。-n 参数代表将所有的 Kubernetes 对象都部署到 example 命名空间下。

最后，使用 kuebctl wait 来检查所有资源是否已经处于 Ready 状态：

```
$ kubectl wait --for=condition=Ready pods --all -n example
pod/backend-9b677898b-n5lsm condition met
pod/frontend-f948bdc85-q6x9f condition met
pod/postgres-7745b57d5d-f4trt condition met
```

至此，示例应用已经部署完成。打开浏览器访问 http://127.0.0.1，应该能看到示例应用的界面，如图 3-4 所示。

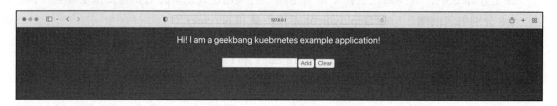

图 3-4　示例应用界面截图

在输出框中输入内容，单击 Add 按钮，下方列表将出现输入的内容。单击 Clear 按钮，所有内容被清空，说明应用已经正常工作了。

3.1.4　Kubernetes 对象解析

示例应用部署的 Kubernetes 对象比较多，你可以使用 kubectl get all 命令来查看示例应用包含的所有对象：

```
> kubectl get all -n example
NAME                        READY   STATUS    RESTARTS   AGE
pod/backend-648ff85f48-8qgjg   1/1     Running   0          29s
pod/backend-648ff85f48-f845h    1/1     Running   0          51s
pod/frontend-7b55cc5c67-4svjz   1/1     Running   0          14s
pod/frontend-7b55cc5c67-9cx57   1/1     Running   0          14s
```

```
pod/postgres-7745b57d5d-f4trt     1/1      Running    0              44m

NAME                           TYPE         CLUSTER-IP       EXTERNAL-IP     PORT(S)     AGE
service/backend-service        ClusterIP    10.96.244.140    <none>         5000/TCP    42m
service/frontend-service       ClusterIP    10.96.85.54      <none>         3000/TCP    43m
service/pg-service             ClusterIP    10.96.166.74     <none>         5432/TCP    44m

NAME                           READY        UP-TO-DATE      AVAILABLE      AGE
deployment.apps/backend        2/2          2               2              42m
deployment.apps/frontend       2/2          4               4              43m
deployment.apps/postgres       1/1          1               1              44m

NAME                                       DESIRED    CURRENT    READY    AGE
replicaset.apps/backend-648ff85f48         2          2          2        51s
replicaset.apps/frontend-7b55cc5c67        2          2          2        54s
replicaset.apps/postgres-7745b57d5d        1          1          1        44m

NAME                                                  REFERENCE              TARGETS
  MINPODS    MAXPODS    REPLICAS     AGE
horizontalpodautoscaler.autoscaling/backend           Deployment/backend     0%/50%
  2          10         2            8m17s
horizontalpodautoscaler.autoscaling/frontend          Deployment/frontend    51%/80%
  2          10         10           8m17s
```

从上述返回结果可知，示例应用创建了若干个 Pod、Service、Deployment、Replicaset 以及 HPA 对象，这些对象将在后续章节详细介绍。

3.2　命名空间

3.1.3 节将示例应用部署到了集群的 example 命名空间。实际上，命名空间是 Kubernetes 的一种隔离机制。可以将命名空间简单理解为一种虚拟的子集群。通过这种隔离机制，我们可以实现环境和资源隔离，实现多租户场景。

3.2.1　概述

命名空间虽然可以类比为子集群，但实际上它是一种软隔离机制。通过该机制，我们可以更好地管理和组织集群资源。集群和命名空间的关系如图 3-5 所示。

不同的命名空间具备一定的隔离性，相同类型的资源在不同的命名空间下可以重名。利用这种特性，我们可以把集群的命名空间和现实中的不同团队或者不同应用在逻辑上联系起来。

1. 创建和删除命名空间

在 Kubernetes 集群中，命名空间可以划分为两种类型：系统级命名空间和用户自定义命名空间。

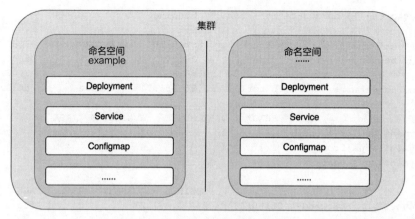

图 3-5　集群和命名空间的关系

系统级命名空间是 Kubernetes 集群默认创建的命名空间，主要用来隔离系统级的对象和业务对象。系统级的命名空间如下。

1）default：默认命名空间，也就是在不指定命名空间时集群默认的命名空间。

2）kube-system：Kubernetes 系统级组件的命名空间，所有 Kubernetes 的关键组件（例如 kube-proxy、coredns、metric-server 等）都在这个命名空间下。

3）kube-public：开放的命名空间，所有的用户（包括未经认证的用户）都可以读取，这个命名空间是一个约定，但不是必需。

4）kube-node-lease：和集群扩展相关的命名空间。

在上述命名空间中，除了 default 命名空间以外，其他命名空间都不应该用来部署业务应用。

要查看集群中的命名空间，可以使用 kubectl get ns 命令：

```
$ kubectl get ns
NAME                STATUS   AGE
default             Active   16h
example             Active   16h
ingress-nginx       Active   16h
kube-node-lease     Active   16h
kube-public         Active   16h
kube-system         Active   16h
local-path-storage  Active   16h
```

从上述返回结果可知，示例应用和 Ingress-Nginx 都创建了自己的命名空间。

此外，还可以通过 kubectl describe namespace 命令查看命名空间详情，例如获取命名空间级别的资源配额等详细信息：

```
$ kubectl describe namespace example
Name:         example
Labels:       kubernetes.io/metadata.name=example
```

```
Annotations:   <none>
Status:        Active

No resource quota.

No LimitRange resource.
```

要创建命名空间，可以使用 kubectl create namespace 命令：

```
$ kubectl create namespace my-namespace
namespace/my-namespace created
```

注意，命名空间的名字需要符合 DNS-1123 规范，只可用小写和特殊字符"-"。

命名空间实际上也是一种 Kubernetes 对象，所以除了通过 kubectl create namespace 命令来创建命名空间以外，还可以通过 Manifest 来创建命名空间：namespace.yaml：

```
apiVersion: v1
kind: Namespace
metadata:
  name: example
```

然后，通过 kubectl apply -f namespace.yaml 命令进行部署，效果和使用 kubectl create namespace 命令是一样的。

最后，删除命名空间可以使用 kubectl delete namespace 命令：

```
$ kubectl delete namespace my-namespace
namespace "my-namespace" deleted
```

删除命名空间时将会删除该命名空间下的所有资源，所以在实际项目中需要特别注意。此外，由于删除是异步的，因此删除的命名空间状态会由正常的 Active 转变为 Terminating（即终止状态）。

2. 使用命名空间

使用命名空间主要有两种方式。

第一种方式是在 kubectl 命令中指定命名空间，例如：

```
$ kubectl get deployment -n default。
```

第二种方式是在 Manifest 中指定命名空间，例如：

```
apiVersion: apps/v1
kind: Deployment
metadata:
  name: frontend
  namespace: example    # 设置 namesapce
  labels:
    app: frontend
spec:
  ......
```

当使用 kubectl 命令时，如果不指定命名空间，默认使用的是 default 命名空间。你可以通过添加 -n 参数来查看特定命名空间下的资源，例如查看 example 命名空间下的 Deployment 工作负载：

```
$ kubectl get deployment -n example
NAME        READY   UP-TO-DATE   AVAILABLE   AGE
backend     2/2                  2           2    17h
frontend    2/2                  2           2    17h
postgres    1/1                  1           1    17h
```

3.2.2　使用场景

小型团队或者小型应用使用 default 命名空间也是一种选择。不过有下面的需求时，建议使用其他命名空间来管理。

1）环境管理：通过命名空间来隔离开发环境、预发布环境和生产环境，例如用 dev、staging、prod 命名空间来区分不同的环境。

2）隔离：有多个团队或者多个产品线运行在同一个集群时，命名空间的隔离机制可以使其互相不受影响。

3）资源控制：空间级别可以配置 CPU、内存和磁盘等资源。通过该方法，我们可以为每一个命名空间配置资源，避免出现资源竞争而导致业务不稳定的情况。

4）权限控制：Kubernetes 的 RBAC 可以实现命名空间粒度的控制，确保用户只能访问特定命名空间下的资源。

5）提高集群性能：命名空间有利于提高集群性能。在进行资源搜索时，命名空间有利于 Kubernetes API 缩小查找范围，对减小搜索延迟和提升性能具有一定的帮助。

3.2.3　跨命名空间通信

使用命名空间隔离资源会涉及通信问题。命名空间既然是一种软隔离机制，那么不同命名空间实际上是可以相互通信的。

在 Kubernetes 集群内创建 Service 时，会创建相应的 DNS 解析记录，格式为 ..svc. cluster.local。当业务容器需要和当前命名空间下的其他服务通信时，可以省略 .svc.cluster. local，只需要缩写为 Service 的名称即可。

同理，要跨不同的命名空间通信，可以通过指定完整的 URL 来实现。例如，要访问 dev 命名空间下的 backend-service，完整的 URL 为：

```
backend-service.dev.svc.cluster.lcoal
```

当然，也可以通过 Kubernetes 的网络策略来实现跨命名空间通信。

3.2.4 规划命名空间

合理的命名空间规划能够降低资源管理的难度。命名空间可以对应到现实中不同的隔离逻辑，例如通过命名空间来对应环境、业务团队、业务用途等。

所以，如何合理地规划命名空间是需要尽早考虑的问题。Kubernetes 命名空间只提供了一种命名空间组织方式。在实际场景中，我们可以按照团队情况、组织架构、业务线等维度来进行命名空间划分。

1. 单一业务应用和团队

当团队规模为几人到十几人，业务应用只有一两个时，我们可以参考图 3-6 所示的命名空间规划方案。

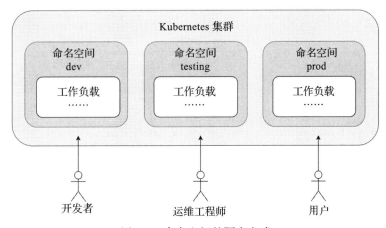

图 3-6 命名空间的隔离方式

在上述方案中，我们将 Kubernetes 集群划分为 3 个命名空间，分别是 dev、testing 和 prod。

1）dev：开发环境，用于开发人员日常开发。

2）testing：测试环境，用于质量人员完成测试工作。

3）prod：生产环境，用于对外提供生产服务。

注意：为了让应用能部署到多个命名空间，不建议通过 Manifest Namespace 字段指定命名空间，而是在部署时通过 kubectl -n 参数来指定命名空间。

2. 多业务应用和团队

大型组织往往会有多个业务应用，并由多个团队组成，开发的可能是同一个大型业务，也可能是独立的应用。在这种情况下，建议将团队和命名空间关联起来，并通过不同的集群来隔离不同的环境，具体规划方案可以参考图 3-7。

上述方案的特点是，不同的环境使用独立的集群，并在不同的集群中为不同的团队分配命名空间，实现团队和环境之间相互隔离。

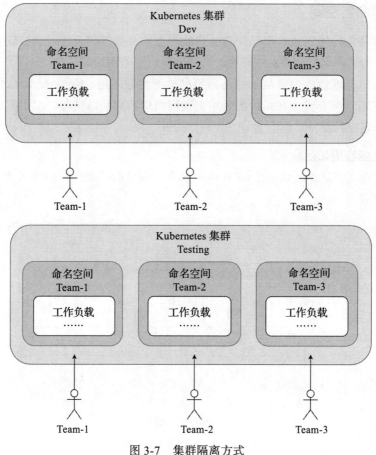

图 3-7 集群隔离方式

3.3 工作负载类型和使用场景

工作负载是 Kubernetes 调度 Pod 的控制器。工作负载的类型虽然有所不同，但它们最终都是以 Pod 方式运行的。

本节将介绍几种 Kubernetes 常用的工作负载类型，包括 ReplicaSet、Deployment、StatefulSet、DaemonSet、Job 和 CronJob。

3.3.1 ReplicaSet

ReplicaSet 工作负载的作用是保持一定数量的 Pod 始终处于运行状态。当 Pod 出现异常时，ReplicaSet 将确保始终有一定数量的健康 Pod，实现业务自愈。

ReplicaSet 和 Pod 的关系如图 3-8 所示。

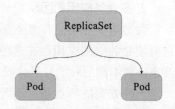

图 3-8 ReplicaSet 和 Pod 的关系

为了进一步说明 ReplicaSet 的特性，我们创建 ReplicaSet 工作负载。将以下内容保存为 ReplicaSet.yaml 文件：

```
apiVersion: apps/v1
kind: ReplicaSet
metadata:
  name: frontend
  labels:
    app: frontend
spec:
  replicas: 3    # 3个副本
  selector:
    matchLabels:
      app: frontend
  template:
    metadata:
      labels:
        app: frontend
    spec:
      containers:
      - name: frontend
        image: lyzhang1999/frontend:v1
```

然后，使用 kubectl apply 创建 ReplicaSet 工作负载：

```
$ kubectl apply -f ReplicaSet.yaml
replicaset.apps/frontend created
```

修改 ReplicaSet.yaml 文件内容，将镜像版本从 v1 修改到 v2：

```
apiVersion: apps/v1
kind: ReplicaSet
metadata:
  name: frontend
  ......
spec:
  ......
  template:
    ......
    spec:
      containers:
      - name: frontend
        image: lyzhang1999/frontend:v2 # 修改镜像版本
```

运行 kubectl apply -f 命令使修改生效：

```
    $ kubectl apply -f ReplicaSet.yaml
replicaset.apps/frontend configured
```

然后使用 kubectl get pods 命令查看所有 Pod 的镜像版本信息：

```
$ kubectl get pods --selector=app=frontend -o jsonpath='{.items[*].spec.
  containers[0].image}'
```

```
lyzhang1999/frontend:v1 lyzhang1999/frontend:v1 lyzhang1999/frontend:v1
```

从返回结果可知，Pod 的镜像版本并没有更新为 v2。这是因为 ReplicaSet 只负责维护 Pod 数量，在数量不变的情况下，Pod 将不会被更新，此时只能通过杀死旧的 Pod 来更新镜像。

要验证该过程，可以使用 kubectl delete pods 命令删除某一个 Pod：

```
$ kubectl get pods
NAME            READY    STATUS     RESTARTS    AGE
frontend-25kf4  1/1      Running    0           28s
frontend-j94fv  1/1      Running    0           28s
frontend-mbst5  1/1      Running    0           28s

$ kubectl delete pods frontend-25kf4
pod "frontend-25kf4" deleted
```

当删除其中一个 Pod 之后，ReplicaSet 将会发现副本数的差异并重新创建 Pod。此时，再次查看所有 Pod 的镜像版本信息：

```
$ kubectl get pods --selector=app=frontend -o jsonpath='{.items[*].spec.
containers[0].image}'
lyzhang1999/frontend:v2 lyzhang1999/frontend:v1 lyzhang1999/frontend:v1
```

从返回结果可知，当 Pod 重新创建后，镜像版本也随之更新。

通过上述实验可以得出结论，ReplicaSet 只能保证 Pod 数量。在更新镜像时，它并不能自动更新 Pod，这意味着无法通过 ReplicaSet 来描述期望状态。所以，在实际项目中，我们一般不直接使用 ReplicaSet 工作负载，而是使用更上层的 Deployment 工作负载。

3.3.2　Deployment

Deployment 是众多工作负载类型中最重要也是最常用的工作负载。在实际项目中，Deployment 工作负载能够满足大多数业务场景。

可以将 Deployment 看作管理 ReplicaSet 的工作负载，就像 ReplicaSet 管理 Pod 一样，它可以创建、删除 ReplicaSet，而对 ReplicaSet 的管理最终又会影响到 Pod。

Deployment、ReplicaSet 和 Pod 三者的关系如图 3-9 所示。

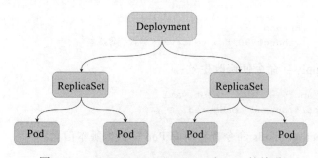

图 3-9　Deployment、ReplicaSet 和 Pod 的关系

Deployment 可以实现滚动更新、回滚和横向扩容。滚动更新机制可以避免服务停机。从图 3-9 可知，滚动更新是通过创建多个 ReplicaSet 实现的。

此外，Deployment 还能提供横向伸缩能力，可以配合 HPA 对象自动进行扩 / 缩容。

所以，Deployment 是无状态应用的最佳选择。在示例应用中，前端、后端以及数据库都采用了 Deployment 工作负载进行部署。

接下来，将通过示例应用带你进一步理解 Deployment 是如何对 ReplicaSet 进行管理的。

在开始之前，请确认已经在 example 命名空间下部署了示例应用。

首先，使用 kubectl describe deployment 命令获取工作负载详情：

```
$ kubectl describe deployment backend -n example
Name:                  backend
Namespace:             example
......
Replicas:              2 desired | 2 updated | 2 total | 2 available | 0 unavailable
StrategyType:          RollingUpdate
......
RollingUpdateStrategy:  25% max unavailable, 25% max surge
......
OldReplicaSets:  <none>
NewReplicaSet:   backend-648ff85f48 (2/2 replicas created)
```

在上述返回结果中，我们需要重点关注以下几个信息。

StrategyType 代表的是部署策略，默认以 RollingUpdate（也就是滚动更新）方式对 Pod 进行更新。

RollingUpdateStrategy 是对滚动更新更加精细的控制。max surge 用来指定最大超出期望 Pod 的个数，max unavailable 是允许 Pod 不可用的数量。以期望 8 个副本数的工作负载为例，max unavailable 的值为 25%，也就是 2，max surge 的值为 25%，也就是 2，那么在滚动更新时，更新策略如下。

1）更新期间最多会有 10 个 Pod（8 个所需的 Pod + 2 个 maxSurge 配置的 Pod 数量）处于运行状态。

2）更新期间至少会有 6 个 Pod（8 个所需的 Pod - 2 个 maxUnavailable 配置的 Pod 数量）处于运行状态。

NewReplicaSet 指的是由 Deployment 创建并管理的 ReplicaSet 名称。

为了更加直观地理解，接下来进行以下实验。

先将之前部署的 frontend HPA 最小 Pod 数量调整为 3，可以通过 kubectl patch hpa 命令来调整：

```
$ kubectl patch hpa backend -p '{"spec":{"minReplicas": 3}}' -n example
horizontalpodautoscaler.autoscaling/backend patched
```

接下来，打开一个新的命令行终端来监控 ReplicaSet 的变化，并保持该终端运行：

```
$ kubectl get replicaset --watch -n example
NAME                 DESIRED     CURRENT     READY     AGE
backend-648ff85f48   3           3           3         24h
frontend-7b55cc5c67  2           2           2         24h
postgres-7745b57d5d  1           1           1         24h
```

然后，使用 kubectl set image 来更新 backend Deployment：

```
$ kubectl set image deployment/backend flask-backend=lyzhang1999/backend:v1 -n
  example
```

接着，返回监控 ReplicaSet 的终端：

```
NAME                 DESIRED     CURRENT     READY     AGE
backend-648ff85f48   3           3           3         25h
......
backend-6bf7dbbdbb   3           3           3         44s
backend-648ff85f48   0           0           0         25h
```

从返回结果可知，旧的 ReplicaSet 期望副本数从 3 降到了 0。在这个过程中，新旧 ReplicaSet 同时存在，新的 ReplicaSet 副本不断增加，直至保持在 3 个。

现在，结合 RollingUpdateStrategy 配置中的 maxSurge 和 maxUnavailable 来分析整个滚动更新的过程，如图 3-10 所示。

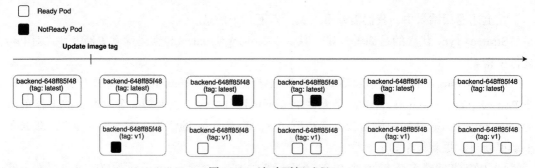

图 3-10　滚动更新过程

图 3-10 中，白色方块表示处于就绪状态的 Pod，黑色方块表示处于未就绪状态的 Pod，上方从左到右的轴线是时间轴。

在 Deployment 滚动更新过程中，旧的 ReplicaSet 不断控制 Pod 缩容，新的 ReplicaSet 不断控制 Pod 扩容，在某个时间点新旧 ReplicaSet 共存。

对于现代微服务应用而言，Deployment 工作负载是首选的类型。

3.3.3 StatefulSet

StatefulSet 和 Deployment 工作负载非常类似，但它主要用于部署有状态的应用。它的核心能力是保存 Pod 的状态，比如最常见的存储状态。在 Pod 出现故障需要重建时，新的

Pod 将恢复原来的状态。

在实际工作中，StatefulSet 主要解决以下两个问题。

1）副本之间有差异：与 Deployment 创建完全一致的 Pod 副本相比，StatefulSet 面向的场景更复杂。例如一些中间件场景需要有主从节点，它会要求先启动主节点 Pod，再启动从节点 Pod，StatefulSet 可以很好地完成这类操作。此外，当 Pod 出现异常需要重建时，StatefulSet 可以确保 Pod 的名称一致。

2）保持存储状态：StatefulSet 可以配合持久化存储一起使用，即便是 Pod 被删除，StatefulSet 仍然能够通过绑定关系找到持久化存储卷。

通常，StatefulSet 用来部署中间件，例如 PostgreSQL、MySQL、MongoDB、Etcd 等。这些中间件有时需要以主从的方式进行高可用部署，StatefulSet 为这些组件提供了很好的支持。

实际上，在实际的生产环境中几乎不会以 StatefulSet 的形式部署业务应用。在一些特殊的环境（如 Demo 和测试环境）下，业务应用可能需要数据库或者消息队列（MQ），此时需要使用 StatefulSet 工作负载。部署这些中间件并不需要我们手写 StatefulSet 对象，只需要找到对应中间件的 Helm Chart 直接安装即可。

此外，在生产环境中，不推荐通过 StatefulSet 来部署这些中间件，因为诸如数据库和消息队列中间件除了需要数据持久化以外还需要实现备份和容灾，使用云厂商的高可用产品是更好的选择。

3.3.4　DaemonSet

DaemonSet 是一种非常特殊的工作负载，可以把它理解为节点级守护进程。它能为集群的每个节点都创建一个 Pod，并在节点删减时调整 Pod 的数量。

DaemonSet 经常用于下面几种业务场景。

1）存储插件：在每一个节点上运行存储守护进程，例如 Ceph。

2）网络插件代理：在每一个节点上运行网络插件，以便处理节点的容器网络通信。

3）监控和日志组件：为每一个节点采集日志或者监控指标，例如 Prometheus Node Exporter 和 Fluentd。

从上述业务场景可知，DaemonSet 一般用来扩展 Kubernetes 的能力，比如监控组件。与 StatefulSet 工作负载类似，我们在工作中几乎不会以 DaemonSet 的方式来部署业务应用。

3.3.5　Job 和 CronJob

之前提到的 Deployment、StatefulSet 和 DaemonSet 都有一个特点：针对长时间运行的应用，即除非发生错误，否则 Pod 将一直运行下去。

项目中有时需要执行批处理任务。如果使用 Deployment 和其他工作负载，当进程退出后，Kubernetes 会认为 Pod 出现了故障，将不断重启 Pod。此时，就需要借助 Job 和 CronJob 工作负载的能力。

例如，通过 Job 来处理数据库迁移任务，典型的 Job Manifest 如下：

```
apiVersion: batch/v1
kind: Job
metadata:
  name: "migration-job"
  labels:
  annotations:
spec:
  backoffLimit: 4
  activeDeadlineSeconds: 200
  completions: 1
  parallelism: 1
  template:
    metadata:
      name: "migration-job-pod"
    spec:
      restartPolicy: Never
      containers:
      - name: db-migrations
        image: rancher/gitjob:v0.1.32
        command: ["/bin/sh", "-c"]
        args:
          - git clone ${DB_MIGRATION_SCRIPT_REPO} && sh migrate.sh
```

上述 Job 的作用是使用 git clone 命令来克隆迁移脚本仓库，并运行 migrate 脚本完成数据迁移。

与普通的工作负载相比，Job 有如下特殊字段。

❑ backoffLimit 代表 Job 运行失败之后重新运行的次数，默认为 6。Job 每次重启的时间会逐渐缩短，最长时间为 6min。

❑ completions 字段表示 Job 的完成条件，默认为 1，意味着当有一个 Pod 的状态为"完成"时，Job 运行完成。

❑ parallelism 字段表示并行，意思是同时启动几个 Pod 运行任务，默认值为 1，意味着只启动一个 Pod 运行任务。

❑ restartPolicy 字段表示重启策略，当 restartPolicy 设置为 Never 时，意味着 Pod 运行失败后将不会被重新启动。除了 Never，该字段还可以设置为 OnFailure。当容器进程退出状态码非 0 时，自动重启 Pod。在 Deployment 中，restartPolicy 字段只能被设置为 Always。

❑ activeDeadlineSeconds 字段控制 Pod 的最长运行时间。

在上述配置中，如果运行时间超过 200s，那么 Pod 会被强制终止。

另外一种与 Job 类似的工作负载是 CronJob。它们的区别是，CronJob 配置可以定期执行，并在特定的时间自动重复运行，例如每分钟自动运行一次。下面的 CronJob 每分钟输出一次 Hello World：

```
apiVersion: batch/v1
kind: CronJob
metadata:
  name: run-every-minute
spec:
  schedule: "* * * * *"
  jobTemplate:
    spec:
      template:
        spec:
          containers:
          - name: cronjob
            image: busybox:latest
            command:
            - /bin/sh
            - -c
            - echo Hello World
```

3.4　服务发现和 Service 对象

服务发现是每一个分布式系统都需要解决的问题。为了让 Pod 能够互相调用，我们需解决两个问题：

1）Pod 之间如何找到对方？

2）在重启、更新、销毁过程中，如何确保 Pod 之间的调用不受影响？

实际上，这两个问题都可以归为服务发现问题。在 Kubernetes 中，服务发现是通过 Service 对象来实现的。

3.4.1　Pod 通信

先提一个问题：如果把 Pod 比作运行业务进程的虚拟机，那么虚拟机之间要如何通信？

显然，如果虚拟机处于同一个 VPC 网络中，则可以使用内网 IP 地址进行通信；如果处于不同的 VPC 网络下，则可以使用外网 IP 地址进行通信。

在 Kubernetes 中，可以把 Kubernetes 集群看成一个 VPC 网络，每一个 Pod 拥有唯一的内网 IP 地址。通过 IP 地址，我们就能实现 Pod 之间的相互调用。

接下来，仍然以示例应用为例，进一步验证这个想法。

首先，获取 example 命名空间下的示例应用后端服务 Pod IP 地址：

```
$ kubectl get pods --selector=app=backend -n example -o wide
NAME                        READY   STATUS   RESTARTS        AGE     IP
  NODE           NOMINATED NODE       READINESS GATES
backend-595666f99c-6b92g 1/1        Running  0               14m     10.244.0.10
  kind-control-plane    <none>             <none>
backend-595666f99c-ppnc4 1/1        Running  0               41s     10.244.0.13
  kind-control-plane    <none>             <none>
```

上述返回结果中显示了 Pod IP 地址信息。为了验证 Pod 之间可以使用 IP 地址进行通信，接下来进入前端服务 Pod，然后通过 wget 来访问后端服务 Pod 的业务接口：

```
$ kubectl exec -it $(kubectl get pods --selector=app=frontend -n example -o
  jsonpath="{.items[0].metadata.name}") -n example -- sh
/frontend # wget -O - http://10.244.0.10:5000/healthy
Connecting to 10.244.0.10:5000 (10.244.0.10:5000)
writing to stdout
{"healthy":true}
```

上述例子请求的 IP 地址为 10.244.0.10，对应 Pod backend-595666f99c-6b92g。注意，因为 Python 在容器里监听的端口为 5000，所以在请求时需要指定该端口。从返回结果可以看出，Pod 之间通过 IP 地址是可以联通的。

不过，在实际项目中并不会使用静态 Pod IP 地址，因为该 IP 地址是不稳定的。

为了验证此结论，你可以通过 kubectl delete pods 命令来删除某一个 Pod，然后查看 Pod IP 地址：

```
$ kubectl delete pods backend-595666f99c-6b92g -n example
pod "backend-595666f99c-6b92g" deleted

$ kubectl get pods --selector=app=backend -n example -o wide
NAME                      READY   STATUS      RESTARTS      AGE     IP
    NODE            NOMINATED NODE   READINESS GATES
backend-595666f99c-kfdmm  1/1     Running     0             42s     10.244.0.20
    kind-control-plane  <none>               <none>
backend-595666f99c-ppnc4  1/1     Running     0             28m     10.244.0.13
    kind-control-plane  <none>               <none>
```

在删除原来的 Pod 之后，新的 Pod IP 地址产生了变化。这说明 Pod IP 地址是不稳定的，无法将其用作服务之间的调用地址。

3.4.2　Service 工作原理

在介绍 Service 对象之前，请先思考一个问题：互联网域名除了方便记忆和访问以外，还有什么功能？

答案是：域名解析。域名解析的作用是将域名解析为 IP 地址，不管 IP 地址如何变化，域名始终不变。

Service 的工作原理和域名解析是类似的。

为了解决 Pod IP 地址不稳定的问题，Service 将一组来自同一个 ReplicaSet 的 Pod 组合在一起，并提供 DNS 访问能力。这意味着 Pod 之间可以通过 Service 的域名进行访问，无论 Service 关联的 Pod 如何变化，对请求方而言是无感知的。

这种集群内部的 DNS 能力除了能提供稳定的 DNS 访问能力以外，还能提供负载均衡和会话保持能力。Service 工作原理如图 3-11 所示。

实际上，Service 在集群内拥有唯一且稳定的 IP
地址。当 Service 转发请求时，系统会查找 Service
对应的 Endpoints 对象，然后根据 IP 地址进行负载
均衡。

现在，回到示例应用后端的 Service 对象中，
Manifest 内容如下：

```
apiVersion: v1
kind: Service
metadata:
  name: backend-service
  labels:
    app: backend
spec:
  type: ClusterIP
  sessionAffinity: None
  selector:
    app: backend
  ports:
  - port: 5000
    targetPort: 5000
```

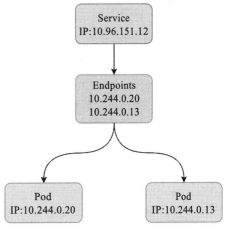

图 3-11　Service 工作原理

重点关注 selector 字段，它是 Pod 选择器。该字段表示通过 Label 来匹配 Pod。在上述例
子中，只要 Label 包含 app=backend 的 Pod，都会被当成 backend-service 的同一组逻辑 Pod。

后端的 Deployment 对象定义了相同的 Label，以便与 Service 对象关联：

```
apiVersion: apps/v1
kind: Deployment
metadata:
  name: backend
  ......
spec:
  ......
  template:
    metadata:
      labels:
        app: backend  # Pod Label 字段
```

回到 Service 对象的 Manifest 文件，type 字段代表 Service 的类型，ClusterIP 是最常见
的类型，此外，还有 NodePort 和 LoadBalancer 类型。

sessionAffinity 代表会话保持，当设置为 True 时，Service 在转发请求时不再使用负载
均衡方式，而是通过客户端 IP 会话亲和性的方式将请求转发到之前访问的 Pod 上。这种方
式适合一些要求保持会话的应用。

port 字段代表 Service 监听端口。

targetPort 字段代表将请求转发到 Pod 时的目标端口。

3.4.3 Endpoints

Service 本身并不能直接提供服务发现的能力，需要借助 Endpoints 对象来实现。

在创建 Service 对象时，Kubernetes 还自动创建 Endpoints 对象，它根据 Service 选择器将 Pod IP 记录到 Endpoints 对象中。

要查看 Endpoints 对象，可以使用 kubectl get Endpoints 命令：

```
$ kubectl get endpoints -n example
NAME                ENDPOINTS                                 AGE
backend-service     10.244.0.13:5000,10.244.0.20:5000         12h
frontend-service    10.244.0.16:3000,10.244.0.9:3000          12h
pg-service          10.244.0.8:5432                           12h
```

从上述返回结果可知，backend-service Endpoints 记录的 IP 是所有 backend Pod 的 IP 地址。你可以通过 kubectl describe Endpoints 命令来查看 Endpoints 的详细信息：

```
apiVersion: v1
kind: Endpoints
metadata:
  name: backend-service
  namespace: example
  ......
subsets:
- addresses:
  - ip: 10.244.0.20
    targetRef:
      kind: Pod
      namespace: example
      name: backend-595666f99c-pdxbk
      ......
  - ip: 10.244.0.13
    targetRef:
      kind: Pod
      namespace: example
      name: backend-66b9754d65-jxpnb
      ......
  ports:
  - port: 5000
    protocol: TCP
```

3.4.4 Service IP

我们已经知道 Service IP 是稳定的，它提供了负载均衡能力。这说明访问 Service IP 就能够访问后端的 Pod。

接下来对此猜想进行验证。

首先，进入示例应用的前端 Pod 容器终端：

```
$ kubectl exec -it $(kubectl get pods --selector=app=frontend -n example -o
  jsonpath="{.items[0].metadata.name}") -n example -- sh
/frontend #
```

接下来，通过 wget 请求示例应用后端 Pod 的 /host_name 接口，该接口将返回 Pod 的名称：

```
/frontend # while true; do wget -q -O- http://10.96.151.12:5000/host_name &&
  sleep 1; done
{"host_name":"backend-595666f99c-pdxbk"}
{"host_name":"backend-595666f99c-jxpnb"}
{"host_name":"backend-595666f99c-pdxbk"}
{"host_name":"backend-595666f99c-jxpnb"}
```

上述代码将以每秒 1 次的频率循环请求后端 Pod 的 /host_name 接口并打印返回内容，你可以通过 <Ctrl+C> 组合键中断循环请求。

从返回结果可知，Pod 名字交替出现，说明 Service IP 的服务发现和负载均衡是正常的。

3.4.5　Service 域名

Service IP 并不适合直接在业务代码中使用，主要原因有两个。

1）Service IP 无法提前预知，这会导致无法在编码阶段进行配置。

2）随着 Service 重建，可能会导致 IP 产生变化，不利于配置管理。

而使用 Service 域名可以解决这两个问题。

在示例应用中，example 命名空间下后端 Service 内容为：

```
apiVersion: v1
kind: Service
metadata:
  name: backend-service
  labels:
    app: backend
spec:
  type: ClusterIP
  selector:
    app: backend
  ports:
  - port: 5000
    targetPort: 5000
```

在上述 Service Manifest 内容中，backend-service 就是 Service 域名，它的完整域名是 backend-service.example.svc.cluster.local，其中 .svc.cluster.local 可以省略。

要验证 Service 的连通性，可以进入前端 Pod 来验证：

```
/frontend #while true; do wget -q -O- http://backend-service.example.svc.cluster.
  local:5000/host_name && sleep 1; done
{"host_name":"backend-595666f99c-jxpnb"}
```

```
{"host_name":"backend-595666f99c-pdxbk"}
{"host_name":"backend-595666f99c-pdxbk"}
{"host_name":"backend-595666f99c-jxpnb"}
```

从上述返回结果可知，Service 域名与 Service IP 都能访问到后端 Service 的 Pod。Pod 和 Service 的请求链路如图 3-12 所示。

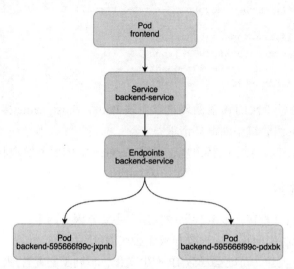

图 3-12　Pod 和 Service 的请求链路

实际上，当请求方和目标 Service 在同一个命名空间下时，可以仅通过 Service 的名称（即 backend-service）进行访问。

由于 Service 的特性，它能够提供可预测且不变的服务域名。总体而言，要访问 Service 有以下两种方式。

1）服务位于相同命名空间时，以 Service 名称作为访问域名。

2）服务位于不同命名空间时，以 Service 名称加上命名空间作为访问域名。

3.4.6　Service 类型

ClusterIP 是 Kubernetes 最常用的 Service 类型，它会为 Service 创建一个集群内部的虚拟 IP（VIP），从而实现服务发现和负载均衡。

除了 ClusterIP 以外，Kubernetes 还支持 NodePort、LoadBalancer 和 ExternalName 这 3 种 Service 类型。

1. NodePort

NodePort 主要用于服务暴露，它能够将 Service 暴露在 Kubernetes 的每一个节点的特定端口上，在集群外部可以通过节点外网 IP 和端口号来访问服务。

不过，这种暴露方式会侵入节点，并且需要确保配置的端口在节点上没有被占用，所以不推荐使用 NodePort 的方式暴露服务。

2. LoadBalancer

LoadBalancer 是一种通过负载均衡器来暴露服务的方法。

通常，LoadBalancer 类型的 Service 创建云厂商的负载均衡器实例，以便从集群外部通过负载均衡器外网 IP 进行访问。

对于业务应用，不建议直接使用 LoadBalancer 来暴露服务。首先，因为 LoadBalancer 具有独立的 IP 地址，云厂商通常会按照“时长 + 流量”的方式计费，这会带来高昂的成本。其次，通常业务应用需要暴露多个服务，使用 LoadBalancer 将开通多个负载均衡器实例，这是不必要的。

在实际的业务场景中，通常会通过集群的 Ingress 来暴露服务。例如 Ingress-Nginx，它会创建一个 LoadBalancer Service，然后根据路由规则将请求转发到集群内部。

3. ExternalName

ClusterIP、NodePort 和 LoadBalancer 都是通过 Pod 选择器将 Service 与 Pod 关联起来，并将请求转发到对应的 Pod 中的。ExternalName 类型的服务则非常特殊，它不通过 Pod 选择器关联 Pod 和 Service，而是将 Service 和另外一个域名关联起来。以下是 ExternalName 类型的 Service Manifest 例子：

```
apiVersion: v1
kind: Service
metadata:
  name: backend-service
  namespace: default
spec:
  type: ExternalName
  externalName: backend-service.example.svc.cluster.local
```

当部署上述 ExternalName Service 时，对 Service 的请求将会被转发到 example 命名空间下的 backend-service。这种方式可以屏蔽在不同命名空间下的服务调用差异，使得服务看起来像是在同一个命名空间下。

此外，还可以将外部数据库地址映射为 Service 域名，对业务应用屏蔽数据库的连接地址。

3.5　服务配置管理

在将服务迁移到 Kubernetes 之后，要想顺利启动业务应用，还需要为它配置环境变量或者提供配置文件，例如记录了数据库连接信息、所依赖的微服务 URL、第三方应用的凭据信息的配置文件等。

3.5.1　传统的配置管理方式

传统的配置管理方式主要有以下两种。

1）基于配置文件进行管理。

2）基于配置中心进行管理。

其中，基于配置文件是一种静态的配置管理方式，在小型业务中比较常见。通常，配置文件被存放在虚拟机的某个目录下，在虚拟机数量不多的情况下，一般以手动的方式进行管理和更新。

随着业务增长，尤其是当虚拟机从几台增长到几十上百台之后，基于配置文件的管理方式无法满足需求，尤其是在批量更新、热更新、审计和容灾方面有明显的缺陷。

为了解决上述问题，中大型应用一般会基于配置中心来管理配置。配置中心是一种动态的配置管理方式。配置信息一般被存储在一套外部的中心系统上。该方式在管理上具有很强的灵活性，但在架构层面也引入了更多的复杂性。配置中心和业务应用的架构如图 3-13 所示。

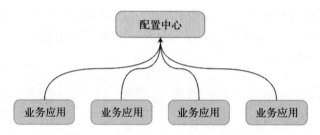

图 3-13　配置中心和业务应用的架构

图 3-13 代表了一种典型的场景，当业务应用启动后，它将主动连接到配置中心并拉取配置信息，而配置中心具备热更新的能力。

类比第一种方式，当应用构建为镜像时，配置文件也可以被打包到镜像中。例如在 Dockerfile 中通过 COPY 命令复制配置文件内容：

```
# syntax=docker/dockerfile:1

FROM python:3.8-slim-buster
......
WORKDIR /app
......
COPY config.conf config.conf   #复制配置文件到镜像
......
CMD [ "python3", "-m" , "flask", "run", "--host=0.0.0.0"]
```

不过，不推荐这样做，主要有以下 3 个原因。

首先，当配置文件被修改时，只能重新构建镜像，这是不必要的。

其次，配置文件的更新频率远远高于应用代码的更新频率，而构建镜像、推送以及更新 Pod 镜像版本耗时较长，这会导致更新配置效率变低。

最后，配置文件的内容一般是运维相关的机密信息，这些信息不应该暴露给开发者，这很容易导致安全问题。

所以，将镜像和配置信息进行解耦是非常有必要的。

实际上，Kubernetes 也提供了动态注入配置的方式——Env、ConfigMap 和 Secret。

3.5.2　Env

Env 用于向 Pod 注入环境变量，是一种常见的服务配置管理方式。要为 Pod 配置环境变量，可以通过为其上层的控制器配置 Env 来实现。以下截取了示例应用的后端服务 Deployment Manifest 的部分代码：

```
apiVersion: apps/v1
kind: Deployment
metadata:
  name: backend
  ......
spec:
  replicas: 1
  ......
    spec:
      containers:
      - name: flask-backend
        image: lyzhang1999/backend:latest
        imagePullPolicy: Always
        ports:
        - containerPort: 5000
        env:
        - name: DATABASE_URI
          value: pg-service
        - name: DATABASE_USERNAME
          value: postgres
        - name: DATABASE_PASSWORD
          value: postgres
```

上述 Deployment Manifest 为 flask-backend 容器配置了 3 个环境变量，分别是 DATABASE_URI、DATABASE_USERNAME 和 DATABASE_PASSWORD，分别代表数据库的连接地址、账号和密码。

接下来，使用 kubectl exec 进入其中一个容器终端进行验证：

```
$ kubectl exec -it $(kubectl get pods --selector=app=backend -n example -o
  jsonpath="{.items[0].metadata.name}") -n example -- sh
# env | grep DATABASE
DATABASE_URI=pg-service
DATABASE_USERNAME=postgres
DATABASE_PASSWORD=postgres
```

当为 Deployment 配置好环境变量后，它管理的所有 Pod 都会被注入相应的环境变量。无论 Pod 被重启还是触发弹性伸缩机制创建新的 Pod，Pod 的环境变量都将保持一致。图 3-14 说明了 Deployment 和 Pod 环境变量的从属关系。

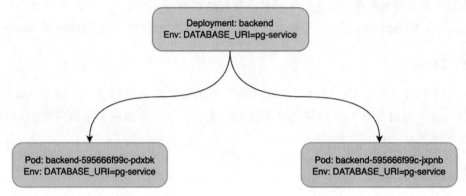

图 3-14　Deployment 和 Pod 环境变量的从属关系

这样，我们就可以实现在代码中读取环境变量了。

3.5.3　ConfigMap

有些业务应用并不是从环境变量读取配置信息，而是以文件的形式载入配置。在这种场景下，Env 的配置方式显然是不适用的。这时候，就需要用到 ConfigMap 的配置方式了。

ConfigMap 也是一种动态的配置管理方式。当 Pod 启动时，它能将 ConfigMap 的内容以文件的方式挂载到容器里。

在 3.1 节示例应用初始化 PostgreSQL 数据库时，实际上就通过这种方式将一段 SQL 语句以文件的方式挂载到了容器里，你可以通过 kubectl get configmap 来获取 ConfigMap 的内容。

```
$ kubectl get configmap pg-init-script -n example -o yaml
apiVersion: v1
kind: ConfigMap
metadata:
  name: pg-init-script
  ......
data:
  CreateDB.sql: |-
    CREATE TABLE text (
        id serial PRIMARY KEY,
        text VARCHAR ( 100 ) UNIQUE NOT NULL
    );
```

pg-init-script 是 ConfigMap 的名称，data 字段指定了 Key（键）和 Value（值）。这段 SQL 代码创建了一个 text 表，并定义了 id 和 text 字段。

有了 ConfigMap 之后，就可以在工作负载中引用它了。以下截取了 3.1 节示例应用
PostgreSQL Deployment Manifest 的部分代码：

```
apiVersion: apps/v1
kind: Deployment
metadata:
  name: Postgres
  ......
spec:
  ......
  template:
    ......
    spec:
      containers:
      - name: Postgres
        image: Postgres
        volumeMounts:
        - name: sqlscript
          mountPath: /docker-entrypoint-initdb.d
        ......
      volumes:
      - name: sqlscript
        configMap:
          name: pg-init-script
```

在上述代码中，重点关注 volumes 字段和 volumeMounts 字段。

volumes 字段代表以卷的方式使用名为 pg-init-script 的 ConfigMap，并将卷命名为
sqlscript。volumeMounts 字段和 volumes 字段一般成对出现，代表将 sqlscript 卷挂载到容
器的 /docker-entrypoint-initdb.d 目录下。

通过上面的配置，容器内的 /docker-entrypoint-initdb.d 目录下将多出一个 CreateDB.sql
文件。该文件是动态挂载到 Pod 中的。

Deployment、Volumes 和 ConfigMap 之间的关系如图 3-15 所示。

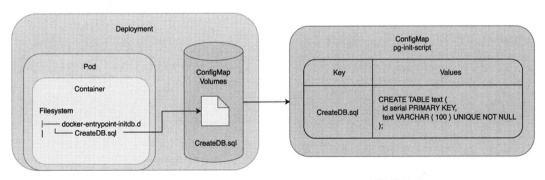

图 3-15　Deployment、Volumes 和 ConfigMap 之间的关系

从图 3-15 可知，容器内部文件系统中的 CreateDB.sql 文件来自 Deployment Volumes，

而 Volumes 的文件内容又来自 ConfigMap。

你可以进入 PostgreSQL 的容器查看 CreateDB.sql 文件的内容来验证：

```
$ kubectl exec -it $(kubectl get pods --selector=app=database -n example -o
  jsonpath="{.items[0].metadata.name}") -n example -- sh
# ls /docker-entrypoint-initdb.d
CreateDB.sql
# cat /docker-entrypoint-initdb.d/CreateDB.sql
CREATE TABLE text (
    id serial PRIMARY KEY,
    text VARCHAR ( 100 ) UNIQUE NOT NULL
);
```

从返回内容可知，ConfigMap 的挂载符合预期。

最后，以文件挂载的方式使用 ConfigMap 支持热更新。当 ConfigMap 被更新后，无须重启 Pod 即可实时更新容器内的配置，这是 Env 的配置方式所不具备的。

所以，当业务应用需要使用配置文件时，ConfigMap 应当是首选方式。

3.5.4　Secret

顾名思义，Secret 是密钥的意思，主要用来保存一些业务应用的机密信息。

Secret 和 ConfigMap 非常相似，它也能以文件的形式挂载到容器内部。但它在内容上与 ConfigMap 有所不同，ConfigMap 是明文保存，而 Secret 是加密的。

不过，Secret 的加密能力相对薄弱，它以 Base64 编码的方式来加密内容。接下来，你可以尝试将名称为 pg-init-script 的 ConfigMap 内容修改为 Secret 类型，并在 PostgreSQL 的 Deployment 中引用，将以下内容保存为 secret.yaml 文件。

```
apiVersion: v1
kind: Secret
metadata:
  name: pg-init-script
  namespace: example
type: Opaque
data:
  CreateDB.sql: |-
    Q1JFQVRFIFRBQkxFIHRleHQgKAogICAgaWQgc2VyaWFsIFBSSU1BUlkgS0VZLAogICAgdGV4dCBW
    QVJDSEFSICggMTAwICkgVU5JUVVFIE5PVCBOVUxMCik7
```

接着，将其部署到集群内：

```
    $ kubectl apply -f secret.yaml
secret/pg-init-script created
```

然后，使用 kubectl edit 命令直接编辑集群内的 PostgreSQL 的 Deployment 工作负载，将 volumes 字段从 ConfigMap 引用修改为从 Secret 引用，secretName 为 pg-init-script：

```
$ kubectl edit deployment postgres -n example
```

```
......
volumes:
  - secret:
      secretName: pg-init-script
    name: sqlscript
......
```

当编辑工作负载 Manifest 并保存后，修改将实时生效。

虽然 Secret 对象在创建时是以 Base64 编码的方式部署的，但在挂载到容器后，Kubernetes 将自动对其进行解码。现在，你可以按照 3.5.3 节所介绍的方式进入容器并查看 CreateDB.sql 文件的内容，以此来验证加密是否生效。

3.6　服务暴露

服务暴露是将服务暴露在外部网络的过程。在 Kubernetes 中，因为 Pod 的 IP 地址是集群内网 IP，在外部网络无法访问，所以要想在外部网络访问集群内的服务，首先需要对服务进行暴露。

3.6.1　传统的服务暴露方式

先来回顾一下传统的微服务应用是如何对外暴露的。

传统的微服务应用在系统最外层将网关或者负载均衡器作为系统的入口，然后，根据路由规则将流量转发到后端微服务中（一般是业务进程所在的虚拟机上），整体架构如图 3-16 所示。

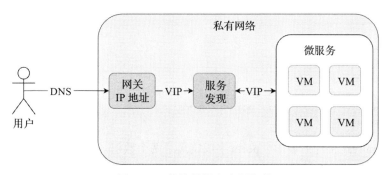

图 3-16　传统微服务应用架构

在上述微服务架构中，因为网关是系统唯一的入口，它通过连接的外网 IP 来暴露业务。除了网关以外，其他服务都在私有网络下，彼此通过 VIP 进行通信，外部无法访问除了网关连接以外的任何服务。通常，由于用户访问业务系统一般是使用域名，所以在网关前面还会有 DNS 解析步骤。

显然，在该架构下，只需要借助网关就能暴露服务了。

3.6.2 NodePort

NodePort 是一种通过将服务暴露在每个 Kubernetes 节点的特定端口来实现服务暴露的方式。

当服务被配置为 NodePort 类型后，Kubernetes 会在每一个节点上监听指定的端口（一般端口号是 30000～32767），通过节点外网 IP 和端口号即可访问服务。

在 3.1.3 节部署示例应用时，我们在本地 Kind 集群中安装了 Ingress-Nginx 组件，该组件实际上就是通过 NodePort 对外暴露服务的。可以通过 kubectl get service 来获取 Ingress-Nginx 的 Service Manifest：

```
$ kubectl get service ingress-nginx-controller -n ingress-nginx -o yaml
apiVersion: v1
kind: Service
metadata:
  ......
  name: ingress-nginx-controller
  namespace: ingress-nginx
spec:
  ......
  ports:
  - appProtocol: http
    name: http
    nodePort: 31844
    port: 80
    protocol: TCP
    targetPort: http
  - appProtocol: https
    name: https
    nodePort: 32606
    port: 443
    protocol: TCP
    targetPort: https
  selector:
    app.kubernetes.io/component: controller
    app.kubernetes.io/instance: ingress-nginx
    app.kubernetes.io/name: ingress-nginx
  type: NodePort
```

在上述 Manifest 文件内容中，ports 字段定义了两个数组。

第一个数组的 port 字段代表服务的访问端口，即服务在集群内部的暴露端口。targetPort 字段代表目标端口，作用是告诉服务将请求转发到业务进程在容器里的监听端口，nodePort 字段代表暴露在 Kubernetes 节点的端口。

第二个数组也是类似的含义。

这段 Service Manifest 实现的效果是，访问 Kubernetes 任何一个节点的公网 IP+31844 端口或 32606 端口时，请求都会被转发到 Ingress-Nginx Pod 的 80 端口或 443 端口，如图 3-17 所示。

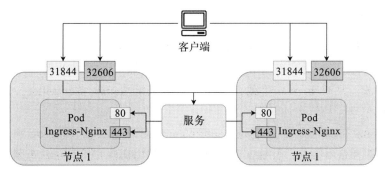

图 3-17　NodePort 的服务暴露方式

NodePort 虽然可以通过 Kubernetes 节点的公网 IP 暴露服务，但不推荐你在生产环境中使用，主要原因有两个。

首先，该服务暴露方式不利于统一管理外部请求流量。

其次，一个端口只能绑定一个服务，而 Kubernetes 默认的端口范围是有限的，在使用中容易产生端口冲突。

3.6.3　LoadBalancer

LoadBalancer 是一种通过负载均衡器暴露服务的方式。

LoadBalancer 一般依赖于云厂商实现。当创建负载均衡器类型的服务时，云厂商会创建一个负载均衡器实例并与集群的服务关联，借助负载均衡器的外网 IP 实现服务对外暴露。

此时，每一个 LoadBalancer 都有一个外网 IP，流量访问时请求先通过负载均衡器，再转发到对应的服务中，如图 3-18 所示。

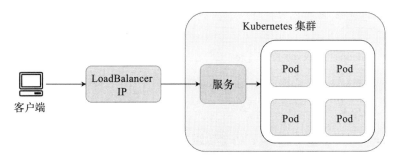

图 3-18　LoadBalancer 的服务暴露方式

LoadBalancer 相比 NodePort 更具优势。例如，该方式不受端口数量的限制且与 Kubernetes 节点解耦，非常灵活。

值得注意的是，每创建一个 LoadBalancer，都会创建一个新的负载均衡器实例，在多实例的情况下，可能会产生较高的费用。

3.6.4 Ingress

Ingress 由负载均衡器和反向代理组成，也是常用的服务暴露方式。

Ingress 是 Kubernetes 的一个内置对象。Ingress 对象只用来声明路由策略，并不处理具体的流量转发。要使 Ingress 生效，还需要额外安装 Ingress-Controller，例如最常见的 Ingress-Nginx。

Ingress-Nginx 自身的服务是通过 LoadBalancer 对外暴露的。Ingress-Nginx 实际上是集群网关，它结合路由策略，便能实现仅需一个负载均衡器实例就可对外暴露所有的业务服务。

在 3.1.3 节部署示例应用时，同时也部署了 Ingress 对象，可以通过 kuebctl get ingress 来获取 Manifest：

```
$ kubectl get ingress frontend-ingress -n example -o yaml
apiVersion: networking.k8s.io/v1
kind: Ingress
metadata:
  ......
  name: frontend-ingress
  namespace: example
spec:
  ingressClassName: nginx
  rules:
  - http:
      paths:
      - backend:
          service:
            name: frontend-service
            port:
              number: 3000
        path: /?(.*)
        pathType: Prefix
      - backend:
          service:
            name: backend-service
            port:
              number: 5000
        path: /api/?(.*)
        pathType: Prefix
```

在上述 Manifest 中，paths 字段有两个数组。第一个数组表示：当 URL 包含"/"前缀匹配时，将请求转发到 frontend-service 的 3000 端口。第二个数组表示：当 URL 包含"/api"前缀匹配时，将请求转发到 backend-service 的 5000 端口。

结合 Service 对象来看，Ingress 指定的服务端口号其实对应的是 Service 对象定义的 port 字段，这里结合 frontend-service 的内容进行对比：

```
apiVersion: v1
kind: Service
```

```
metadata:
  name: frontend-service
spec:
  type: ClusterIP
  selector:
    app: frontend
  ports:
  - port: 3000
    targetPort: 3000
```

Ingress 接收到流量后，将其转发给 Service 对象，然后 Service 对象将流量转发到 Pod 上，这样便组成了完整的请求链路。图 3-19 展示了 Ingress 请求链路的详细过程。

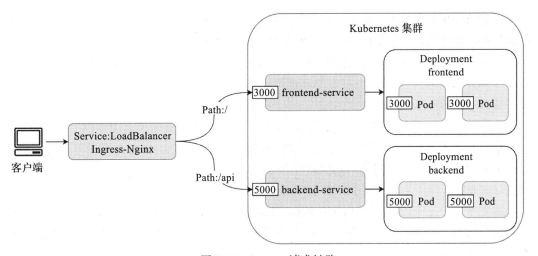

图 3-19　Ingress 请求链路

需要注意一个细节，本地 Kind 集群中的 Ingress-Nginx 服务是通过 NodePort 暴露的，而生产环境中的 Ingress-Nginx 服务是通过 LoadBalancer 对外暴露的。

要在生产环境中部署 Ingress-Nginx，可以使用下面的命令：

```
$ kubectl apply -f https://raw.githubusercontent.com/kubernetes/ingress-nginx/
  controller-v1.3.1/deploy/static/provider/cloud/deploy.yaml
```

部署完成后，通过 kubectl get svc 命令获取 Ingress-Nginx 外网 IP 地址。注意，需要指定 Ingress-Nginx 命名空间：

```
$ kubectl get svc -n ingress-nginx
NAME                       TYPE           CLUSTER-IP     EXTERNAL-IP   PORT(S)                      AGE
ingress-nginx-controller   LoadBalancer   10.96.146.9    18.176.38.12  80:32192/TCP,443:30400/TCP   13m
```

其中，EXTERNAL-IP 即 Ingress-Nginx 的外网 IP 地址。该 IP 是集群的唯一入口，你可以将它配置到 DNS 解析记录中，实现域名访问。

3.7 资源配额和服务质量

在 Kubernetes 中，资源配额是一种限制资源使用的机制。它能够作用于 CPU、内存、存储等资源，从而保证集群资源的合理分配。不同的资源配额会影响 Pod 的服务质量，同时也会影响 Pod 的弹性扩容。

本节将介绍如何对工作负载进行资源配额、不同资源配额下 Pod 的服务质量以及如何结合 HPA 实现 Pod 的弹性扩容。

3.7.1 概述

在传统微服务架构下，业务一般运行在虚拟机上。业务所需的计算资源如 CPU 和内存由虚拟机直接提供，当需要更多的计算资源时，则要对虚拟机进行扩容。

在 Kubernetes 环境中，业务进程的运行环境是 Pod，而 pod 运行在集群的节点（虚拟机），这就会带来一个问题：当多个 Pod 被调度到同一个节点时，如何避免资源竞争，保障业务运行所需的资源呢？

在回答这个问题之前，先举两个在 Kubernetes 生产环境中非常典型的例子。

第一个例子，假设有一个应用在技术实现上存在一些问题，例如没有做好垃圾回收或者产生死锁，运行一段时间后，它的内存和 CPU 消耗迅速飙升，直到将所在节点的资源全部耗尽。此时，节点上所有的 Pod 都会因为资源不足而宕机。

第二个例子，假设某一个 Kubernetes 节点的配置是 2 核 4GB，资源余量还有 0.5 核 0.5GB。此时，如果创建一个需要 1 核 1GB 资源的 Pod，而该 Pod 又恰好调度到此节点，那么业务进程将永远无法启动。

上述两个例子实际上可以对应缺少资源配额管理的两个能力。第一个例子对应缺少资源限制管理能力，这会导致 Pod 资源消耗无序扩张。第二个例子对应缺少声明最小资源用量的能力，这会导致 Pod 被调度到一台资源不足的节点上。

为了解决这两个问题，我们需要用到 Kubernetes 的资源管理能力：资源限制和资源请求能力。

3.7.2 初识 CPU 和内存

要理解 Kubernetes 资源配额，首先需要了解其管理的两个主要对象：CPU 和内存。

在 Kubernetes 集群中，可用资源为所有节点资源的总和。不过，因为节点存在额外的资源消耗，所以实际可用的总资源会小于理论计算的资源。

通常，CPU 资源的单位是核。在一台虚拟机上，CPU 核数往往是一个整数，例如 1 核、2 核等。但在 Kubernetes 中，可以用另一个单位来描述 CPU 资源，即 m。核数和 m 的换算关系是：1 核 =1000m。

为什么可以为 Pod 分配小于 1 核的 CPU？实际上，m 代表的并不是将完整的 CPU 分配给 Pod，它指的是时间片。时间片是 CPU 分给程序的计算时间，时间片的值越高，pod 被分配到的计算时间片就越多。而被分配到较少时间片的 Pod 会因为无法获得 CPU 的调度一直处于阻塞状态。

在 Kubernetes 中，CPU 和内存资源最大的区别是：CPU 是可压缩的资源，而内存是不可压缩的资源。

从使用角度来看，当节点的 CPU 资源不足时，Pod 会因为得不到时间片而一直处于阻塞状态；但当节点的内存资源不足时，Kubernetes 会尝试重启 Pod，或者重新进行调度。

3.7.3　查看 Pod 资源消耗

要查看 Pod 资源消耗情况，可以使用 kubectl top pods 命令：

```
$ kubectl top pods -n example
NAME                          CPU(cores)     MEMORY(bytes)
backend-66b9754d65-86x6j      1m             36Mi
```

上述返回结果列出了每一个 Pod 的 CPU 和内存消耗。

除了查看 Pod 资源消耗以外，我们还可以查看节点的资源消耗。你可以通过 kubectl top node 来查看：

```
$ kubectl top node
NAME                 CPU(cores)   CPU%   MEMORY(bytes)   MEMORY%
kind-control-plane   228m         4%     2229Mi          28%
```

值得注意的是，Pod 和节点资源消耗来自 Kubernetes metrics-server 组件。

3.7.4　资源请求和资源限制

资源请求（Request）和资源限制（Limit）是 Kubernetes 管理 Pod 资源配额的两种能力。Request 代表资源请求用量，通常，它是保障 Pod 稳定运行所需的最小资源。一个典型的场景是，假设 Pod 被分配到资源不足的节点，它将无法启动。此时为 Pod 配置合理的资源就能解决该问题，Kubernetes 会将 Pod 调度到资源充足的节点中。

Limit 指的是资源消耗的最大限制，它可以防止 Pod 在集群上占用过多的资源，导致其他 Pod 无法正常运行。

在 3.1 节示例应用中，我们已经对其配置了资源请求和资源限制，以下截取了后端服务部分 Manifest 内容：

```
apiVersion: apps/v1
kind: Deployment
metadata:
  name: backend
  ......
spec:
  ......
    spec:
```

```
containers:
- name: flask-backend
  image: lyzhang1999/backend:latest
  ......
  resources:
    requests:
      memory: "128Mi"
      cpu: "128m"
    limits:
      memory: "256Mi"
      cpu: "256m"
```

上述配置文件中 resource.request 和 resource.limit 分别代表资源请求和资源限制。图 3-20 展示了资源请求和资源限制的关系。

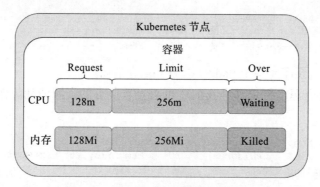

图 3-20 资源请求和资源限制的关系

基于可压缩资源和不可压缩资源的原理，当容器对 CPU 用量超过资源限制时，Pod 将会进入阻塞状态。但当容器对内存的用量超过资源限制时，Pod 将会被重启，以确保不会对其他 Pod 造成影响。

3.7.5 服务质量

服务质量由 Pod 的调度和驱逐策略决定。

当节点资源不足时，Kubernetes 会将一些 Pod 驱逐，并在其他节点重新调度，而服务质量又会影响 Pod 的驱逐顺序。

服务质量由工作负载资源配额的 Request 和 Limit 决定，具体有以下 3 种情况。

1）未配置资源配额时：服务质量为 BestEffort，意为"尽力而为"，优先级最低。当发生驱逐行为时，Kubernetes 会首先驱逐该类型的 Pod。

2）Request 小于 Limit：服务质量为 Burstable，意为"突发"，优先级介于 BestEffort 和 Guaranteed 之间。

3）Request 等于 Limit：服务质量为 Guaranteed，意为"保证"，优先级最高。

图 3-21 代表了 3 种服务质量和资源配额的关系。

BestEffort		Burstable		Guaranteed	
X	X	Request	Limit	Request	Limit

图 3-21 3 种服务质量和资源配额的关系

当发生驱逐行为时，Kubernetes 将按照图 3-21 从左到右的顺序进行 pod 驱逐。首先是 BestEffort 优先级的 Pod，如节点资源仍然不足，则继续驱逐 Burstable 优先级的 Pod，最后是 Guaranteed。

对于基础核心组件，例如中间件或者核心服务，可以将 Request 配置为较高的合理水平，并且将 Limit 配置为相同的值，以此来确保它有较高的优先级，避免被驱逐导致服务中断。

对于一些有明显波峰的业务，例如 Java 服务，它在启动时会占用较多的 CPU 和内存，平稳运行时 CPU 和内存有回落，因此可以将 Request 配置为平稳状态所需的 CPU 和内存，将 Limit 配置为启动状态所需的 CPU 和内存，以应对突发的资源需要。

在生产环境中，你可以通过上述方法来评估服务的资源配额，以确保服务质量。

3.8 水平扩容

Pod 的水平扩容依赖于 HPA（Horizontal Pod Autoscaler）对象，它可以对 Pod 进行扩容或缩容。

HPA 的工作原理是定期检查 HPA 的相关指标，例如 CPU 和内存使用率，并根据预定义的规则自动调整 Pod 副本数。当 Pod 的资源使用率超过一定阈值时，HPA 将对 Pod 水平扩容，以增加服务的处理能力；同理，当 Pod 的负载减小时，HPA 会自动缩容。

HPA 可以作用于 Deployment 和 StatefulSet 工作负载，但不能作用于无法缩放的工作负载例如 Daemonset。HPA 的工作原理是通过对工作负载的 Replicas 进行控制，从而调整 Pod 副本数，如图 3-22 所示。

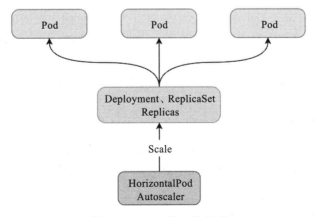

图 3-22 HPA 的工作原理

要让 HPA 生效，有两个必要条件。

1）为集群安装 Metrics Server。

2）为工作负载配置 Request。

3.8.1 基于 CPU 的扩容策略

在 3.1 节介绍的示例应用中，我们已经为后端服务配置了基于 CPU 的 HPA 策略。你可以通过 kubectl get hpa 来获取 HPA 策略：

```
$ kubectl get hpa backend -n example -o yaml
apiVersion: autoscaling/v2
kind: HorizontalPodAutoscaler
metadata:
  name: backend
  namespace: example
spec:
  maxReplicas: 10
  metrics:
  - type: Resource
    resource:
      name: cpu
      target:
        averageUtilization: 50
        type: Utilization
  minReplicas: 2
  scaleTargetRef:
    apiVersion: apps/v1
    kind: Deployment
    name: backend
......
```

metrics 字段定义 HPA 的 CPU 监听指标。上述定义表示，当 CPU 的平均利用率超过 50% 时，HPA 将对 Pod 进行扩容操作。

minReplicas 字段定义最小的副本数。注意，当工作负载中配置的 Replicas 与 HPA 的字段值不一致时，Pod 副本数将会以 HPA 的 minReplicas 为准。maxReplicas 字段定义最大扩容的副本。

最后，当把 HPA 策略部署到集群后，HPA 将自动维持 Pod 副本数在 2 ～ 10 之间。

3.8.2 基于内存的扩容策略

除了基于 CPU 的扩容策略以外，我们还可以为工作负载配置基于内存的扩容策略。你可以通过以下方式来获取 3.1 节示例应用的基于内存的扩容策略：

```
apiVersion: autoscaling/v2
kind: HorizontalPodAutoscaler
metadata:
```

```
    name: backend
    namespace: example
spec:
  maxReplicas: 10
  metrics:
  ......
  - type: Resource
    resource:
      name: memory
      target:
        type: Utilization
        averageUtilization: 50
  minReplicas: 2
  scaleTargetRef:
    apiVersion: apps/v1
    kind: Deployment
    name: backend
......
```

基于内存的扩容策略与基于 CPU 的扩容策略类似，只是将 metrics 字段中的 name 字段值由 cpu 改为 memory。

3.9　服务探针

服务探针定期执行诊断，用于判断 Pod 是否准备好接受外部请求。服务探针有 3 种类型：Readiness、Liveness、StartupProbe。通过服务探针，Kubernetes 可以在 Pod 启动阶段和运行阶段对其进行健康检查，并决定是否将其加入 Service Endpoints，以此来控制流量分发。

3.9.1　Pod 和容器的状态

服务探针会影响 Pod 和容器的状态。

在 Kubernetes 中，Pod 生命周期中有以下 5 种状态。

❑ Pending：正在创建 Pod，例如调度 Pod 和拉取镜像阶段。

❑ Running：运行阶段，表示至少有一个容器正在启动或运行。

❑ Succeeded：运行成功，并且不会重新启动，例如 Job 创建的 Pod。

❑ Failed：Pod 的所有容器都停止运行，并且至少有一个容器退出状态码非 0。

❑ Unknown：无法获取 Pod。

Pod 中的容器有以下 3 种状态。

❑ Waiting：容器等待中，例如正在拉取镜像。

❑ Running：容器运行中，PID=1 的业务进程正在启动或运行。

❑ Terminated：容器终止中，例如正在删除 Pod。

Running 状态仅代表容器的 PID=1 的业务进程正在启动或运行，并不能表示业务已

经处于正常运行状态。此时，还需要一个能描述 Pod 是否已经就绪的状态，这就要用到
Ready 字段。

Ready 字段可用来标识 Pod 是否已经处于就绪状态，它是由 Kubelet 直接管理的。
Ready 状态被记录在 Pod Manifest 的 status.conditions 字段中，如图 3-23 所示。

```
status:
  phase: Running
  conditions:
    - type: Initialized
      status: 'True'
      lastProbeTime: null
      lastTransitionTime: '2022-09-30T05:53:30Z'
    - type: Ready
      status: 'True'
      lastProbeTime: null
      lastTransitionTime: '2022-09-30T05:53:37Z'
    - type: ContainersReady
      status: 'True'
      lastProbeTime: null
      lastTransitionTime: '2022-09-30T05:53:37Z'
    - type: PodScheduled
      status: 'True'
      lastProbeTime: null
      lastTransitionTime: '2022-09-30T05:53:30Z'
  hostIP: 172.18.0.2
  podIP: 10.244.0.22
  podIPs:
    - ip: 10.244.0.22
  startTime: '2022-09-30T05:53:30Z'
```

图 3-23　Pod 状态记录字段

此外，我们也可以通过 kubectl get pods 查看 Pod 是否处于 Ready 状态：

```
$ kubectl get pods -n example
NAME                        READY   STATUS    RESTARTS   AGE
backend-5969f76d6c-jf9lq    0/1     Pending   0          102m
backend-86d76d8764-cl2pf    1/1     Running   0          109m
```

在返回结果的 Ready 字段中，1/1 表示运行中的容器数量以及总容器数量。两者数量相
等，代表 Pod 处于 Ready 状态。

Kubernetes 通过服务探针来定期检测 Pod 是否处于 Ready 状态，进而影响 Pod 的流量
路由。

3.9.2　探针类型和检查方式

Kubernetes 的探针有以下 3 种类型。

❑ Readiness 探针：用于判断 Pod 是否准备好接收流量。

❑ Liveness 探针：用于判断 Pod 是否存活。

❑ StartupProbe 探针：用于判断 Pod 是否启动完成。

每一种探针都可以通过 3 种方式来对 Pod 发起健康检查。

❑ 向容器发起 HTTP 请求，并识别请求响应代码。

❑ 在容器里运行一条命令并检查命令的退出状态码。

❑ 判断是否能够和指定端口建立连接。

在上述 3 种健康检查方式中，HTTP 请求的检查方式是最常用的。第二种和第三种健康检查方式一般针对非 HTTP 请求。

本节将重点介绍 HTTP 请求的健康检查方式。

3.9.3　就绪探针

就绪探针也称 Readiness 探针，用来确定 Pod 是否为就绪（Ready）状态，以及是否能接收外部流量。

在未配置就绪探针的情况下，如果一些业务的启动时间较长，那么请求就可能被转发到未就绪的 Pod 中，如图 3-24 所示。

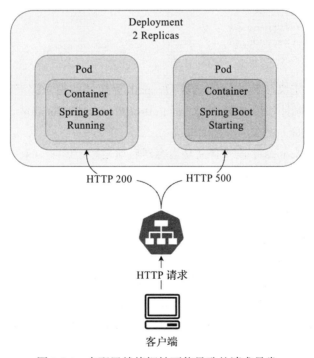

图 3-24　未配置就绪探针可能导致的请求异常

当 Pod 出现短暂的延时或不可用时，我们希望将其自动从 Service Endpoints 中移除，此时 Readiness 就很有用。

3.1 节示例应用中后端服务的 Deployment 已经配置就绪探针，以下截取了部分 Manifest 内容：

```
apiVersion: apps/v1
kind: Deployment
metadata:
  name: backend
  ......
spec:
  ......
    spec:
      containers:
      - name: flask-backend
        image: lyzhang1999/backend:latest
        ......
        readinessProbe:
          httpGet:
            path: /healthy
            port: 5000
            scheme: HTTP
          initialDelaySeconds: 10
          failureThreshold: 5
          periodSeconds: 10
          successThreshold: 1
          timeoutSeconds: 1
```

其中：

- ❑ httpGet 字段定义了就绪探针的类型，path 为探针的请求路径，port 定义了探针请求的端口。探针将以 GET 请求访问 http://PodIP:5000/healthy，当返回的状态码在 200～399 之间，视本次探针请求成功。
- ❑ initialDelaySeconds 字段的含义是当容器启动之后，延时 10s 进行第一次探针检查。
- ❑ failureThreshold 的含义是连续 5 次请求失败则代表探针检查失败。此时，Pod 状态为 NotReady。
- ❑ periodSeconds 的含义是每 10s 轮询探测 1 次。
- ❑ successThreshold 的含义是请求成功 1 次则代表探针检查成功。Pod 状态为 Ready 表示可以接收外部请求。
- ❑ timeoutSeconds 字段定义探针的超时时间。

综合上述配置信息，我们可以得出几个重要值。在 Pod 启动之后，如果在 60s 内（initialDelaySeconds + failureThreshold * periodSeconds）无法通过健康检查，Pod 将处于非就绪状态。

当 Pod 处于正常运行状态时，如果业务突然发生故障，健康检查会在 50s 内完成；业务恢复后，健康检查会在 10s 内完成。

就绪探针的作用是，找出业务状态不健康的 Pod，并将它从 Service Endpoints 列表移除，使它无法接收外部请求。如果 Pod 的就绪探针一直探测失败，Pod 将一直无法接收外部请求，如图 3-25 所示。

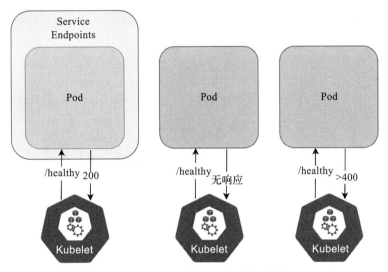

图 3-25　Pod 就绪探针的判断条件

需要注意的是，当就绪探针在超时时间内没有收到回复，或者回复的 HTTP 状态码大于 400，认为本次探测失败。

试想一个场景：如果业务发生了死锁而无法自行恢复，除了移出 Service Endpoints 列表以外，能否让 Kubernetes 识别并自动重启 Pod 来恢复业务？这就要提到存活探针了。

3.9.4　存活探针

存活探针又称 Liveness 探针，它可定期探测 Pod 的健康状态并决定是否重启 Pod。

3.1 节示例应用中后端服务的 Deployment 同样定义了存活探针，以下截取部分 Manifest 内容：

```
spec:
  ......
    spec:
      containers:
      - name: flask-backend
        image: lyzhang1999/backend:latest
        ......
        livenessProbe:
          httpGet:
            path: /healthy
            port: 5000
            scheme: HTTP
          failureThreshold: 5
```

```
periodSeconds: 10
successThreshold: 1
timeoutSeconds: 1
```

存活探针是通过 livenessProbe 字段来配置的，该字段的含义与就绪探针的相同，这里不再赘述。

当存活探针探测失败时，它将自动重启 Pod，如图 3-26 所示。

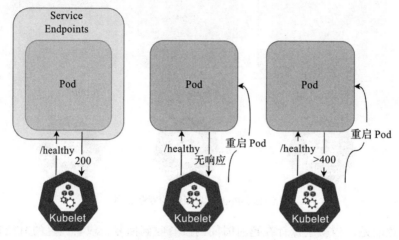

图 3-26　Pod 重启的判断条件

存活探针和就绪探针是独立并行探测的。

3.9.5　StartupProbe 探针

StartupProbe 探针是一种针对启动阶段设计的探针。一些大型应用的启动时间可能非常长，此时存活探针可能会导致 Pod 一直被重启。为了解决该问题，最容易想到的方案是增大 initialDelaySeconds 的值。

该方案的缺点也是明显的，为了解决应用启动慢的问题，在降低探测频率的同时，也放慢了 Kubernetes 感知故障的速度，此时，就需要用到 StartupProbe 探针。

StartupProbe 探针特别适用于业务应用启动慢的场景。当 Pod 启动时，如果配置了 StartupProbe，那么就绪和存活探针都将被临时禁用，直到 StartupProbe 探针返回成功才会启用就绪和存活探针，这就避免了就绪和存活在应用启动阶段造成的干扰。

在 3.1 节示例应用中，我们同样也为后端服务配置了 StartupProbe 探针，以下截取部分 Manifest 内容：

```
spec:
  ......
    spec:
      containers:
      - name: flask-backend
```

```
image: lyzhang1999/backend:latest
......
startupProbe:
  httpGet:
    path: /healthy
    port: 5000
    scheme: HTTP
  initialDelaySeconds: 10
  failureThreshold: 5
  periodSeconds: 10
  successThreshold: 1
  timeoutSeconds: 1
```

在上述配置中，Pod 启动的 10s 后进行第一次探测，如至少有 1 次探测成功，那么 StartupProbe 探针配置成功，接下来继续启动就绪和存活探针。对于启动慢的应用，只需要 为 StartupProbe 探针设置一个较大的 initialDelaySeconds 值即可。

如果工作负载同时定义了 3 种探针，情况会变得复杂，可以结合图 3-27 来理解。

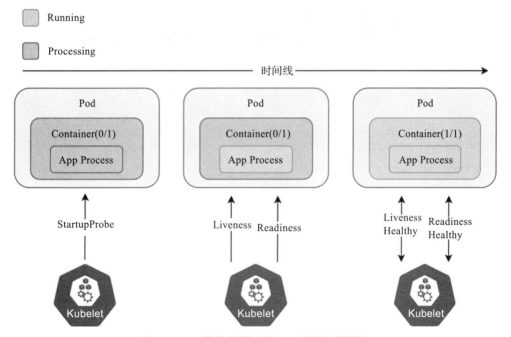

图 3-27　工作负载同时定义 3 种探针的情况

Pod 启动时，3 种探针的执行顺序可分为 3 个阶段。

❏ 第一阶段：Pod 和容器启动，业务进程正在启动中，此时 StartupProbe 探针开始
　　工作，由于 StartupProbe 还未探测成功，当前 Pod 中的容器处于 Not Ready(0/1)
　　状态。

❏ 第二阶段：业务进程启动完成，StartupProbe 探针探测成功，就绪和存活探针开

始并行工作，此时由于就绪探针还未探测成功，当前 Pod 中的容器仍然处于 Not Ready(0/1) 状态。

❑ 第三阶段：随着就绪和存活探针探测成功，当前 Pod 中的容器处于 Ready(1/1) 状态，Service Endpoints 将 Pod 加入列表，Pod 开始接收外部请求。

3.10　小结

本章以 3.1 节示例应用为例，介绍了 Kubernetes 的核心对象和使用方法。其中，Kubernetes 的命名空间采用隔离机制，以避免应用或环境冲突。工作负载可以部署到不同的命名空间，从而实现多租户的隔离。

在众多工作负载类型中，Deployment 是最常用的，能够满足大部分业务部署需求。在将业务迁移到 Kubernetes 的过程中，配置可以通过 Env、ConfigMap 和 Secret 等实现。

此外，Kubernetes 的服务发现依赖 Service 对象。Service 对象可以实现服务发现和负载均衡。通过 NodePort 和 LoadBalancer，我们还可以将服务暴露到集群外部。

最后，本章还介绍了资源配额、HPA 和探针，它们是保障业务高可用和高并发的基石。

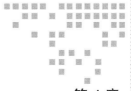

第 4 章 *Chapter 4*

持续集成

持续集成是 GitOps 工作流中必不可少的自动化流程，能够完成自动测试、构建、推送镜像等工作。

本章将介绍 3 种持续集成工具：GitHub Action、GitLab CI、Tekton。其中，GitHub Action 和 GitLab CI 都提供云托管的构建环境，配置和使用相对简单。而 Tekton 是一个开源构建工具，需要通过 Kubernetes 环境来完成构建。

4.1 GitHub Action

GitHub Action 是 GitHub 的持续集成平台，可以通过仓库内的配置文件来定义构建流程，并且能与仓库的推送、PR 等事件进行关联，从而实现自动化构建。

严格意义上来说，GitHub Action 既能够完成持续集成的工作，也具备一定的部署能力，例如，它可以实现自动测试、构建、推送镜像、部署、回滚等功能。其中，自动测试、构建和推送镜像是构建 GitOps 工作流的必要条件。

4.1.1 基本概念

GitHub Action 的组成如图 4-1 所示。

接下来分别对 Workflow、Event、Job 和 Step 概念进行介绍。

1. Workflow

Workflow 也叫工作流。GitHub Action 本质上是一个 CI/CD 工作流。要使用工作流，首先需要定义它。GitHub Action Workflow 也是通过 YAML 文件进行定义的，你可以在 GitHub 仓库创建 .github/workflows 目录下，并创建 YAML 文件来定义工作流。

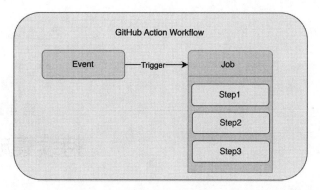

图 4-1　GitHub Action 的组成

所有在 .github/workflows 目录下创建的工作流文件都将被 GitHub 自动扫描。在工作流中，通常需要进一步定义 Event、Job 和 Step 字段，它们被用来定义工作流的触发时机和具体行为。

2. Event

Event 意为"事件"。它定义了工作流的触发时机。

在定义自动构建镜像的工作流时，通常会把 Event 配置为：当指定分支有新的提交时，自动触发镜像构建。

3. Job

Job 用于定义具体的任务。一个 Job 通常包含一系列 Step，以实现构建。Job 还可以定义运行环境，例如 Ubuntu。

一个 Workflow 中也定义了多个 Job，多个 Job 之间可以并行，也可以定义为依赖的有向无环图（DAG）。

4. Step

Step 是 Workflow 中最小的粒度，也是最重要的部分。Step 定义执行一段 Shell 来完成相应功能。在同一个 Job 中，一般需要定义多个 Step 才能完成一个完整的 Job。Step 运行的命令等同于在同一台设备上执行一段 Shell。

以自动构建镜像为例，可能需要在 1 个 Job 中定义 3 个 Step。

Step1：克隆仓库的源码。

Step2：运行 docker build 命令来构建镜像。

Step3：推送到镜像仓库。

4.1.2　创建持续集成 Pipeline

以 3.1 节的示例应用为例，构建一个 Pipeline。该 Pipeline 可自动完成以下步骤。

❑ 当 main 分支有新的提交时，触发工作流。

❑ 克隆代码。

❑ 初始化 Docker 构建工具链。

❑ 登录 Docker Hub。

❑ 构建前端、后端应用镜像，并将 commit id 作为镜像的标签。

❑ 推送镜像到 Docker Hub 镜像仓库。

1. 创建流水线定义文件 build.yaml

首先，将 3.1 节示例应用的代码仓库克隆到本地，并进入 kubernetes-example 目录：

```
$ git clone https://github.com/lyzhang1999/kubernetes-example.git
$ cd kubernetes-example
```

然后，在当前目录下新建 .github/workflows 目录：

```
$ mkdir -p .github/workflows
```

接下来，将以下内容保存于 .github/workflows/build.yaml 文件：

```yaml
name: build

on:
  push:
    branches:
      - 'main'

env:
  DOCKERHUB_USERNAME: lyzhang1999

jobs:
  docker:
    runs-on: ubuntu-latest
    steps:
      - name: Checkout
        uses: actions/checkout@v3
      - name: Set outputs
        id: vars
        run: echo "::set-output name=sha_short::$(git rev-parse --short HEAD)"
      - name: Set up QEMU
        uses: docker/setup-qemu-action@v2
      - name: Set up Docker Buildx
        uses: docker/setup-buildx-action@v2
      - name: Login to Docker Hub
        uses: docker/login-action@v2
        with:
          username: ${{ env.DOCKERHUB_USERNAME }}
          password: ${{ secrets.DOCKERHUB_TOKEN }}
      - name: Build backend and push
        uses: docker/build-push-action@v3
        with:
          context: backend
          push: true
```

```
      tags: ${{ env.DOCKERHUB_USERNAME }}/backend:${{ steps.vars.outputs.sha_
        short }}
 - name: Build frontend and push
   uses: docker/build-push-action@v3
   with:
     context: frontend
     push: true
     tags: ${{ env.DOCKERHUB_USERNAME }}/frontend:${{ steps.vars.outputs.sha_
       short }}
```

请注意，需要将上述的 env.DOCKERHUB_USERNAME 环境变量替换为你的 Docker Hub 用户名。

❏ on.push.branches 字段的值为 main，代表 Main 分支有新的提交则触发工作流。

❏ env.DOCKERHUB_USERNAME 是 Job 的全局环境变量，是镜像的前缀。

❏ jobs.docker 字段定义了一个任务，运行环境为 ubuntu-latest，并且由 7 个步骤组成。

❏ jobs.docker.steps 字段定义了 7 个具体的执行步骤。uses 字段表示使用 GitHub Action 的某个插件，例如 actions/checkout@v3 插件负责检出代码。

在这个工作流中，这 7 个步骤会具体完成下面几件事。

❏ Checkout：负责将代码检出到运行环境。

❏ Set outputs：输出 sha_short 环境变量，值为 short commit id，方便在后续步骤引用。

❏ Set up QEMU 和 Set up Docker Buildx：负责初始化 Docker 构建工具链。

❏ Login to Docker Hub：登录 Docker Hub，以便获得推送镜像的权限。此处的凭据来源是环境变量配置的 DOCKERHUB_USERNAME、GitHub Action Secret，后者会在稍后进行配置。

❏ Build backend and push 和 Build frontend and push：负责构建前端、后端镜像并将镜像推送至 Docker Hub。表达式 ${{ env.DOCKERHUB_USERNAME }} 表示从环境变量读取 Docker Hub 用户名，${{ steps.vars.outputs.sha_short }} 表示从 Set outputs 步骤读取输出的 short commit id。

2. 创建 GitHub 仓库并推送

接下来，需要创建一个 GitHub 仓库，命名为 kubernetes-example，并将示例应用推送到 GitHub 仓库，如图 4-2 所示。

创建完成后，将本地克隆的 kubernetes-example 仓库的 remote url 配置为创建的仓库的 Git 地址：

```
$ git remote set-url origin YOUR_GIT_URL
```

然后，将 kubernetes-example 仓库推送到新建的仓库中。在这之前，你可能还需要配置 SSH Key，这里不再赘述。

```
$ git add .
```

```
$ git commit -a -m 'first commit'
$ git branch -M main
$ git push -u origin main
```

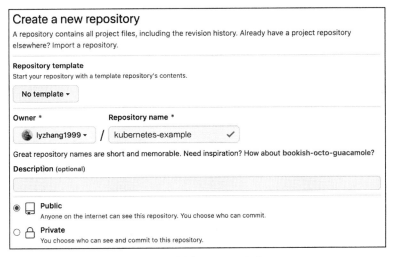

图 4-2　创建 GitHub 仓库

3. 创建 Docker Hub Secret

为了让镜像能够推送到 Docker Hub 仓库，接下来需要创建 Docker Hub Secret。它可用于为推送镜像设置权限。

首先访问 https://hub.docker.com/，然后单击右上角的用户名，选择 Account Settings 选项，并进入左侧的 Security 选项区域，如图 4-3 所示。

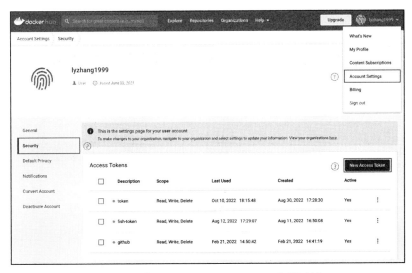

图 4-3　进入 Docker Hub Security 选项区域

下一步单击右侧的 New Access Token 按钮，创建新的 Token，如图 4-4 所示。

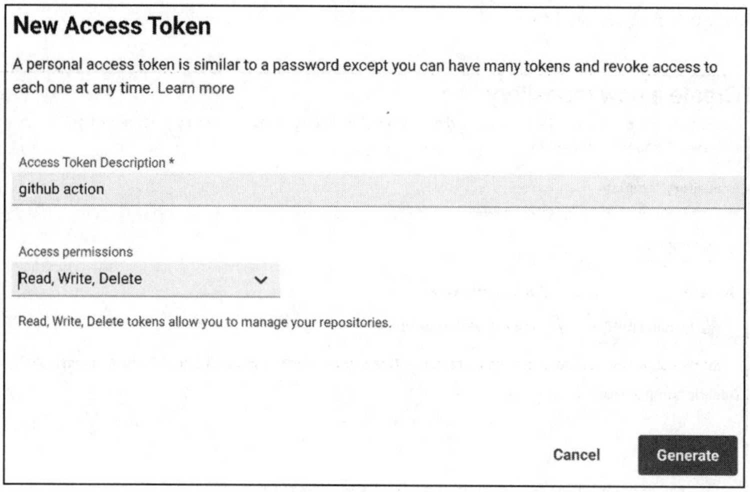

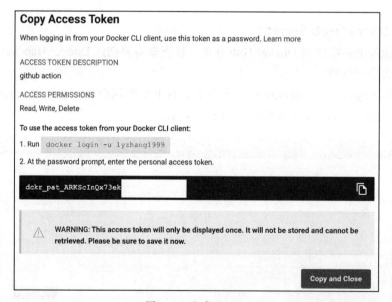

图 4-4　创建 Docker Hub Token

输入描述，然后单击 Generate 按钮生成 Token，如图 4-5 所示。

图 4-5　生成 Token

创建完成后，单击 Copy and Close 按钮并将 Token 复制到剪贴板。注意，窗口关闭后，无法再次查看 Token。

4. 创建 GitHub Action Secret

在创建完 Docker Hub Token 之后，接下来创建 GitHub Action Secret。该步骤将为工作

流提供 secrets.DOCKERHUB_TOKEN 变量值。

进入 kubernetes-example 仓库的 Settings 页面，单击左侧的 Secrets and Variables，进入 Actions 选项，然后单击右侧 New repository secret 创建新的 Secret，如图 4-6 所示。

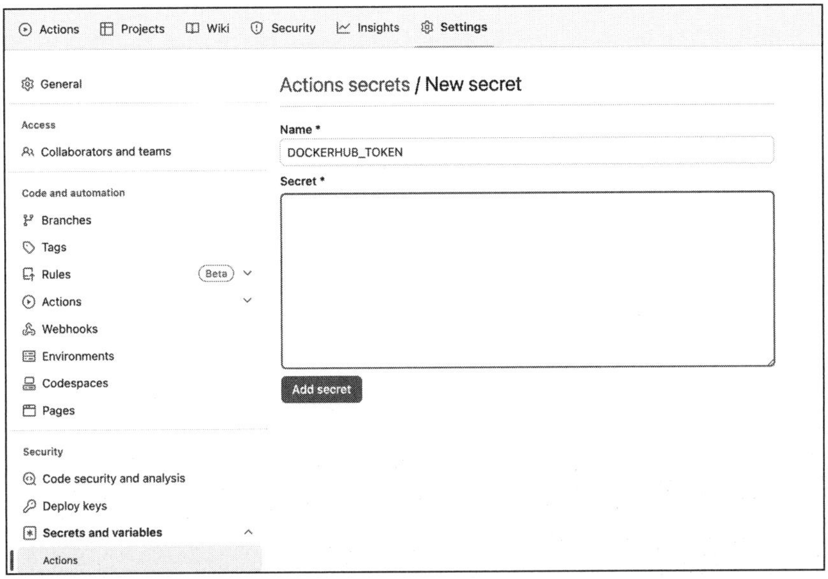

图 4-6　创建 GitHub Action Secret 页面

在 Name 输入框中输入 DOCKERHUB_TOKEN，这样在 GitHub Action 定义文件中的 Step 字段即可通过 ${{ secrets.DOCKERHUB_TOKEN }} 表达式来获取值。

在 Secret 输入框中输入 Docker Hub Token，单击 Add secret 按钮创建 Secret。

5. 触发 GitHub Action 工作流

至此，准备工作已经全部完成，接下来触发 GitHub Action 工作流。

首先，向仓库提交一个空 commit：

```
$ git commit --allow-empty -m "Trigger Build"
```

然后，使用 git push 命令将代码推送到 main 分支，这将触发工作流：

```
$ git push origin main
```

接下来，进入 kubernetes-example 仓库的 Actions 页面，将看到触发的工作流，如图 4-7 所示。

单击工作流的标题进入工作流日志详情页面，如图 4-8 所示。

在工作流日志详情页面，将看到工作流中每一个步骤的状态及其运行时输出的日志。

当工作流运行完成后，进入 Docker Hub frontend 或者 backend 镜像详情页，将看到 GitHub Action 自动构建并推送的新版本镜像，如图 4-9 所示。

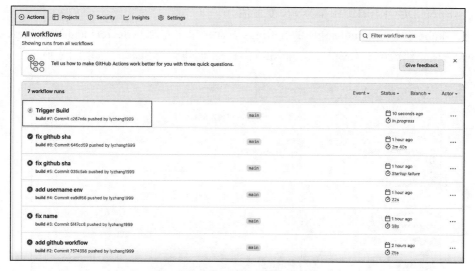

图 4-7　查看 GitHub Action 列表

图 4-8　查看 GitHub Action 日志详情

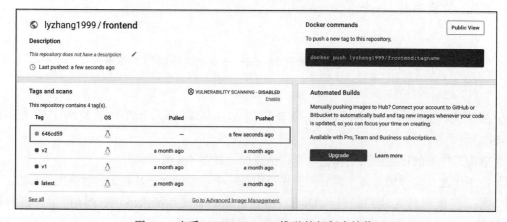

图 4-9　查看 GitHub Action 推送的新版本镜像

至此，GitHub Action 持续集成工作流构建完成。当向 Main 分支提交代码时，GitHub Action 将自动构建 frontend 和 backend 镜像，并且每一个 commit id 对应一个镜像版本。

4.2　GitLab CI

GitLab CI 是 GitLab 提供的持续集成服务。我们可以通过在代码仓库中创建 .gitlab-ci.yml 文件来定义持续集成流水线。

本章将介绍使用 GitLab CI 自动构建示例应用容器镜像。

4.2.1　基本概念

在 GitLab CI 中，Pipeline、Stage 和 Job 之间的关系如图 4-10 所示。

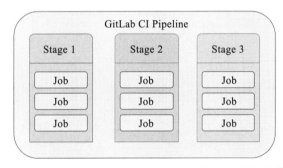

图 4-10　GitLab CI 中 Pipeline、Stage 和 Job 之间的关系

1. Pipeline

Pipeline 指流水线，包含一组 Stage 和 Job，它们负责执行具体的逻辑。Pipeline 由仓库根目录下的 .gitlab-ci.yml 文件定义，当有新的提交推送到仓库时自动触发。

此外，Pipeline 在全局也可以配置运行镜像、全局变量和额外服务镜像。

2. Stage

Stage 指阶段。在 Pipeline 中，至少需要包含一个 Stage。Stage 按定义的顺序依次执行。如果其中一个 Stage 失败，Pipeline 都将失败，其他的 Stage 也将不再继续执行。

3. Job

Job 指任务，可以关联到 Stage，它定义具体执行的 Shell 脚本。当 Stage 执行时，它所关联的 Job 也会并行执行。

以自动构建镜像为例，我们可以在 Job 中定义 Shell 脚本。Job 的作用如下。

❑ 运行 docker build 构建镜像。
❑ 运行 docker push 推送镜像。

4.2.2　创建持续集成 Pipeline

仍然以 3.1 节的示例应用为例，介绍如何配置自动构建镜像的 Pipeline。该 Pipeline 将完成以下步骤。

- ❑ 运行 docker login 登录 Docker Hub。
- ❑ 运行 docker build 构建前端、后端应用的镜像。
- ❑ 运行 docker push 推送镜像。

接下来，开始创建 GitLab CI Pipeline。

1. 创建 .gitlab-ci.yml 文件

首先，将示例应用仓库克隆到本地，并进入 kubernetes-example 目录：

```
$ git clone https://github.com/lyzhang1999/kubernetes-example.git
$ cd kubernetes-example
```

然后，将下面的内容保存为 .gitlab-ci.yml 文件：

```
stages:
  - build

image: docker:20.10.16

variables:
  DOCKER_TLS_CERTDIR: "/certs"
  DOCKERHUB_USERNAME: "lyzhang1999"

services:
  - docker:20.10.16-dind

before_script:
  - docker login -u $DOCKERHUB_USERNAME -p $DOCKERHUB_TOKEN

build_and_push:
  stage: build
  script:
    - docker build -t $DOCKERHUB_USERNAME/frontend:$CI_COMMIT_SHORT_SHA ./
      frontend
    - docker push $DOCKERHUB_USERNAME/frontend:$CI_COMMIT_SHORT_SHA
    - docker build -t $DOCKERHUB_USERNAME/backend:$CI_COMMIT_SHORT_SHA ./backend
    - docker push $DOCKERHUB_USERNAME/backend:$CI_COMMIT_SHORT_SHA
```

注意，需要将上面的 variables.DOCKERHUB_USERNAME 环境变量替换为你的 Docker Hub 用户名。

在上述配置文件中，image 字段定义运行镜像，GitLab CI 将使用 docker:20.10.16 镜像启动容器，并在容器内运行 Pipeline。

services 字段定义了额外的镜像，可以理解成一个额外的容器。它将和 image 字段定义的容器相互协作，两个容器可以相互访问。

before_script 定义了 Pipeline 初始脚本，将在 Job 运行之前执行。此处通过运行 docker

login 命令来登录 Docker Hub，以便获得推送镜像的权限。$DOCKERHUB_TOKEN 是一个在 GitLab UI 界面定义的变量，稍后将在 GitLab 平台添加。

build_and_push 定义了 Job 有序的运行脚本，目的是构建并推送镜像。

2. 创建 GitLab 仓库并推送

.gitlab-ci.yml 文件创建后，接下来将示例应用推送到 GitLab。你可以在 GitLab 平台上创建新的代码仓库，命名为 kubernetes-example，如图 4-11 所示。

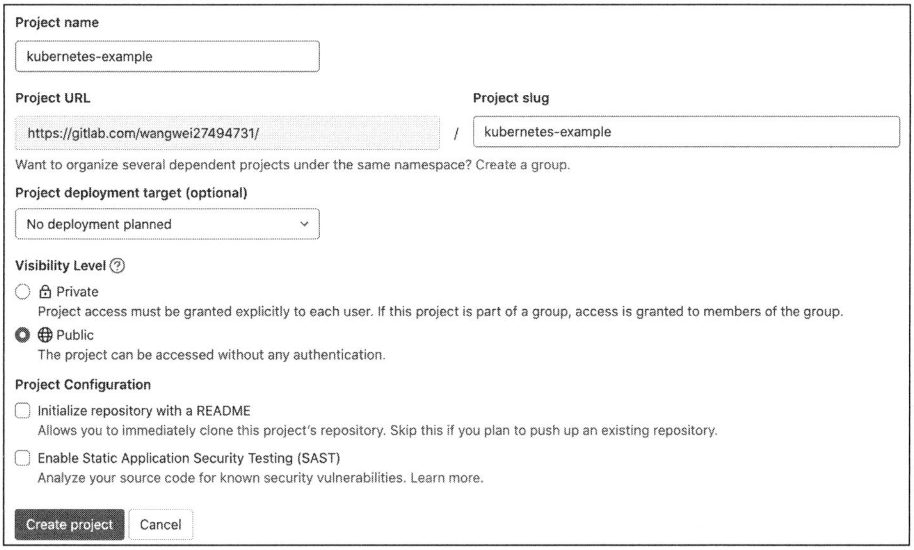

Project name

kubernetes-example

Project URL   **Project slug**

https://gitlab.com/wangwei27494731/   /   kubernetes-example

Want to organize several dependent projects under the same namespace? Create a group.

Project deployment target (optional)

No deployment planned

Visibility Level ⑦

○ 🔒 Private
Project access must be granted explicitly to each user. If this project is part of a group, access is granted to members of the group.

◉ 🌐 Public
The project can be accessed without any authentication.

Project Configuration

☐ Initialize repository with a README
Allows you to immediately clone this project's repository. Skip this if you plan to push up an existing repository.

☐ Enable Static Application Security Testing (SAST)
Analyze your source code for known security vulnerabilities. Learn more.

[Create project] Cancel

图 4-11　创建 GitLab 仓库

仓库创建完成后，将本地克隆的 kubernetes-example remote url 配置为 GitLab 仓库地址，并推送到 GitLab：

```
$ git remote set-url origin YOUR_GITLAB_REPO_URL
$ git add .
$ git commit -a -m 'first commit'
$ git branch -M main
$ git push -u origin main
```

3. 创建 Docker Hub Secret

为了让 GitLab CI 具备推送镜像的权限，你还需要在 Docker Hub 平台创建 Secret。具体流程可以参考 4.1.2 节的内容，这里不再赘述。

4. 创建 GitLab CI Variables

创建 GitLab CI Variables 的目的是为 Pipeline 提供 DOCKERHUB_TOKEN 变量值。

进入 kubernetes-example 仓库的 Settings 栏，单击左侧的 CI/CD 选项，然后打开右侧的 Variables 展开菜单，单击 Add variable 创建新的 Variables，如图 4-12 所示。

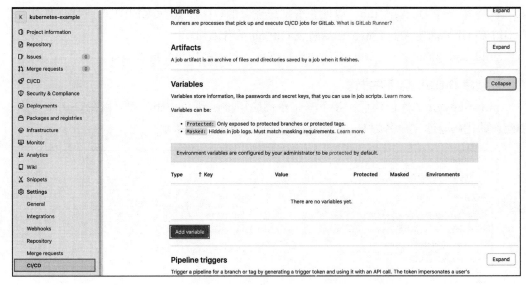

图 4-12 进入 Variables 设置页

在 Key 输入框中输入 DOCKERHUB_TOKEN，在 Value 处填写 Docker Hub Token，其他选项保持默认，单击 Add variable 创建变量值，如图 4-13 所示。

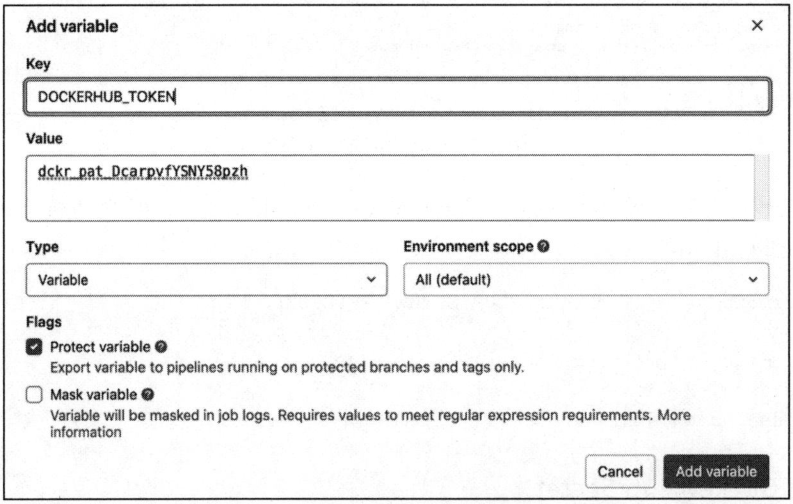

图 4-13 配置 GitLab CI Variables

5. 触发 GitLab CI Pipeline

至此，准备工作已全部完成。如果你使用的是 GitLab SaaS 版，需要先绑定信用卡才能使用 CI/CD 的免费额度。

接下来尝试触发 GitLab CI Pipeline。

首先，向仓库提交一个空 commit 操作，然后推送到远端仓库，这将触发 Pipeline。

```
$ git commit --allow-empty -m "Trigger Build"
$ git push origin main
```

接下来，进入 kubernetes-example 仓库的 CI/CD 页面，将显示触发的 Pipeline，如图 4-14 所示。

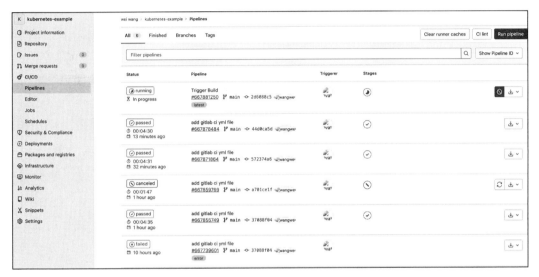

图 4-14　查看触发的 GitLab CI

你可以进入 Pipeline 详情页查看 Job 状态和输出日志，如图 4-15 所示。

图 4-15　查看 GitLab CI 日志详情

当工作流运行完成后，进入 Docker Hub 镜像的详情页将看到由 GitLab CI 构建的新镜像，如图 4-16 所示。

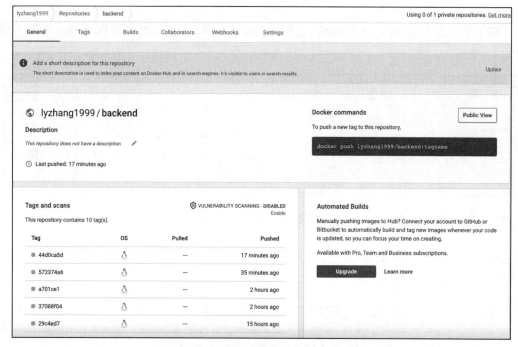

图 4-16　查看由 GitLab CI 构建的新镜像

至此，我们使用 GitLab CI 自动构建镜像。当新的提交推送到仓库时，GitLab Pipeline 将为每一个 commit id 自动构建前端、后端镜像，并推送到 Docker Hub 镜像仓库。

4.3　Tekton

Tekton 是一款基于 Kubernetes 的 CI/CD 开源产品，通过 CRD 定义 Pipeline、Task、Trigger 等资源。对于已有 Kubernetes 集群的用户而言，使用 Tekton 在集群内构建镜像是一个不错的选择。

本节将实现一个简单的 Tekton 流水线，它将通过 Webhook 触发器监听 GitHub 仓库的提交，实现自动构建镜像并推送到镜像仓库。

4.3.1　安装组件

由于本节实践需要 Kubernetes 集群的 LoadBalancer 能力支持，所以我们需要开通一个云厂商提供的 Kubernetes 集群。你可以使用 AWS、阿里云或腾讯云等任何云厂商提供的 Kubernetes 集群。

1. 开通 TKE 集群

接下来以开通腾讯云 TKE 集群为例进行介绍，这部分内容比较基础，读者可以选择性跳过。

首先，登录腾讯云并打开 TKE 控制台，单击"新建"按钮，选择"标准集群"，如图 4-17 所示。

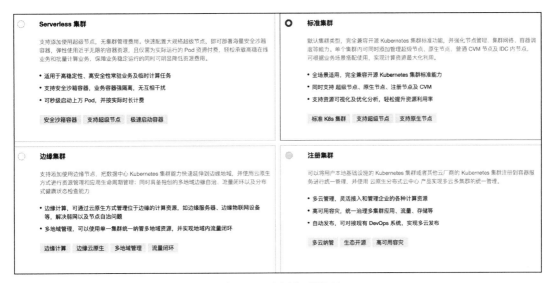

图 4-17　选择集群类型

在标准集群页面中输入集群名称，"所在地域"项选择"中国香港"，"集群网络"项选择 Default-VPC，其他信息保持默认，单击"下一步"按钮，如图 4-18 所示。

图 4-18　选择运行时组件、所在地域和集群网络

接下来进入 Worker 节点配置阶段。在"机型"一栏选择一个 2 核 8GB 的节点,在"公网带宽"一栏将带宽调整为 100Mbps,并且按使用流量计费,如图 4-19 所示。

图 4-19　选择机型配置和带宽

单击"确定"按钮。后续的页面都保持默认选择,单击"完成"按钮创建 Kubernetes 集群,等待几分钟直至集群准备就绪,如图 4-20 所示。

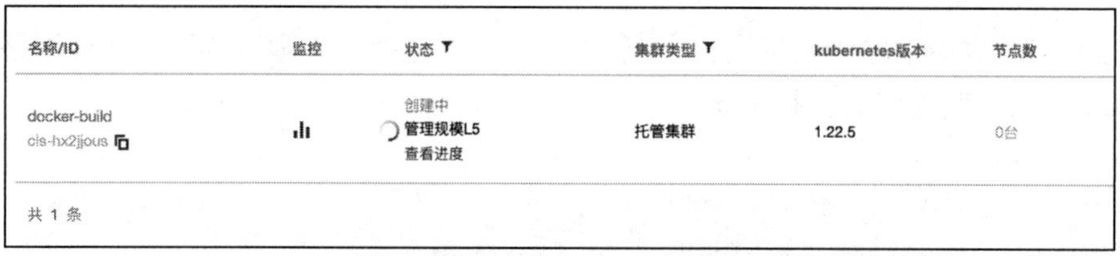

名称/ID	监控	状态 ▽	集群类型 ▽	kubernetes版本	节点数
docker-build cls-hx2jjous 🗍	⏸	○ 创建中 管理规模L5 查看进度	托管集群	1.22.5	0台

共 1 条

图 4-20　等待集群创建完成

集群创建完成后,单击集群名称 docker-build 进入集群详情页,在"集群 APIServer 信息"一栏找到"外网访问",单击开关来开启集群的外网访问,如图 4-21 所示。

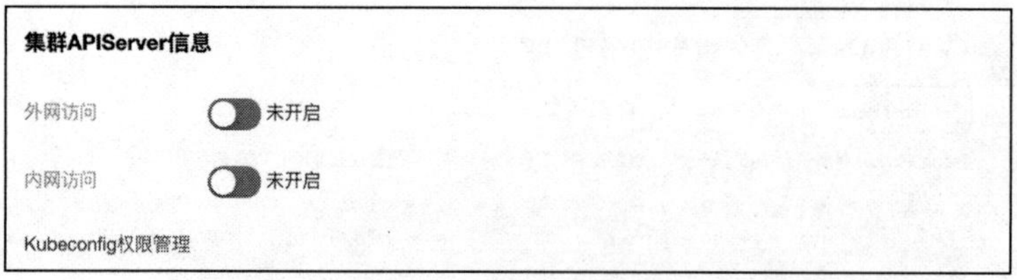

集群APIServer信息

外网访问　　○ 未开启

内网访问　　○ 未开启

Kubeconfig权限管理

图 4-21　开启集群外网访问

在弹出的窗口中,安全组选择 Default,网络计费模式选择"按使用流量",访问方式选择"公网 IP"，然后单击"保存"按钮开通集群外网访问，如图 4-22 所示。

图 4-22 通过公网 IP 暴露集群

等待"外网访问"开关转变为启用状态。接下来，在 KubeConfig 一栏单击"复制"选项，复制集群 KubeConfig 信息，如图 4-23 所示。

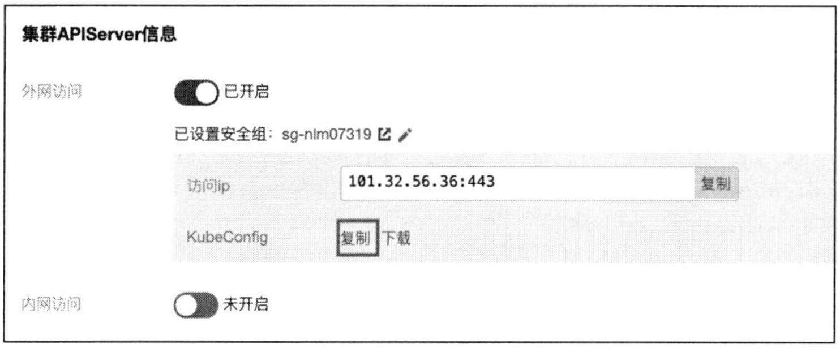

图 4-23 复制 KubeConfig 信息

接下来，将集群证书信息写入本地的 ~/.kube/config 文件。Kubectl 默认将从该文件读取 KubeConfig 配置。

为了避免覆盖已有的 KubeConfig，首先备份 ~/.kube/config 文件：

```
mv ~/.kube/config ~/.kube/config.bak
```

然后新建 ~/.kube/config 文件，将复制的 KubeConfig 信息写入该文件。

最后，执行 kubectl get node 来验证 Kubectl 与集群的联通性：

```
$ kubectl get node
```

```
NAME            STATUS    ROLES      AGE      VERSION
172.19.0.107    Ready     <none>     5m21s    v1.22.5-tke.5
```

如果返回了节点信息，说明 Kubernetes 集群准备完成。

2. 安装组件

接下来安装两个组件，分别是 Tekton 相关的组件以及 Ingress-Nginx。

首先，安装 Tekton Operator：

```
$ kubectl apply -f https://storage.googleapis.com/tekton-releases/pipeline/
  latest/release.yaml
namespace/tekton-pipelines created
podsecuritypolicy.policy/tekton-pipelines created
......
```

等待 Tekton 中所有的 Pod 就绪：

```
$ kubectl wait --for=condition=Ready pods --all -n tekton-pipelines --timeout=300s
pod/tekton-pipelines-controller-799f9f989b-hxmlx condition met
pod/tekton-pipelines-webhook-556f9f7476-sgx2n condition met
```

接下来，安装 Tekton Dashboard：

```
$ kubectl apply -f https://storage.googleapis.com/tekton-releases/dashboard/
  latest/release.yaml
serviceaccount/tekton-dashboard created
role.rbac.authorization.k8s.io/tekton-dashboard-info created
......
```

然后，分别安装 Tekton Trigger 和 Tekton Interceptor 组件：

```
$ kubectl apply -f https://storage.googleapis.com/tekton-releases/triggers/
  latest/release.yaml
podsecuritypolicy.policy/tekton-triggers created
clusterrole.rbac.authorization.k8s.io/tekton-triggers-admin created
......
```

```
$ kubectl apply -f https://storage.googleapis.com/tekton-releases/triggers/
  latest/interceptors.yaml
deployment.apps/tekton-triggers-core-interceptors created
service/tekton-triggers-core-interceptors created
......
```

等待所有 Tekton 中所有组件的 Pod 都处于就绪状态，Tekton 就部署完成了：

```
$ kubectl wait --for=condition=Ready pods --all -n tekton-pipelines
  --timeout=300s
pod/tekton-dashboard-5d94c7f687-8t6p2 condition met
pod/tekton-pipelines-controller-799f9f989b-hxmlx condition met
pod/tekton-pipelines-webhook-556f9f7476-sgx2n condition met
pod/tekton-triggers-controller-bffdd47cf-cw7sv condition met
pod/tekton-triggers-core-interceptors-5485b8bd66-n9n2m condition met
```

```
pod/tekton-triggers-webhook-79ddd8d6c9-f79tg condition met
```

接下来，安装 Ingress-Nginx：

```
$ kubectl apply -f https://ghproxy.com/https://raw.githubusercontent.com/
  kubernetes/ingress-nginx/controller-v1.4.0/deploy/static/provider/cloud/deploy.
  yaml
namespace/ingress-nginx created
serviceaccount/ingress-nginx created
serviceaccount/ingress-nginx-admission created
……
```

等待所有 Ingress-Nginx 中的 Pod 处于就绪状态，Ingress-Nginx 就部署完成了：

```
$ kubectl wait --for=condition=AVAILABLE deployment/ingress-nginx-controller
  --all -n ingress-nginx
deployment.apps/ingress-nginx-controller condition met
```

3. 暴露 Tekton Dashboard

在安装好 Tekton 和 Ingress-Nginx 之后，为了方便访问 Tekton Dashboard，通过 Ingress 的方式暴露它，将以下内容保存为 tekton-dashboard.yaml 文件：

```yaml
apiVersion: networking.k8s.io/v1
kind: Ingress
metadata:
  name: ingress-resource
  namespace: tekton-pipelines
  annotations:
    kubernetes.io/ingress.class: nginx
    nginx.ingress.kubernetes.io/ssl-redirect: "false"
spec:
  rules:
    - host: tekton.k8s.local
      http:
        paths:
          - path: /
            pathType: Prefix
            backend:
              service:
                name: tekton-dashboard
                port:
                  number: 9097
```

然后，将它应用到集群：

```
$ kubectl apply -f tekton-dashboard.yaml
ingress.networking.k8s.io/ingress-resource created
```

接下来，获取 Ingress-Nginx LoadBalancer 的外网 IP 地址：

```
$ kubectl get services --namespace ingress-nginx ingress-nginx-controller
```

```
--output jsonpath='{.status.loadBalancer.ingress[0].ip}'
43.135.82.249
```

因为在 Ingress 策略中配置的是一个虚拟域名，所以需要在本地配置 Hosts 才能访问。当然也可以将 Ingress 的 Hosts 修改为实际的域名，并且为域名添加 DNS 解析。

以 Linux 系统为例，要修改 Hosts，你需要将下面的内容添加到 /etc/hosts 路径下的文件：

```
43.135.82.249 tekton.k8s.local
```

然后，便能使用域名 http://tekton.k8s.local 来访问 Tekton Dashboard 了，如图 4-24 所示。

图 4-24　Tekton 控制台

4.3.2　基本概念

在正式创建 Tekton Pipeline 之前，先了解一些基本概念。图 4-25 展示了 Tekton 的组成和工作原理。

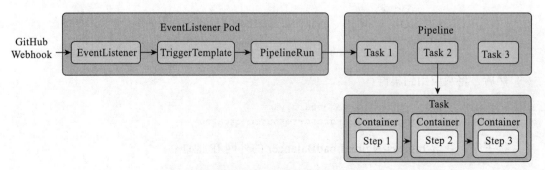

图 4-25　Tekton 的组成和工作原理

图 4-25 展示了 EventListener、TriggerTemplate、Step、Task、Pipeline、PipelineRun、几个组件，接下来对其进行介绍。

1. EventListener

EventListener 是事件监听器，它是外部事件的入口。EventListener 通常以 HTTP 的方式对外暴露，在本节例子中，将会在 GitHub 创建 Webhook 来调用 Tekton 的 EventListener，使它能接收到仓库推送事件。

2. TriggerTemplate

TriggerTemplate 用于定义接收到事件之后要创建的 Tekton 资源。EventListener 接收到外部事件后会调用 Trigger（也就是触发器），TriggerTemplate 可以创建 PipelineRun 对象来运行 Pipeline。

3. Step

Step 是 Pipeline 中的一个具体操作，例如构建和推送镜像。Step 接收镜像和需要运行的 Shell 脚本作为参数，Tekton 会启动镜像并执行 Shell 脚本。

4. Task

Task 是一组有序的 Step 集合，每一个 Task 独立地在 Pod 中运行。同一个 Task、多个 Step 可在同一个 Pod 的不同容器内运行。

5. Pipeline

Pipeline 是 Tekton 中的一个核心组件，是一组 Task 的集合。Task 组成一组有向无环图（DAG），Pipeline 按照 DAG 指定的顺序执行。

6. PipelineRun

PipelineRun 实际上是 Pipeline 的实例化，负责为 Pipeline 提供输入参数，并运行 Pipeline。

4.3.3　创建 Tekton Pipeline

本节实现的 Pipeline 具体效果如图 4-26 所示。

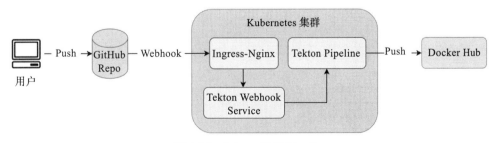

图 4-26　Tekton 示例 Pipeline

总体而言，当向 GitHub 推送代码时，GitHub 将以 HTTP 请求的方式通知集群内的 TektonTrigger，当 Trigger 接收到来自 GitHub 的事件时，将通过 TriggerTemplate 来创建 PipelineRun 以运行 Pipeline，最终实现构建镜像和推送到镜像仓库。

1. 创建 Task

Task 是 Pipeline 的最小单位，我们首先需要创建它们。下面创建两个 Task，分别负责检出代码、构建和推送镜像。

首先创建检出代码的 Task：

```
$ kubectl apply -f https://ghproxy.com/https://raw.githubusercontent.com/
  lyzhang1999/gitops/main/ci/18/tekton/task/git-clone.yaml
task.tekton.dev/git-clone created
```

该 Task 是 Tekton 官方提供的插件，和 GitHub Action 的 checkout 插件类似，主要作用是检出代码。

然后，创建构建和推送镜像的 Task：

```
$ kubectl apply -f https://ghproxy.com/https://raw.githubusercontent.com/
  lyzhang1999/gitops/main/ci/18/tekton/task/docker-build.yaml
task.tekton.dev/docker-socket configured
```

简单介绍一下上述 Task，其关键内容如下：

```
apiVersion: tekton.dev/v1beta1
kind: Task
metadata:
  name: docker-socket
spec:
  workspaces:
    - name: source
  params:
    - name: image
      description: Reference of the image docker will produce.
    ......
  steps:
    - name: docker-build
      image: docker:stable
      env:
        ......
        - name: IMAGE
          value: $(params.image)
        - name: DOCKER_PASSWORD
          valueFrom:
            secretKeyRef:
              name: registry-auth
              key: password
        - name: DOCKER_USERNAME
          valueFrom:
```

```
        secretKeyRef:
          name: registry-auth
          key: username
    workingDir: $(workspaces.source.path)
    script: |
      cd $SUBDIRECTORY
      docker login $REGISTRY_URL -u $DOCKER_USERNAME -p $DOCKER_PASSWORD
      if [ "${REGISTRY_URL}" = "docker.io" ] ; then
        docker build --no-cache -f $CONTEXT/$DOCKERFILE_PATH -t $DOCKER_
          USERNAME/$IMAGE:$TAG $CONTEXT
        docker push $DOCKER_USERNAME/$IMAGE:$TAG
        exit
      fi
      docker build --no-cache -f $CONTEXT/$DOCKERFILE_PATH -t $REGISTRY_
        URL/$REGISTRY_MIRROR/$IMAGE:$TAG $CONTEXT
      docker push $REGISTRY_URL/$REGISTRY_MIRROR/$IMAGE:$TAG
    volumeMounts: # 共享 docker.socket
      - mountPath: /var/run/
        name: dind-socket
  sidecars: #sidecar 提供 Docker Daemon
    - image: docker:dind
      ......
```

❑ spec.params 字段用来定义变量，并最终由 PipelineRun 传入。

❑ spec.steps 字段用来定义具体的执行步骤。例如，使用 docker:stable 镜像创建容器，并将 spec.params 字段定义的变量以 ENV 的方式传递到容器内部，其中 DOCKER_PASSWORD 和 DOCKER_USERNAME 两个变量来自 Secret，将在后续创建。

❑ spec.steps[0].script 字段定义了具体执行的命令。这里实现了登录镜像仓库、构建和推送镜像。

❑ spec.sidecars 字段为容器提供 Docker Daemon，使用的镜像是 docker:dind。

实际上，上述 Task 定义的内容和 4.2.2 节提到的 GitLab CI Pipeline 非常类似，它们都在启动镜像的时候运行脚本，并且都是通过 DiND 的方式来构建和推送镜像的。

2. 创建 Pipeline

因为 Task 相互独立，所以需要通过 Pipeline 将它们连接起来。最终，Pipeline 实现克隆代码后再构建以及推送镜像。

接下来，创建 Pipeline 来引用这两个 Task：

```
$ kubectl apply -f https://ghproxy.com/https://raw.githubusercontent.com/
  lyzhang1999/gitops/main/ci/18/tekton/pipeline/pipeline.yaml
pipeline.tekton.dev/github-trigger-pipeline created
```

Pipeline 的部分内容如下：

```
apiVersion: tekton.dev/v1beta1
kind: Pipeline
metadata:
```

```
  name: github-trigger-pipeline
spec:
  workspaces:
    - name: pipeline-pvc
    ......
  params:
    - name: subdirectory  # 为每一个 Pipeline 配置一个 Workspace，防止并发错误发生
      type: string
      default: ""
    - name: git_url
    ......
  tasks:
    - name: clone
      taskRef:
        name: git-clone
      workspaces:
        - name: output
          workspace: pipeline-pvc
        - name: ssh-directory
          workspace: git-credentials
      params:
        - name: subdirectory
          value: $(params.subdirectory)
        - name: url
          value: $(params.git_url)
    - name: build-and-push-frontend
      taskRef:
        name: docker-socket
      runAfter:
        - clone
      workspaces:
        - name: source
          workspace: pipeline-pvc
      params:
        - name: image
          value: "frontend"
        ......
    - name: build-and-push-backend
      taskRef:
        name: docker-socket
      runAfter:
        - clone
      workspaces:
        - name: source
          workspace: pipeline-pvc
      params:
        - name: image
          value: "backend"
        ......
```

❏ spec.workspaces 定义了一个工作空间，用来实现不同 Task 之间共享上下文。实际

上，它是一个持久卷声明（PVC）。该 PVC 将在不同的 Pod 进行挂载，这样便实现了下游 Task 读取到上游 Task 写入的数据（如克隆的代码）。

❑ spec.params 定义了 Pipeline 的参数。参数的传递顺序是：PipelineRun → Pipeline → Task。

❑ spec.tasks 定义了 Pipeline 引用的 Task，此处分别引用了 git-clone 和 docker-socket Task。

❑ runAfter 字段表示等待某个 Task 运行完毕后再启动。

这样，Pipeline 就形成了一个有向无环图（DAG），首先检出代码，然后以并行的方式同时构建前端、后端镜像。

3. 创建 EventListener

Pipeline 创建完成后，工作流就定义好了。接下来配置用于监听 GitHub Webhook 的 EventListener 对象：

```
$ kubectl apply -f https://ghproxy.com/https://raw.githubusercontent.com/
  lyzhang1999/gitops/main/ci/18/tekton/trigger/github-event-listener.yaml
eventlistener.triggers.tekton.dev/github-listener created
```

EventListener 对象的具体作用是：接收来自 GitHub 的 Webhook 事件，并将 Webhook 的参数和 TriggerTemplate 定义的参数对应起来，以便将参数值从 Webhook 一直传递到 PipelineRun。

4. 暴露 EventListener

当 EventListener 创建完成后，Tekton 将创建一个 Deployment 来处理 Webhook 请求。我们可以通过 kubectl get deployment 命令来查看 Deployment：

```
$ kubectl get deployment
NAME                     READY   UP-TO-DATE   AVAILABLE   AGE
el-github-listener       1/1     1            1           22m
```

同时，Tekton 也会为该 Deployment 创建 Service，以便接收来自外部的 HTTP 请求：

```
$ kubectl get service
NAME                  TYPE        CLUSTER-IP EXTERNAL-IP   PORT(S)         AGE
el-github-listener    ClusterIP   172.16.253.54   <none>   8080/TCP,9000/TCP   1d
```

为了让 GitHub 将事件成功推送到集群内的 Tekton，我们需要对外暴露 el-github-listener Service。接下来通过 Ingress-Nginx 进行暴露：

```
$ kubectl apply -f https://ghproxy.com/https://raw.githubusercontent.com/
  lyzhang1999/gitops/main/ci/18/tekton/ingress/github-listener.yaml
ingress.networking.k8s.io/ingress-resource created
```

上述 Ingress 对象的具体内容如下：

```
apiVersion: networking.k8s.io/v1
kind: Ingress
metadata:
  name: ingress-resource
  annotations:
    kubernetes.io/ingress.class: nginx
    nginx.ingress.kubernetes.io/ssl-redirect: "false"
spec:
  rules:
    - http:
        paths:
          - path: /hooks
            pathType: Exact
            backend:
              service:
                name: el-github-listener
                port:
                  number: 8080
```

该 Ingress 对象并没有指定域名，而是通过 path 来匹配路径。此时，Tekton Webhook 的入口对应 Ingress-Nginx 的负载均衡器 IP 地址。

5. 创建 TriggerTemplate

TriggerTemplate 用于定义接收到外部事件后要创建的资源。在这里，它是控制 Pipeline 启动的组件并负责创建 PipelineRun 对象，通过以下命令进行创建：

```
$ kubectl apply -f https://ghproxy.com/https://raw.githubusercontent.com/
  lyzhang1999/gitops/main/ci/18/tekton/trigger/github-trigger-template.yaml
triggertemplate.triggers.tekton.dev/github-template created
```

6. 创建 Service Account 和 PVC

接下来，Trigger 需要运行权限，所以还需要创建 Service Account，同时创建用于共享 Task 之间上下文的 PVC。

```
$ kubectl apply -f https://ghproxy.com/https://raw.githubusercontent.com/
  lyzhang1999/gitops/main/ci/18/tekton/other/service-account.yaml
serviceaccount/tekton-build-sa created
clusterrolebinding.rbac.authorization.k8s.io/tekton-clusterrole-binding created
persistentvolumeclaim/pipeline-pvc created
role.rbac.authorization.k8s.io/tekton-triggers-github-minimal created
rolebinding.rbac.authorization.k8s.io/tekton-triggers-github-binding created
clusterrole.rbac.authorization.k8s.io/tekton-triggers-github-clusterrole created
clusterrolebinding.rbac.authorization.k8s.io/tekton-triggers-github-
  clusterbinding created
```

7. 设置 Secret

最后，还需要为 Tekton 提供一些凭据信息，例如 Docker Hub Token、GitHub Webhook Secret 以及用于检出私有仓库的私钥信息。

将下面的内容保存为 secret.yaml，并修改注释内相应的内容。

```yaml
apiVersion: v1
kind: Secret
metadata:
  name: registry-auth
  annotations:
    tekton.dev/docker-0: https://docker.io
type: kubernetes.io/basic-auth
stringData:
  username: "" # docker username
  password: "" # docker hub token

---
# github webhook token secret
apiVersion: v1
kind: Secret
metadata:
  name: github-secret
type: Opaque
stringData:
  secretToken: "webhooksecret"
---
apiVersion: v1
kind: Secret
metadata:
  name: git-credentials
data:
  id_rsa: LS0tLS……
  known_hosts: Z2l0aHViLm……
  config: SG9zd……
```

在上述配置中，我们需要对以下字段进行修改。

❏ 将 stringData.username 替换为自己的 Docker Hub 用户名。

❏ 将 stringData.password 替换为自己的 Docker Hub Token。

❏ 将 data.id_rsa 替换为本地 ~/.ssh/id_rsa 文件的 Base64 编码内容，这将会为 Tekton 提供检出私有仓库的权限。我们可以使用 $ cat ~/.ssh/id_rsa | base64 命令来获取 Base64 编码内容。

❏ 将 data.known_hosts 替换为本地 ~/.ssh/known_hosts 文件的 Base64 编码内容。我们可以通过 $ cat ~/.ssh/known_hosts | grep "github" | base64 命令来获取 Base64 编码内容。

❏ 将 data.config 替换为本地 ~/.ssh/config 文件的 Base64 编码内容。我们可以通过 $ cat ~/.ssh/config | base64 命令来获取 Base64 编码内容。

如果 ~/.ssh/known_hosts 文件中不存在 GitHub 相关内容，请先生成 SSH Key，然后将生成的公钥添加到 GitHub 中，并执行 ssh -T git@github.com 命令。

然后，将上述 3 个 Secret 应用到集群：

```
$ kubectl apply -f secret.yaml
secret/registry-auth created
secret/github-secret created
secret/git-credentials created
```

至此，Tekton 的配置全部完成。

4.3.4　创建 GitHub Webhook

为了将 GitHub 事件推送到 Tekton，我们还需要创建 GitHub Webhook。

打开在 GitHub 中创建的 kubernetes-example 仓库并进入 Settings 页面，单击左侧的 Webhooks 菜单，并按照图 4-27 进行配置。

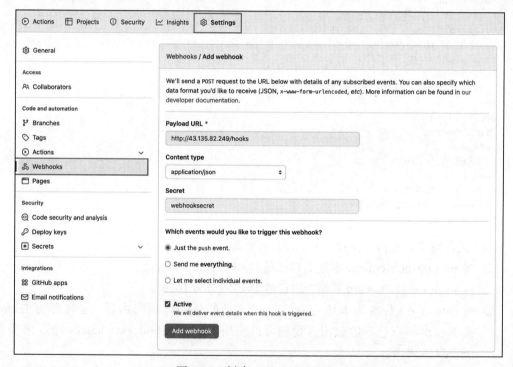

图 4-27　创建 GitHub Webhook

在 Payload URL 中输入 Tekton Webhook 地址，并将 Content type 配置为 application/json，单击 Add webhook 按钮进行创建。

4.3.5　触发 Pipeline

至此，Tekton 和 GitHub Webhook 已经配置完成。现在向仓库提交一个空的 commit 来触发 Pipeline：

```
$ git commit --allow-empty -m "Trigger Build"
[main 79ca67e] Trigger Build
$ git push origin main
```

提交后，打开浏览器访问 http://tekton.k8s.local/ 并进入 Tekton 控制台，进入左侧的 PipelineRuns，将展示触发的 Pipeline，如图 4-28 所示。

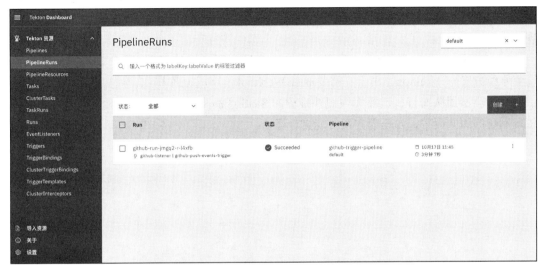

图 4-28　查看 Tekton Pipeline 列表

单击 Pipeline 名称进入详情页面，将展示 Task 输出的日志信息，如图 4-29 所示。

图 4-29　查看 Tekton Pipeline 日志详情

至此，我们实现了通过 Tekton 监听 GitHub 推送事件并触发自动构建和推送镜像。

4.4　小结

本章介绍了如何使用 GitHub 和 GitLab 构建持续集成流水线。在 GitOps 工作流中，持续集成流水线主要负责构建和推送镜像，并实现了每一个 commit id 对应一个镜像版本，实现"不可变制品"。

GitHub 和 GitLab 都是 SaaS 收费产品。本章还介绍了一种"零成本"的自托管持续集成流水线方案——Tekton，由于它需要通过 Webhook 与 Git 仓库协作，所以配置相对复杂。

对于小型团队而言，选择无须额外维护的 SaaS 产品是较好的选型；对于大型组织或希望定制化的团队而言，自托管方案可能更合适。

第 5 章 *Chapter 5*

镜像仓库

镜像仓库是一个用于存储和管理镜像的中央存储库，可以分成两大类：SaaS 服务和私有部署。SaaS 服务类的镜像仓库由第三方提供，它们无须额外维护，开通即可使用，例如 Google Container Registry、Amazon Elastic Container Registry、Docker Hub、Quay.io。

这些 SaaS 服务类的镜像仓库一般需要收费。私有部署类的镜像仓库需要自己搭建和管理，例如 Harbor、Nexus、Artifactory。其中，Harbor 以其易用性和安全性闻名，是目前最受欢迎的镜像仓库之一。本章将介绍如何使用 Harbor 搭建私有镜像仓库及其生产实践。

5.1 搭建 Harbor 企业级镜像仓库

Harbor 是一个开源的云原生容器镜像仓库，可用于存储、签名和扫描容器镜像，并提供安全管理、界面管理、LDAP 和 RBAC 等功能。Harbor 还支持镜像漏洞扫描，能够与镜像扫描工具 Clair 和 Trivy 集成，并提供容器镜像的安全报告。此外，它支持多种存储服务，如 S3、Azure 和 Google Cloud Storage 等，能够轻松实现可扩展的存储。

5.1.1 安装组件

由于 Harbor 是通过 Helm 安装的，因此我们需要先安装 Helm。

1. 安装 Helm

通过以下命令进行安装：

```
$ curl https://raw.githubusercontent.com/helm/helm/main/scripts/get-helm-3 | bash
```

安装完成后，Helm 默认从 ~/.kube/config 文件中读取集群连接信息。

2. Cert-manager

Cert-manager 是一个开源的自动化 TLS 证书管理工具，它会自动签发免费的 Let's Encrypt HTTPS 证书，并在过期前自动续期。

由于镜像仓库需要支持 HTTPS 访问，因此我们需要通过 Cert-manager 为 Harbor 生成 HTTPS 证书。

要安装 Cert-manager，首先需要运行 helm repo add 命令添加官方 Helm 仓库。

```
$ helm repo add jetstack https://charts.jetstack.io
"jetstack" has been added to your repositories
```

然后，运行 helm repo update 命令来更新本地缓存。

```
$ helm repo update
...Successfully got an update from the "jetstack" chart repository
```

接下来，运行 helm install 命令来安装 Cert-manager。

```
$ helm install cert-manager jetstack/cert-manager \
--namespace cert-manager \
--create-namespace \
--version v1.10.0 \
--set ingressShim.defaultIssuerName=letsencrypt-prod \
--set ingressShim.defaultIssuerKind=ClusterIssuer \
--set ingressShim.defaultIssuerGroup=cert-manager.io \
--set installCRDs=true

NAME: cert-manager
......
```

此外，还需要为 Cert-manager 创建 ClusterIssuer 来提供签发机构。将下面的内容保存为 cluster-issuer.yaml 文件：

```
apiVersion: cert-manager.io/v1
kind: ClusterIssuer
metadata:
  name: letsencrypt-prod
spec:
  acme:
    server: https://acme-v02.api.letsencrypt.org/directory
    email: "wangwei@gmail.com"
    privateKeySecretRef:
      name: letsencrypt-prod
    solvers:
    - http01:
        ingress:
          class: nginx
```

注意，需要将上述 spec.acme.email 字段替换为自己真实的邮箱地址，然后将其部署到集群内：

```
$ kubectl apply -f cluster-issuer.yaml
clusterissuer.cert-manager.io/letsencrypt-prod created
```

至此，Cert-manager 配置完成，接下来安装 Harbor。

同样通过 Helm 安装 Harbor，首先添加 Harbor 官方仓库：

```
$ helm repo add harbor https://helm.goharbor.io
"harbor" has been added to your repositories
```

然后，更新本地 Helm 缓存：

```
$ helm repo update
...Successfully got an update from the "jetstack" chart repository
...Successfully got an update from the "harbor" chart repository
```

接下来，为 Harbor 配置安装参数，将下面的内容保存为 values.yaml 文件：

```
expose:
  type: ingress
  tls:
    enabled: true
    certSource: secret
    secret:
      secretName: "harbor-secret-tls"
      notarySecretName: "notary-secret-tls"
  ingress:
    hosts:
      core: harbor.n7t.dev
      notary: notary.n7t.dev
    className: nginx
    annotations:
      kubernetes.io/tls-acme: "true"
persistence:
  persistentVolumeClaim:
    registry:
      size: 20Gi
    chartmuseum:
      size: 10Gi
    jobservice:
      jobLog:
        size: 10Gi
      scanDataExports:
        size: 10Gi
    database:
      size: 10Gi
    redis:
      size: 10Gi
    trivy:
      size: 10Gi
```

注意，部分云厂商对 PVC 有容量起售限制，你可以根据安装集群的实际情况做调整。

此外，你还需要将上述两个域名替换为真实域名。

然后，通过指定参数配置文件 values.yaml 来安装 Harbor：

```
$ helm install harbor harbor/harbor -f values.yaml --namespace harbor --create-
  namespace
```

接下来，等待所有 Pod 处于就绪状态：

```
$ kubectl wait --for=condition=Ready pods --all -n harbor --timeout 600s
pod/cm-acme-http-solver-4v4zz condition met
......
```

至此，所有组件安装完成。

3. 配置 DNS 解析

接下来，为域名配置 DNS 解析。

首先，获取 Ingress-Nginx LoadBalancer 的外网 IP：

```
$ kubectl get services --namespace ingress-nginx ingress-nginx-controller
  --output jsonpath='{.status.loadBalancer.ingress[0].ip}'
43.135.82.249
```

然后为域名配置 A 记录，并指向 LoadBalancer 的外网 IP 地址。

5.1.2　访问 Dashboard

在访问 Harbor Dashboard 之前，首先要确认 Cert-manager 已经签发 HTTPS 证书，你可以通过 kubectl get certificate 命令查看：

```
$ kubectl get certificate -A
NAMESPACE     NAME                  READY   SECRET               AGE
harbor        harbor-secret-tls     True    harbor-secret-tls    8s
harbor        notary-secret-tls     True    notary-secret-tls    8s
```

因为在部署 Harbor 的时候需要配置两个域名，所以此处将出现两个证书。当证书 Ready 状态都为 True 时，说明 HTTPS 证书已经签发成功。

此外，Cert-manager 自动从之前创建的 Ingress 对象中读取了 TLS 配置，并创建了名为 harbor-secret-tls 和 notary-secret-tls 两个包含证书信息的 Secret，以便 Ingress 对象进行引用。

接下来，打开配置的域名并进入 Harbor Dashboard，使用默认账号 admin 和密码 Harbor12345 登录控制台，如图 5-1 所示。

Harbor 已经自动创建了 library 项目，我们将在后续阶段直接使用它。

5.1.3　推送镜像

现在，尝试将本地的镜像推送到 Harbor 仓库。

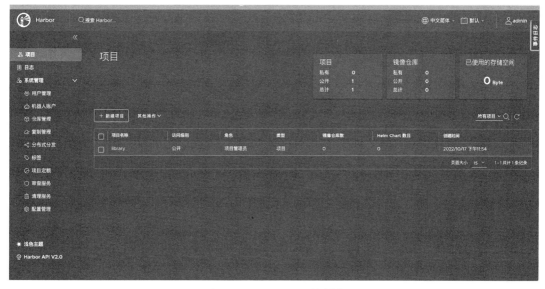

图 5-1　登录 Harbor 控制台

首先，运行 docker login 命令并使用默认的账号和密码登录 Harbor 仓库：

```
$ docker login harbor.n7t.dev
username: admin
password: Harbor12345
Login Succeeded
```

接下来，拉取 busybox 镜像到本地：

```
$ docker pull busybox
```

然后，为 busybox 镜像打标签，并将镜像地址指向 Harbor 镜像仓库：

```
$ docker tag busybox:latest harbor.n7t.dev/library/busybox:latest
```

注意，推送到 Harbor 仓库需要指定完整的镜像仓库地址、项目名和镜像名，library 表示默认的项目名。

最后，将镜像推送到仓库：

```
$ docker push harbor.n7t.dev/library/busybox:latest
The push refers to repository [harbor.n7t.dev/library/busybox]
0b16ab2571f4: Pushed
latest: digest: sha256:7bd0c945d7e4cc2ce5c21d449ba07eb89c8e6c28085edbcf6f5fa4bf9
  0e7eedc size: 527
```

镜像推送成功后，进入 library 项目详情页面，将看到刚才推送的镜像，如图 5-2 所示。
至此，Harbor 镜像仓库已经能够推送和拉取镜像了。

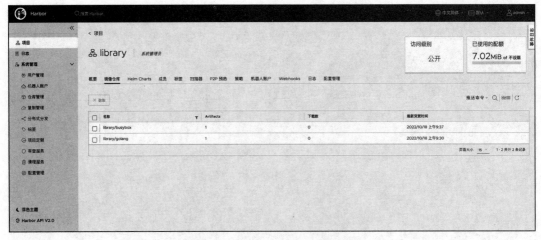

图 5-2　查看 Harbor 仓库的镜像

5.2　在 Tekton Pipeline 中使用 Harbor

要在 Tekton Pipeline 中使用 Harbor，需要修改 Pipeline 中的镜像仓库的地址和凭据，以便 Tekton 能够将镜像推送到 Harbor 镜像仓库。

在进行以下实践之前，你需要确保已经按照 4.3 节步骤创建了 Tekton Pipeline。

5.2.1　修改仓库地址

要修改 Tekton 仓库地址，需要对 Tekton Pipeline 进行修改。

对 Pipeline 的修改涉及两个字段：spec.params.registry_url 值由 docker.io 修改为 Harbor 镜像仓库地址，并将 spec.params.registry_mirror 字段值配置为 library。

如果你已经按照 4.3 节的步骤进行实践，你可以使用 kubectl edit 命令来修改：

```
$ kubectl edit Pipeline github-trigger-pipeline
......
  params:
  - default: harbor.n7t.dev  # 修改为 harbor.n7t.dev
    name: registry_url
    type: string
  - default: "library"  # 修改为 library
    name: registry_mirror
    type: string

pipeline.tekton.dev/github-trigger-pipeline edited
```

Linux 和 Mac 用户按下 "i" 键进入编辑模式，修改完成后，按下 Esc 键退出编辑模式，然后输入 :wq 保存生效。

5.2.2　修改凭据

为了让 Harbor 获取推送镜像的权限，你需要修改存储镜像仓库凭据的 Secret 对象 registry-auth：

```
$ kubectl edit secret registry-auth
apiVersion: v1
data:
  password: SGFyYm9yMTIzNDUK    # 修改为 Base64 编码：Harbor12345
  username: YWRtaW4K            # 修改为 Base64 编码：admin
kind: Secret

secret/registry-auth edited
```

5.2.3　触发 Pipeline

要触发 Tekton Pipeline，你需要进入本地示例应用的 kubernetes-example 目录，并向仓库推送一个空的 commit：

```
$ git commit --allow-empty -m "Trigger Build"
[main e42ac45] Trigger Build

$ git push origin main
```

现在，访问 http://tekton.k8s.local/ 进入 Tekton Dashboard，查看 Pipeline 运行状态，如图 5-3 所示。

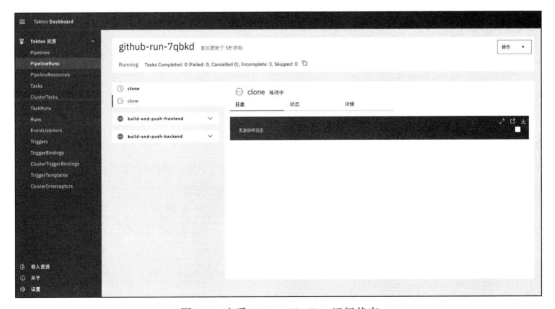

图 5-3　查看 Tekton Pipeline 运行状态

当 Pipeline 运行成功后，进入 Harbor Dashboard 将看到 Tekton 推送的前端、后端镜像，如图 5-4 所示。

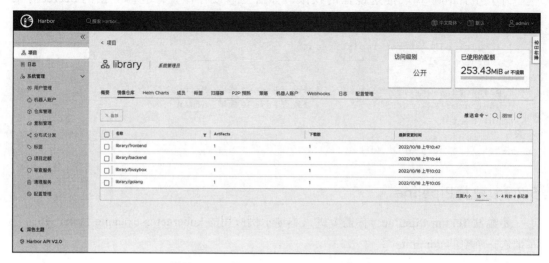

图 5-4　查看 Tekton Pipeline 推送的镜像

至此，在 Tekton Pipeline 中使用 Harbor 镜像仓库的实践介绍完毕。

5.3　Harbor 生产建议

Harbor 的安装配置参数相对较多，下面提供几点生产建议供参考。
- ❑ 确认 PVC 是否支持在线扩容。
- ❑ 尽量 S3 存储镜像。
- ❑ 使用托管数据库和 Redis。
- ❑ 开启自动扫描镜像和阻止潜在漏洞镜像功能。

5.3.1　PVC 在线扩容

在安装时，通常会选择使用 PVC 来存储镜像，随着镜像数量的增加，你需要额外注意 Harbor 仓库存储容量问题。

最简单的解决方案是安装前确认 StorageClass 是否支持在线扩容，以便后续对存储镜像的持久卷进行动态扩容。你可以使用 kubectl get storageclass 命令来确认：

```
$ kubectl get storageclass
NAME                    PROVISIONER           RECLAIMPOLICY    VOLUMEBINDINGMODE
 ALLOWVOLUMEEXPANSION    AGE
cbs (default)           com.tencent.cloud.csi.cbs    Delete        Immediate
 true
```

在返回结果中，如果 ALLOWVOLUMEEXPANSION 字段为 true，说明支持在线扩容。否则，你可能需要手动为 StorageClass 添加 AllowVolumeExpansion 字段，以便其支持在线扩容：

```
$ kubectl patch storageclass cbs -p '{"allowVolumeExpansion": true}'
```

5.3.2　使用 S3 存储镜像

除了使用持久卷存储镜像以外，Harbor 还支持外部存储。

如果你希望大规模使用 Harbor 又不想关注存储问题，那么使用外部存储是一个非常好的选择。比如使用 AWS S3 存储桶来存储镜像。

S3 存储方案的优势是：提供接近无限的存储容量，且计费方式灵活、可控（按量计费），同时具备高可用性和容灾能力。

要使用 S3 来存储镜像，你需要在安装时修改 Harbor 的安装配置文件 values.yaml：

```
expose:
  type: ingress
  tls:
    enabled: true
    certSource: secret
    secret:
      secretName: "harbor-secret-tls"
      notarySecretName: "notary-secret-tls"
  ingress:
    hosts:
      core: harbor.n7t.dev
      notary: notary.n7t.dev
    className: nginx
    annotations:
      kubernetes.io/tls-acme: "true"
persistence:
  imageChartStorage:
    type: s3
    s3:
      region: us-west-1
      bucket: bucketname
      accesskey: AWS_ACCESS_KEY_ID
      secretkey: AWS_SECRET_ACCESS_KEY
      rootdirectory: /harbor
  persistentVolumeClaim:
    chartmuseum:
      size: 10Gi
    jobservice:
      jobLog:
        size: 10Gi
      scanDataExports:
```

```
        size: 10Gi
      ......
```

注意，你需要将上述 S3 相关配置 region、bucket、accesskey、secretkey 和 rootdirectory 修改为实际的值。

然后，使用 helm install 命令安装，并通过 -f 参数指定 values.yaml 文件。

5.3.3　使用托管数据库和 Redis

在以最小化配置安装 Harbor 时，默认自动安装 PostgreSQL 数据库和 Redis。为了保证稳定性和高可用性，建议使用云厂商提供的 PostgreSQL 和 Redis 托管服务。

要使用托管数据库和 Redis，你同样可以在 values.yaml 文件中直接指定：

```
expose:
  type: ingress
  tls:
    enabled: true
    certSource: secret
    secret:
      secretName: "harbor-secret-tls"
      notarySecretName: "notary-secret-tls"
  ingress:
    hosts:
      core: harbor.n7t.dev
      notary: notary.n7t.dev
    className: nginx
    annotations:
      kubernetes.io/tls-acme: "true"
database:
  type: external
  external:
    host: "192.168.0.1"
    port: "5432"
    username: "user"
    password: "password"
    coreDatabase: "registry"
    notaryServerDatabase: "notary_server"
    notarySignerDatabase: "notary_signer"
redis:
  type: external
  external:
    addr: "192.168.0.2:6379"
    password: ""
persistence:
  ......
```

注意，你需要将上述 database 和 redis 字段值修改为实际的值，并提前创建好 registry、notary_server 和 notary_signer 这 3 个数据库，以便 Harbor 初始化数据表和表结构。

5.3.4　开启"自动扫描镜像"和"阻止潜在漏洞镜像"功能

Harbor 自带 Trivy 镜像扫描功能，能够发现镜像的漏洞并提供修复建议。

在生产环境中，推荐开启"自动扫描镜像"和"阻止潜在漏洞镜像"功能。你可以进入项目的"配置管理"菜单开启它们，如图 5-5 所示。

图 5-5　Harbor 配置管理

当开启"自动扫描镜像"功能后，所有推送到 Harbor 的镜像都会被自动执行扫描。你可以进入镜像详情页查看镜像漏洞数量，如图 5-6 所示。

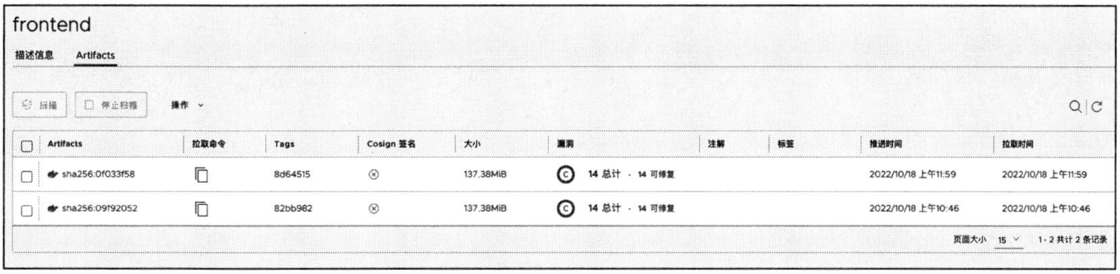

图 5-6　查看 Harbor 中镜像漏洞数量

接下来，进入 Artifacts 详情页查看漏洞详情和修复建议，如图 5-7 所示。

现在尝试在本地拉取 frontend 镜像，会发现 Harbor 阻止了该行为：

```
$ docker pull harbor.n7t.dev/library/frontend:8d64515
Error response from daemon: unknown: current image with 14 vulnerabilities
    cannot be pulled due to configured policy in 'Prevent images with vulnerability
    severity of "Low" or higher from running.' To continue with pull, please
    contact your project administrator to exempt matched vulnerabilities through
    configuring the CVE allowlist.
```

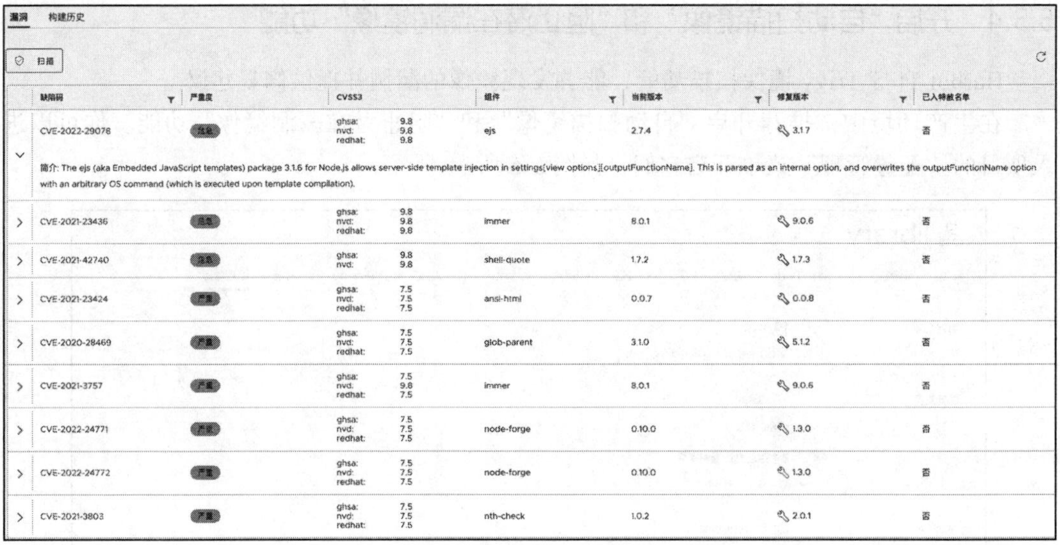

图 5-7　查看 Harbor 中镜像漏洞详情

5.4　小结

本章介绍了 GitOps 工作流中镜像仓库的相关内容，包括自托管 Harbor 镜像仓库、镜像仓库的使用、镜像仓库的安全等。镜像仓库主要的作用是存储镜像，它也是 Kubernetes 集群拉取镜像的来源。在一些制品库中，我们也能看到镜像存储的功能。

第 6 章　*Chapter 6*

应用定义

如果把 Kubernetes 比作操作系统，那么要在系统上运行应用就需要标准的应用格式，例如 Windows EXE 或 Linux Binary 可执行文件。而在 Kubernetes 中，标准的应用定义在 Manifest 文件中。

不过，在实际中，应用往往需要额外的安装参数。由于 YAML 是一种静态配置语言，并不具备编程能力，所以使用 Manifest 文件来定义应用并不能满足安装参数的需求。

这时候，我们需要通过可编程的工具，如 Kustomize 和 Helm Chart 来定义应用。

本章将以 3.1 节的示例应用为例，并将其改造为以 Kustomize 和 Helm Chart 定义的应用。

6.1　Kustomize

Kustomize 是一个用于定义 Kubernetes 应用的工具，它支持通过补丁的方式来修改 Manifest 文件，从而实现多环境安装参数的差异。

接下来尝试使用 Kustomize 改造 3.1 节的示例应用，并实现多环境应用定义，如图 6-1 所示。

示例应用经 Kustomize 改造后，它将包含 3 个环境：Dev、Staging、Prod。

环境之间的主要差异有两个：Dev 和 Staging 环境在应用安装时将部署 PostgreSQL Deployment 工作负载，Pord 环境则使用外部的 PostgreSQL 数据库；3 个环境之间的 HPA 配置阈值不同。

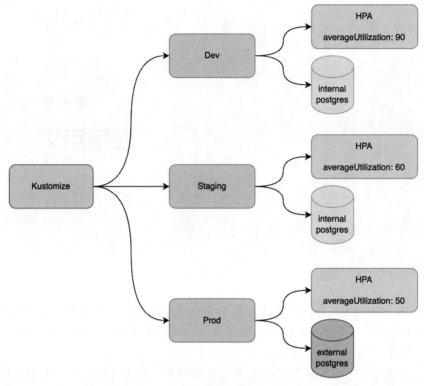

图 6-1　Kustomize 多环境应用定义

6.1.1　准备示例应用

在进入实战之前，你需要先将示例应用（地址：https://github.com/lyzhang1999/kubernetes-example）代码仓库克隆到本地。

接下来，在示例应用的根目录下创建 kustomize 目录并进入该目录：

```
$ mkdir kustomize && cd kustomize
```

然后在 kustomize 目录下创建两个目录，分别是 base 和 overlay 目录：

```
$ mkdir base overlay
```

其中，base 是基准目录，用来存放不同环境之间相同的 Manifest 文件；overlay 是多环境目录，用来存放不同环境之间差异化的 Manifest 文件。

然后，进入 overlay 目录，分别创建 dev、staging 和 prod 目录，它们分别对应 3 个环境：

```
$ cd overlay && mkdir dev staging prod
```

现在，示例应用的 kustomize 目录结构是下这样的：

```
.
├── base
└── overlay
    ├── dev
    ├── prod
    └── staging
```

6.1.2　环境差异分析

根据图 6-1 可知，示例应用的 Dev、Staging 和 Prod 环境除了数据库和 HPA 存在差异以外，其他的 Manifest 文件都是通用的。

Dev 和 Staging 环境需要部署 PostgreSQL 实例，Prod 环境则无须部署 PostgreSQL 实例。所以，PostgreSQL Deployment 不是 3 个环境的通用资源，不需要被加入 base 目录。

对于 HPA 配置，它们的 Manifest 内容是相似的，只是 averageUtilization 字段值不同。所以，我们也可以认为 HPA 是通用资源，对于不同环境只需要对 averageUtilization 字段值进行修改即可。

此外，数据库连接配置在不同环境下也有差异，它们和 HPA 配置类似，实际上也可以认为是通用资源。

在分析了环境差异之后，我们就可以开始添加基准资源了。

6.1.3　创建基准 Manifest

根据分析，base 目录下的基准资源包含 backend.yaml、frontend.yaml、hpa.yaml、ingress.yaml 文件。

接下来，将示例应用 deploy 目录下的这几个文件复制到 base 目录：

```
$ cp deploy/backend.yaml deploy/frontend.yaml deploy/hpa.yaml deploy/ingress.yaml
  ./kustomize/base
```

同时，还需要在 base 目录额外创建一个文件，用来配置 Manifest 引用。将下面的内容保存为 kustomization.yaml 文件：

```
apiVersion: kustomize.config.k8s.io/v1beta1
kind: Kustomization

resources:
  - backend.yaml
  - frontend.yaml
  - hpa.yaml
  - ingress.yaml
```

现在，base 目录包含以下这些文件：

```
$ ls base
```

```
backend.yaml          frontend.yaml          hpa.yaml          ingress.yaml
   kustomization.yaml
```

到这里，base 目录所需的通用资源创建完成。

6.1.4　创建不同环境下差异化的 Manifest

当 base 目录创建完成后，接下来要创建不同环境下差异化的 Manifest 文件，这些文件对应存放在 overlay 目录下的 dev、staging 和 prod 目录。

1. Dev 环境

在 Dev 环境下，Manifest 文件的差异化在于有 database.yaml，它将用于部署 PostgreSQL 数据库。此外，HPA averageUtilization 值也有差异。

先将 deploy/database.yaml 文件复制到 dev 目录下：

```
$ cp deploy/database.yaml kustomize/overlay/dev
```

为了让 HPA 复用 base 目录下的 HPA 配置，还需要对其字段值进行修改。Kustomize 支持通过 patch 的方式对 Manifest 进行修改，你可以在 dev 目录下创建 hpa.yaml 文件，内容如下：

```
apiVersion: autoscaling/v2
kind: HorizontalPodAutoscaler
metadata:
  name: frontend
spec:
  metrics:
  - type: Resource
    resource:
      name: cpu
      target:
        type: Utilization
        averageUtilization: 90
---
apiVersion: autoscaling/v2
kind: HorizontalPodAutoscaler
metadata:
  name: backend
spec:
  metrics:
  - type: Resource
    resource:
      name: cpu
      target:
        type: Utilization
        averageUtilization: 90
```

相比较完整的 HPA 对象，上述配置文件中只提供了 spec.metrics 字段的内容。

Kustomize 将对 dev 目录和 base 目录下相同名称的资源进行合并，并以 dev 目录下的内容为准，这样就实现了覆盖操作。

最后，还需要在 kustomize/overlay/dev 目录下创建 kustomization.yaml 配置文件：

```
apiVersion: kustomize.config.k8s.io/v1beta1
kind: Kustomization
bases:
  - ../../base
  - database.yaml
patchesStrategicMerge:
  - hpa.yaml
```

其中，bases 字段表示通用资源的路径，此外，我们还需要额外引用 database.yaml 来部署数据库。patchesStrategicMerge 是 Kustomize 提供的一种修改合并资源的方法，这里通过 dev 目录下的 hpa.yaml 即可对 base 目录下的 HPA 资源进行修改。

最终，kustomize/overlay/dev 目录包含以下 3 个文件：

```
$ ls kustomize/overlay/dev
database.yaml       hpa.yaml            kustomization.yaml
```

2. Staging 环境

Staging 环境和 Dev 环境类似，对应 kustomize/overlay/staging 目录，除了 HPA averageUtilization 字段配置存在差异以外，其他配置是相同的。

你可以将 kustomize/overlay/dev 目录下的资源复制到 kustomize/overlay/staging 目录下，并创建 kustomize/overlay/staging/hpa.yaml 文件，将 averageUtilization 字段值修改为 60，操作方法不再赘述。

最终，kustomize/overlay/staging 目录同样也包含以下 3 个文件：

```
$ ls kustomize/overlay/dev
database.yaml       hpa.yaml            kustomization.yaml
```

3. Prod 环境

Prod 环境对应 kustomize/overlay/prod 目录，它和 Dev 环境以及 Staging 环境相比主要有以下 3 个差别。

❑ 无须部署 PostgreSQL Deployment。

❑ HPA averageUtilization 字段值不同。

❑ 后端服务数据库连接信息不同。

实现第一点相对简单，只要确保 kustomize/overlay/prod 目录不存在 database.yaml 文件即可；第二点的处理方式与上述另外两个环境的处理方式一致；实现第三点则需要对后端服务提供差异化的 Env 字段。

首先，将 kustomize/overlay/dev 目录下的 hpa.yaml 复制到 kustomize/overlay/prod：

```
$ cp kustomize/overlay/dev/hpa.yaml kustomize/overlay/prod/hpa.yaml
```

然后将 hpa.yaml 文件的 averageUtilization 字段值修改为 50。

接下来将下面的内容保存为 deployment.yaml 文件：

```
apiVersion: apps/v1
kind: Deployment
metadata:
  name: backend
spec:
  template:
    spec:
      containers:
      - name: flask-backend
        env:
        - name: DATABASE_URI
          value: "10.10.10.10"
        - name: DATABASE_USERNAME
          value: external_postgres
        - name: DATABASE_PASSWORD
          value: external_postgres
```

deployment.yaml 文件的作用是修改 Env 环境变量，将为 Prod 环境提供外部数据库的连接信息。

最后，还需要在 kustomize/overlay/prod 目录下创建 kustomization.yaml 文件，内容如下：

```
apiVersion: kustomize.config.k8s.io/v1beta1
kind: Kustomization
bases:
  - ../../base
patchesStrategicMerge:
  - hpa.yaml
  - deployment.yaml
```

最终，prod 目录包含以下 3 个文件：

```
$ ls kustomize/overlay/dev
deployment.yaml    hpa.yaml           kustomization.yaml
```

至此，我们就完成了对 3.1 节示例应用的改造。改造后的 kustomize 目录结构如下：

```
kustomize
├── base
│   ├── backend.yaml
│   ├── frontend.yaml
│   ├── hpa.yaml
│   ├── ingress.yaml
│   └── kustomization.yaml
└── overlay
```

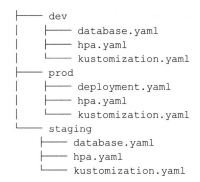

```
├──── dev
│     ├──── database.yaml
│     ├──── hpa.yaml
│     └──── kustomization.yaml
├──── prod
│     ├──── deployment.yaml
│     ├──── hpa.yaml
│     └──── kustomization.yaml
└──── staging
      ├──── database.yaml
      ├──── hpa.yaml
      └──── kustomization.yaml
```

6.1.5　部署

从 Kubectl 1.14 版本开始，Kubectl 实现了对 Kustomize 的支持。所以，部署 Kustomize 应用同样也可以使用 Kubectl。

这里将在一个集群内同时部署 Dev 环境和 Prod 环境，环境之间通过命名空间进行隔离。

1. 部署 Dev 环境

1）在部署 Dev 环境之前，需要创建 dev 命名空间：

```
$ kubectl create ns dev
namespace/dev created
```

2）然后，部署 Dev 环境到 dev 命名空间，你可以使用 kubectl apply -k 命令来部署：

```
$ kubectl apply -k kustomize/overlay/dev -n dev
configmap/pg-init-script created
service/backend-service created
......
```

在部署时，你需要指定要部署的环境的目录，Kustomize 将使用该目录下的 kustomization.yaml 文件来构建最终的资源清单。

3）部署完成后，查看后端服务 HPA averageUtilization 字段值以验证配置是否生效：

```
$ kubectl get hpa backend -n dev --output jsonpath='{.spec.metrics[0].resource.
  target.averageUtilization}'
90
```

上述命令返回值为 90，说明符合预期。

同时，还可以查看数据库工作负载是否存在：

```
$ kubectl get deployment postgres -n dev
NAME        READY     UP-TO-DATE     AVAILABLE     AGE
postgres    1/1       1              1             46s
```

从返回结果可知，PostgreSQL 的工作负载存在，符合预期。

4）最后，还可以查看后端服务 Deployment 的 Env 环境变量配置，检查是否使用了集群内的数据库实例：

```
$ kubectl get deployment backend -n dev --output jsonpath='{.spec.template.spec.
  containers[0].env[*]}'
```

```
{"name":"DATABASE_URI","value":"pg-service"} {"name":"DATABASE_
  USERNAME","value":"postgres"} {"name":"DATABASE_PASSWORD","value":"postgres"}
```

返回结果同样符合预期。

2. 部署 Prod 环境

1）在部署 Prod 环境之前，需要创建 prod 命名空间：

```
$ kubectl create ns prod
namespace/prod created
```

2）然后，使用 kubectl apply -k 来部署，并指定 kustomize/overlay/prod 目录和 prod 命名空间：

```
$ kubectl apply -k kustomize/overlay/prod -n prod
```

3）部署完成后，查看后端服务 HPA averageUtilization 字段值：

```
$ kubectl get hpa backend -n prod --output jsonpath='{.spec.metrics[0].resource.
  target.averageUtilization}'
50
```

返回值为 50，符合预期。

同时，还可以检查数据库工作负载是否存在：

```
$ kubectl get deployment postgres -n prod
Error from server (NotFound): deployments.apps "postgres" not found
```

可以发现，PostgreSQL 的工作负载并不存在，符合预期。

最后，还可以查看后端服务 Deployment 的 Env 环境变量配置：

```
$ kubectl get deployment backend -n prod --output jsonpath='{.spec.template.spec.
  containers[0].env[*]}'
```

```
{"name":"DATABASE_URI","value":"10.10.10.10"} {"name":"DATABASE_USERNAME",
  "value":"external_postgres"} {"name":"DATABASE_PASSWORD","value":"external_
  postgres"}
```

返回结果同样符合预期。

3. 删除环境

要删除环境，你可以使用 kubectl delete -k 命令：

```
$ kubectl delete -k kustomize/overlay/dev -n dev
```

此外，你还可以通过直接删除命名空间的方式来删除环境：

```
$ kubectl delete ns dev
```

6.2 Helm Chart

6.1 节介绍了 Kustomize 的使用方法，它支持通过补丁的方式来修改 Manifest 文件，从而实现多环境安装参数的差异。不过，Kustomize 的缺点也是非常明显的：当对 YAML 覆写时，你需要了解 Kubernetes 对象的具体细节。在大型应用场景下，这种方式带来了很大的管理成本。这时候，我们就需要用到另一种应用定义方式：Helm Chart。

Helm 是一种真正意义上的 Kubernetes 应用的包管理工具，它对用户屏蔽 Kubernetes 对象概念，将复杂度左移到了开发侧，终端用户只需提供安装参数，即可将应用安装到 Kubernetes 集群。

本节将以 3.1 节的示例应用为例，并对其改造为 Helm Chart。

6.2.1 基本概念

先介绍示例应用改造为 Helm Chart 之后的效果，如图 6-2 所示。

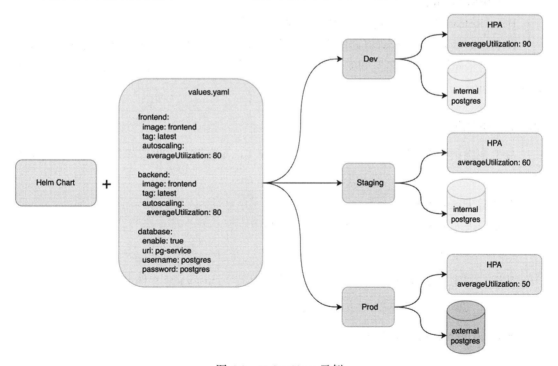

图 6-2　Helm Chart 示例

最终实现的效果与 6.1 节使用 Kustomize 应用实现的效果一致，我们将使用同一个
Helm Chart 包部署到 Dev、Staging 和 Prod 三个环境，并控制不同环境的 HPA、数据库以
及镜像版本配置。

这里出现几个新的概念：Helm Chart、values.yaml 和 Helm Release。

1. Helm Chart 和 values.yaml

Helm Chart 是一种应用封装格式，它由特定文件和目录组成。为了方便 Helm Chart 存
储、分发和下载，它采用 tgz 格式对文件和目录进行打包。

在使用 Helm 命令安装时，Helm 实际上从指定的仓库下载 Helm Chart，然后进行安装。
一个标准的 Helm Chart 目录结构如下所示：

```
Chart.yaml  templates   values.yaml
```

其中，Chart.yaml 文件是 Helm Chart 的描述文件，包括名称、版本等描述。templates 目录
用来存放模板文件，可以认为是 Kubernetes Manifest。但它和 Kubernetes Manifest 的区别
是模板文件可以包含变量，变量值来自 values.yaml 文件中的定义。

values.yaml 文件定义安装参数，它不是必需的。当 Helm Chart 被打包时，该文件可以
提供默认安装参数。用户只需要对参数值进行修改，就可以实现定制化安装。

2. Helm Release

Helm Release 实际上是安装阶段的一个概念，是本次安装的唯一标识（名称）。

Helm Chart 是一个静态的应用安装包，只有在安装（实例化）时才会生效。它可以在
同一个集群甚至同一个命名空间安装多次，所以就需要为每次安装进行命名，也就是 Helm
Release Name。

6.2.2　示例应用改造

接下来尝试将 3.1 节的示例应用改造为 Helm Chart 应用，你需要先将示例应用克隆到
本地。

1. 创建 Helm 目录

首先，进入示例应用目录并创建 Helm 目录：

```
$ cd kubernetes-example && mkdir helm
```

然后，创建 templates 目录、Chart.yaml 文件以及 values.yaml 文件：

```
$ mkdir helm/templates && touch helm/Chart.yaml && touch helm/values.yaml
```

现在，Helm 目录结构如下所示：

```
$ ls helm
Chart.yaml  templates   values.yaml
```

2. 编写 Chart.yaml

接下来，需要为 Chart.yaml 文件配置 Helm Chart 基本信息，将下面的内容复制到该文件：

```
apiVersion: v2
name: kubernetes-example
description: A Helm chart for Kubernetes
type: application
version: 0.1.0
appVersion: "0.1.0"
```

其中，apiVersion 字段值设置为 v2，代表使用 Helm 3 来安装应用。name 用于设置 Helm Chart 的包名。description 表示 Helm Chart 的描述信息。type 表示应用类型。version 用于设置 Helm Chart 的版本，当使用 helm install 命令安装时可以指定 Helm Chart 版本。appVersion 和 Helm Chart 无关，用于定义应用的版本，以建立当前 Helm Chart 和应用版本的关系。

3. 简单的 Helm Chart

helm/templates 目录用来存放模板文件，这个模板文件也可以是不含变量的 Kubernetes Manifest。现在我们尝试不使用 Helm Chart 的模板功能，而是直接将 deploy 目录下的 Kubernetes Manifest 复制到 helm/templates 目录下：

```
$ cp -r deploy/ helm/templates/
```

现在，helm 目录结构如下：

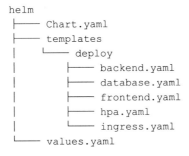

```
helm
├── Chart.yaml
├── templates
│   └── deploy
│       ├── backend.yaml
│       ├── database.yaml
│       ├── frontend.yaml
│       ├── hpa.yaml
│       └── ingress.yaml
└── values.yaml
```

其中，values.yaml 的文件内容为空。

至此，一个简单的 Helm Chart 就编写完成了。在这个 Helm Chart 中，templates 目录下的 Manifest 的内容是确定的。接下来尝试使用 helm install 命令来安装 Helm Chart：

```
$ helm install my-kubernetes-example ./helm --namespace example --create-
  namespace
NAME: my-kubernetes-example
......
```

上述命令指定 Helm Chart 应用的目录为 ./helm，还为应用指定了命名空间 example。注意，由于 example 命名空间并不存在，所以需要添加 --create-namespace 参数让 Helm 自动创建该命名空间。

此外，安装命令中还有一个非常重要的概念：Release Name。在安装时，需要指定 Release Name，也就是上述命令中的 my-kubernetes-example，它和 Helm Chart Name 有本质区别。Release Name 是在安装阶段指定的，而 Helm Chart Name 在定义阶段就已经确定了。

4. 使用模板变量

刚才创建的 Helm Chart 是一个静态的，无法满足多环境对配置差异的需求。要将静态的 Helm Chart 改造成参数动态、可控制的，就需要用到模板变量和 values.yaml 文件。

在 3.1 节示例应用中，需要抽象出以下几个安装参数。

❑ 镜像版本。

❑ HPA CPU 平均使用率。

❑ 是否启用集群内数据库。

❑ 数据库连接地址、账号和密码。

这些安装参数都需要从 values.yaml 文件中读取。所以，你需要将下面的内容复制到 helm/values.yaml 文件：

```
frontend:
  image: lyzhang1999/frontend
  tag: latest
  autoscaling:
    averageUtilization: 90

backend:
  image: lyzhang1999/backend
  tag: latest
  autoscaling:
    averageUtilization: 90

database:
  enabled: true
  uri: pg-service
  username: postgres
  password: postgres
```

此外，还需要为模板配置变量，以便读取到 values.yaml 文件中提供的变量值。例如，要读取 values.yaml 文件中的 frontend.image 字段值，可以通过 {{ .Values.frontend.image }} 模板变量来获取。所以，接下来将 helm/templates 目录下的文件中需要实现参数化的地方替换为模板变量。

现在，打开 helm/templates/backend.yaml 文件，并用模板变量替换其中的一些字段：

```
apiVersion: apps/v1
```

```
kind: Deployment
metadata:
  name: backend
  ......
spec:
  ......

    spec:
      containers:
      - name: flask-backend
        image: "{{ .Values.backend.image }}:{{ .Values.backend.tag }}"
        env:
        - name: DATABASE_URI
          value: "{{ .Values.database.uri }}"
        - name: DATABASE_USERNAME
          value: "{{ .Values.database.username }}"
        - name: DATABASE_PASSWORD
          value: "{{ .Values.database.password }}"
```

同理，修改 helm/templates/frontend.yaml 文件中的 image 字段配置：

```
apiVersion: apps/v1
kind: Deployment
metadata:
  name: frontend
  ......
spec:
  ......

    spec:
      containers:
      - name: react-frontend
        image: "{{ .Values.frontend.image }}:{{ .Values.frontend.tag }}"
```

此外，还需要修改 helm/templates/hpa.yaml 文件中的 averageUtilization 字段配置：

```
......
metadata:
  name: frontend
spec:
  ......
  metrics:
  - type: Resource
    resource:
      name: cpu
      target:
        type: Utilization
        averageUtilization: {{ .Values.frontend.autoscaling.averageUtilization }}
---
......
metadata:
  name: backend
spec:
```

```
......
metrics:
- type: Resource
  resource:
    name: cpu
    target:
      type: Utilization
      averageUtilization: {{ .Values.backend.autoscaling.averageUtilization }}
```

注意，averageUtilization 字段是一个 integer 类型，所以它的外层无须使用双引号。

最后，使用 values.yaml 文件中的 database.enable 字段来控制是否向集群部署数据库，可以在该文件首行和最后一行分别增加以下内容：

```
{{- if .Values.database.enabled -}}
......
{{- end }}
```

至此，动态的 Helm Chart 应用就已经改造完成了。

6.2.3 部署

在将 6.1 节示例应用改造为 Helm Chart 应用后，我们便能使用 helm install 命令进行安装了。

接下来尝试将 Helm Chart 应用分别安装到 helm-staging 和 helm-prod 命名空间（分别对应 Staging 和 Prod 环境），并介绍如何为不同的环境传递不同的参数。

1. 部署到 Staging 环境

values.yaml 文件是应用的默认文件参数。在 Staging 环境中安装时，需要将前后端的 HPA CPU averageUtilization 值从默认的 90 调整为 60：

```
$ helm install my-kubernetes-example ./helm --namespace helm-staging --create-
  namespace --set frontend.autoscaling.averageUtilization=60 --set backend.
  autoscaling.averageUtilization=60
NAME: my-kubernetes-example
......
```

在上述安装命令中，除 frontend.autoscaling.averageUtilization 字段值被修改以外，其他的字段值仍然采用 values.yaml 提供的默认值。

部署完成后，你可以查看 Staging 环境配置的 HPA averageUtilization 字段值，以此来验证安装参数是否生效：

```
$ kubectl get hpa backend -n helm-staging --output jsonpath='{.spec.metrics[0].
  resource.target.averageUtilization}'
60
```

返回值为 60，符合预期。

此外，可以查看是否部署了 PostgreSQL 的工作负载以及进一步验证前后端 Deployment 的 Env 环境变量。

2. 部署到 Prod 环境

部署到 Pod 环境需要修改的安装参数较多，除了修改 database.enable 字段外，还需要修改数据库连接的 3 个环境变量。所以，这里使用文件传递安装参数。

将以下内容保存为 helm/values-prod.yaml 文件：

```
frontend:
  autoscaling:
    averageUtilization: 50

backend:
  autoscaling:
    averageUtilization: 50

database:
  enabled: false
  uri: 10.10.10.10
  username: external_postgres
  password: external_postgres
```

在 values-prod.yaml 文 件 中，需 要 提 供 覆 写 values.yaml 文 件 的 Key。该 操 作 与 Kustomize 的 Patch 操作有点类似。

接下来，使用 helm install 命令安装应用，并指定新的 values-prod.yaml 文件作为文件参数：

```
$ helm install my-kubernetes-example ./helm -f ./helm/values-prod.yaml --namespace
  helm-prod --create-namespace
NAME: my-kubernetes-example
......
```

部署完成后，你可以查看 Pord 环境配置的后端服务 HPA averageUtilization 字段值：

```
$ kubectl get hpa backend -n helm-staging --output jsonpath='{.spec.metrics[0].
  resource.target.averageUtilization}'
50
```

你还可以进一步验证是否部署了 PostgreSQL 的数据库以及查看后端服务 Deployment 的 Env 环境变量配置。

最后，对于文中介绍的两种配置 Helm Chart 安装参数的方式，你可以根据参数的数量和复杂度进行选择。

6.2.4　发布

接下来以 GitHub Package 为例，介绍如何将 Helm Chart 上传到 Helm 仓库。

1. 创建 GitHub 仓库

要将 Helm Chart 推送到 GitHub Package，首先需要创建一个具备推送权限的 Token。你可以通过 https://github.com/settings/tokens/new 打开创建表单，并在表单中勾选 write:packages 权限，如图 6-3 所示。

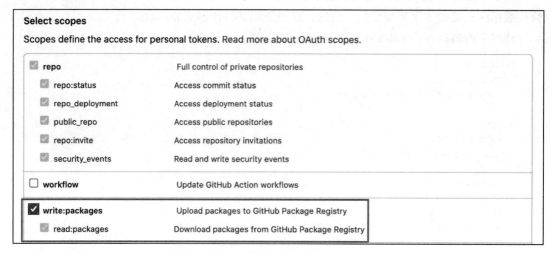

图 6-3　创建 GitHub Token

单击 Genarate new token 按钮生成 Token 凭据并复制，如图 6-4 所示。

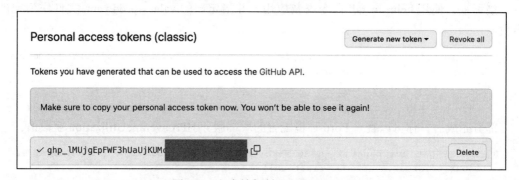

图 6-4　生成并复制 GitHub Token

2. 推送 Helm Chart

在推送之前，需要通过 GitHub ID 和创建的 Token 登录到 GitHub Package：

```
$ helm registry login -u lyzhang1999 https://ghcr.io
Password: token here
Login Succeeded
```

注意，由于 GitHub Package 使用的是 OCI 标准的存储格式，如果 Helm 版本小于 3.8.0，则需要在运行上述命令之前增加 HELM_EXPERIMENTAL_OCI=1。

然后，返回到示例应用的根目录下，执行 helm package 命令来打包 Helm Chart：

```
$ helm package ./helm
Successfully packaged chart and saved it to: /Users/weiwang/Downloads/kubernetes-
  example/kubernetes-example-0.1.0.tgz
```

上述命令会将 Helm 目录打包为 tgz 格式文件，并生成 kubernetes-example-0.1.0.tgz 文件。接下来，使用 helm push 命令将其推送到 GitHub Package：

```
$ helm push kubernetes-example-0.1.0.tgz oci://ghcr.io/lyzhang1999/helm

Pushed: ghcr.io/lyzhang1999/helm/kubernetes-example:0.1.0
Digest: sha256:8a0cc4a2ac00f5b1f7a50d6746d54a2ecc96df6fd419a70614fe2b9b975c4f42
```

命令运行结束后输出 Digest 字段，说明 Helm Chart 推送成功。

3. 安装远端仓库的 Helm Chart

Helm Chart 推送至 GitHub Package 后，便能通过远端仓库进行安装。与一般的安装步骤不同的是，GitHub Package 使用的是 OCI 标准的存储方式，所以在安装时无须执行 helm repo add 命令添加仓库，而是可以直接使用 helm install 命令来安装：

```
$ helm install my-kubernetes-example oci://ghcr.io/lyzhang1999/helm/kubernetes-
  example --version 0.1.0 --namespace remote-helm-staging --create-namespace
  --set frontend.autoscaling.averageUtilization=60 --set backend.autoscaling.
  averageUtilization=60

Pulled: ghcr.io/lyzhang1999/helm/kubernetes-example:0.1.0
Digest: sha256:8a0cc4a2ac00f5b1f7a50d6746d54a2ecc96df6fd419a70614fe2b9b975c4f42

NAME: my-kubernetes-example
......
```

和常规安装不同的是，上述命令指定使用 OCI 类型的 Helm Chart 地址。至此，我们完成了 Helm Chart 的发布。

6.3　Helm 应用管理

Helm 具有强大的应用管理功能，以下是一些 Helm 常用的应用管理场景。

❑ 调试 Helm Chart。
❑ 查看已安装的 Helm Release。
❑ 更新 Helm Release。
❑ 查看 Helm Release 历史版本。
❑ 回滚 Helm Release。
❑ 卸载 Helm Release。

本节将介绍如何使用 Helm 命令来实现以上应用管理功能。

6.3.1 调试

为了方便验证，通常希望渲染完整的 Helm 模板但又不安装应用，此时可以使用 helm template 命令来调试 Helm：

```
$ helm template ./helm -f ./helm/values-prod.yaml
---
# Source: kubernetes-example/templates/backend.yaml
apiVersion: v1
kind: Service
......
---
# Source: kubernetes-example/templates/frontend.yaml
apiVersion: v1
kind: Service
......
```

此外，也可以在运行 helm install 命令时增加 --dry-run 参数来实现同样的效果：

```
$ helm install my-kubernetes-example oci://ghcr.io/lyzhang1999/helm/kubernetes-
  example --version 0.1.0 --dry-run

Pulled: ghcr.io/lyzhang1999/helm/kubernetes-example:0.1.0
Digest: sha256:8a0cc4a2ac00f5b1f7a50d6746d54a2ecc96df6fd419a70614fe2b9b975c4f42
NAME: my-kubernetes-example
......
---
# Source: kubernetes-example/templates/database.yaml
......
```

6.3.2 查看已安装的 Helm Release

要查看已安装的 Helm Release，可以使用 helm list 命令：

```
$ helm list -A
NAME  NAMESPACE  REVISION  UPDATED  STATUS  CHART  APP  VERSION
my-kubernetes-example  helm-prod  1 ......
```

返回结果中展示了所有的 Helm Release 以及命名空间。

6.3.3 更新 Helm Release

要更新已安装的 Helm Release，可以使用 helm upgrade 命令。Helm 会自动对比新老版本之间的 Manifest 差异，并进行升级：

```
$ helm upgrade my-kubernetes-example ./helm -n example
Release "my-kubernetes-example" has been upgraded. Happy Helming!
```

```
NAME: my-kubernetes-example
......
```

6.3.4　查看 Helm Release 历史版本

要查看 Helm Release 历史版本，可以使用 helm history 命令：

```
$ helm history my-kuebrnetes-example -n example
REVISION          UPDATED                          STATUS
CHART                      APP VERSION   DESCRIPTION
1                 Thu Oct 20 16:09:22 2022         superseded
kubernetes-example-0.1.0   0.1.0           Install complete
2                 Thu Oct 20 16:31:25 2022         deployed
kubernetes-example-0.1.0   0.1.0           Upgrade complete
```

从返回结果可知，Release my-kuebrnetes-example 一共有两个版本及部署状态。

6.3.5　回滚 Helm Release

当 Helm Release 有多个版本时，你可以通过 helm rollback 命令回滚到指定的版本：

```
$ helm rollback my-kubernetes-example 1 -n example
Rollback was a success! Happy Helming!
```

6.3.6　卸载 Helm Release

卸载 Helm Release 可以使用 helm uninstall 命令：

```
$ helm uninstall my-kubernetes-example -n example
release "my-kubernetes-example" uninstalled
```

注意，删除资源的过程是异步的，你可以用 kubectl get 命令来查看资源是否已经被删除。

6.4　小结

本章介绍了如何通过 Kustomize 和 Helm Chart 来定义应用。相比 Manifest，Kustomize 和 Helm Chart 都能实现动态地配置安装参数。其中，Kustomize 可以很好地实现多环境管理，但它不具备应用管理能力，而 Helm 是 Kubernetes 应用包管理工具。

在实际使用中，Helm Chart 更适合大型应用，它对用户屏蔽了 Kubernetes 的相关对象和概念，降低了使用成本。此外，它还提供了丰富的应用管理能力，例如查看、升级、回滚和卸载等。

第 7 章

GitOps 工作流

在具备容器、Kubernetes 和 CI 基础后，接下来便能构建完整的 GitOps 工作流了。

本章将继续以 3.1 节的示例应用为例，使用 GitHub Action 和 Helm 作为自动构建镜像和应用定义的工具，并通过 Argo CD 构建生产级的 GitOps 工作流。

在进入本章实战之前，你需要做好以下准备。

❑ 按照 1.2.1 节和 1.3.3 节内容在本地配置 Kind 集群以及安装 Ingress-Nginx，并暴露 80 和 443 端口。

❑ 配置好 Kubectl，使其能够访问 Kind 集群。

❑ 克隆 3.1 节的 kubernetes-example 示例应用代码并推送到 GitHub 仓库，按照 4.1.2 节内容配置 GitHub Action 和 Docker Hub Registry。

7.1 使用 Argo CD 构建 GitOps 工作流

第 1 章介绍了 Flux CD 构建 GitOps 的方法。Flux CD 的主要特点是比较轻量，但缺少友好的 UI 控制台。在社区活跃度和易用性方面，Argo CD 更为活跃。所以在生产环境下，推荐通过 Argo CD 来构建 GitOps 工作流。

7.1.1 工作流总览

本节将设计以下工作流，如图 7-1 所示。

可以将图 7-1 中的 GitOps 工作流程分为 3 个部分。

1）开发者将代码推送到 GitHub 仓库，然后触发 GitHub Action 的自动构建。

2）GitHub Action 的自动构建包括以下 3 个步骤。

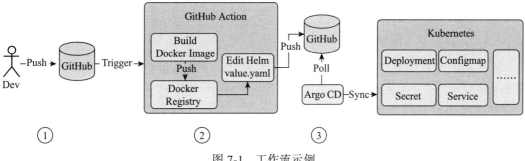

图 7-1　工作流示例

❑ 构建示例应用程序的镜像。

❑ 将示例应用程序的镜像推送到 Docker Registry。

❑ 更新代码存储库中 Helm Chart values.yaml 文件的镜像版本。

3）Argo CD 包括以下两个步骤。

❑ 通过定时 Poll 的方式不断拉取 GitHub 仓库，检查是否有新的 Commit。

❑ 从 GitHub 仓库中获取 Kubernetes 对象，并实时与集群对象进行比对，自动更新集群中有差异的资源。

4.1.2 节已经为示例应用创建了一个 GitHub Action 来自动构建镜像，但仍然缺少自动更新 Helm Chart 中 values.yaml 镜像版本的逻辑，在接下来的实战中将进行补充。

现在，我们开始构建 GitOps 工作流的第三部分，即创建 Argo CD 应用，并实现 Kubernetes 资源的自动同步。

7.1.2　安装 Argo CD

要使用 Argo CD，首先需要将其安装在 Kubernetes 集群上，可以通过以下步骤进行安装。

首先，创建 argocd 命名空间：

```
$ kubectl create namespace argocd
namespace/argocd created
```

然后，部署 Argo CD：

```
$ kubectl apply -n argocd -f https://ghproxy.com/https://raw.githubusercontent.
  com/argoproj/argo-cd/stable/manifests/install.yaml
customresourcedefinition.apiextensions.k8s.io/applications.argoproj.io created
customresourcedefinition.apiextensions.k8s.io/applicationsets.argoproj.io created
customresourcedefinition.apiextensions.k8s.io/appprojects.argoproj.io created
......
```

最后，等待 argocd 命名空间所有的工作负载处于就绪状态：

```
$ kubectl wait --for=condition=Ready pods --all -n argocd --timeout 300s
```

```
pod/argocd-application-controller-0 condition met
pod/argocd-applicationset-controller-57bfc6fdb8-x5jxc condition met
......
```

注意，由于云厂商的 Kubernetes 版本存在差异，如果安装时 Deployment 工作负载中 argocd-repo-server 一直无法启动，可以尝试删除 argocd-repo-server Deployment 工作负载中 seccompProfile 节点的内容：

```
......
spec:
  template:
    spec:
      securityContext:
        seccompProfile:          # 删除
          type: RuntimeDefault   # 删除
```

1. 安装 Argo CD CLI

为了更方便地配置 Argo CD，Argo CD 官方还给我们提供了 CLI 工具。在不同操作系统中，Argo CD 安装方法不同，这里以 macOS 和 Windows 系统为例进行介绍。

在 macOS 系统下，可以通过 Brew 来安装 Argo CD CLI：

```
$ brew install argocd
```

也可以在 Argo CD 官网下载二进制文件，并将其移动到 /usr/local/bin/ 目录下。

在 Windows 系统下，需要在下载二进制文件后，将可执行文件移动到 PATH 目录下，详细安装内容介绍可以查看文档：https://argo-cd.readthedocs.io/en/stable/cli_installation/。

2. 本地访问 Argo CD

要在本地访问 Argo CD，最简单的方式是通过端口转发来实现。可以通过下面的命令进行端口转发：

```
$ kubectl port-forward service/argocd-server 8080:80 -n argocd
Forwarding from 127.0.0.1:8080 -> 8080
Forwarding from [::1]:8080 -> 8080
```

接下来，使用浏览器打开 http://127.0.0.1:8080 即可访问 Argo CD 控制台，如图 7-2 所示。

Argo CD 的默认账号为 admin，密码可以通过下面的命令获取：

```
$ kubectl -n argocd get secret argocd-initial-admin-secret -o jsonpath="{.data.
  password}" | base64 -d
Gn4b2PFG6vKm1ADm
```

登录即可访问 Argo CD 的控制台。

图 7-2　访问 Argo CD 控制台

7.1.3　创建应用

接下来以 3.1 节的示例应用为例创建 Argo CD 应用，主要分为两个步骤。

1）配置仓库访问权限。

2）创建 Argo CD 应用。

其中，如果你的示例应用仓库是公开的，则可以跳过第 1 步。

1. 配置仓库访问权限

如果存放应用定义的仓库为私有仓库，你需要为 Argo CD 添加仓库访问权限。你可以通过 Argo CD CLI 工具快速为 Argo CD 添加仓库访问权限。

在使用 Argo CD CLI 工具之前，需要先执行 argocd login 命令登录，以便让 CLI 工具能够和 Dashboard API 接口通信：

```
$ argocd login 127.0.0.1:8080 --insecure
Username: admin
Password:
'admin:login' logged in successfully
```

上述命令指定 Argo CD 的服务端地址为 127.0.0.1:8080，并且使用 --insecur 参数来跳过 SSL 认证，你需要运行 7.1.2 节提到的端口转发命令才能顺利登录。

登录成功后，通过 argocd repo add 命令添加示例应用仓库：

```
$ argocd repo add https://github.com/lyzhang1999/kubernetes-example.git
  --username $USERNAME --password $PASSWORD
Repository 'https://github.com/lyzhang1999/kubernetes-example.git' added
```

这里要注意将仓库地址修改为实际的 GitHub 仓库地址，并将 $USERNAME 替换为 GitHub 账户 ID，将 $PASSWORD 替换为 GitHub Personal Token。你可以在图 7-3 所示页面创建 GitHub Personal Token，并赋予仓库相关权限。

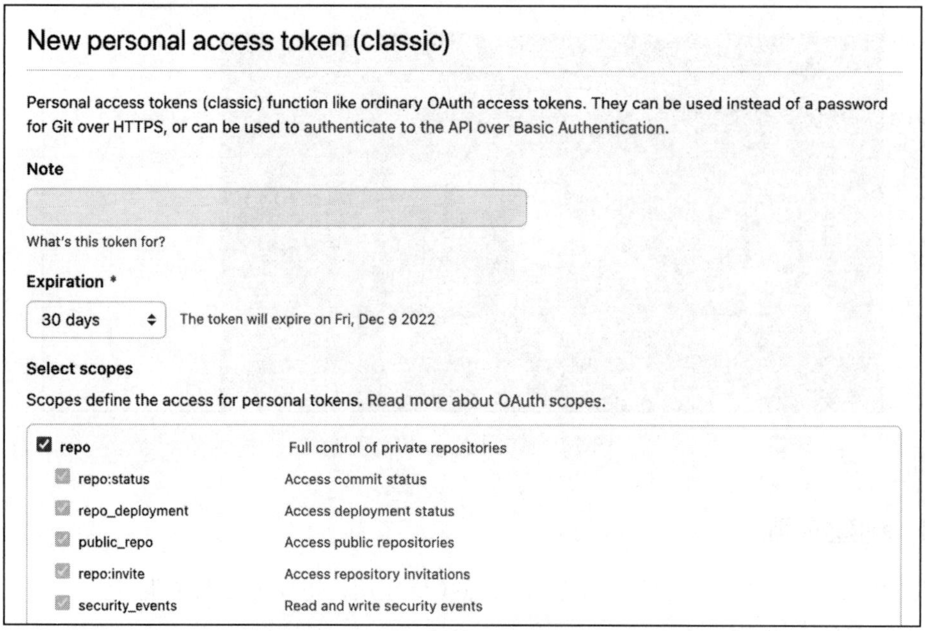

图 7-3　创建 GitHub Personal Token

2. 创建 Argo CD 应用

Argo CD 同时支持使用 Helm Chart、Kustomize 和 Manifest 来创建应用，以 3.1 节示例应用的 Helm Chart 为例创建应用。

你可以通过 argocd app create 命令来创建应用：

```
$ argocd app create example --sync-policy automated --repo https://github.com/
  lyzhang1999/kubernetes-example.git --revision main --path helm --dest-namespace
  gitops-example --dest-server https://kubernetes.default.svc --sync-option
  CreateNamespace=true
application 'example' created
```

在上述命令中，--sync-policy 表示设置自动同步策略。automated 表示自动同步。当集群内的资源和 Helm Chart 定义的资源有差异时，Argo CD 将自动执行同步操作，以确保集群资源和 Helm Chart 定义的资源的一致性。

--repo 表示 Helm Chart 的仓库地址，注意替换为你实际的 GitHub 仓库地址。

--revision 表示需要跟踪的分支或者 Tag，例如 Main 分支。

--path 表示 Helm Chart 的路径。在示例应用中，helm 目录是 Helm Chart 所在的目录。

--dest-namespace 表示命名空间。当指定的命名空间不存在时，Argo CD 需要通过 --sync-option 参数自动创建命名空间。

--dest-server 表示要部署的集群，https://kubernetes.default.svc 表示 Argo CD 所在的集群。

3. 查看应用同步状态

应用创建完成后，GitOps 工作流中的自动同步部分也就建立完成了。接下来，打开 Argo CD 控制台，进入左侧的 Applications 菜单来查看示例应用详情，如图 7-4 所示。

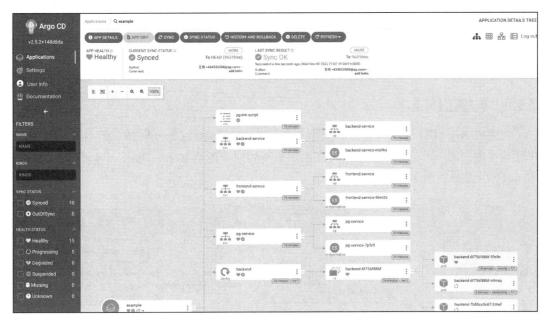

图 7-4 查看示例应用详情

在示例应用详情页面，需要重点关注以下 3 个状态。

1）APP HEALTH：应用整体的健康状态，包含以下 3 个值。

❑ Progressing：处理中。

❑ Healthy：健康状态。

❑ Degraded：宕机。

2）CURRENT SYNC STATUS：应用定义和集群对象的差异状态，包含以下 3 个值。

❑ Synced：完全同步。

❑ OutOfSync：存在差异。

❑ Unknown：未知。

3）LAST SYNC RESULT：最后一次同步到 GitHub 仓库的信息，包括 commit id 和提交者信息。

4. 访问应用

健康状态更新为 Healthy，意味着应用已经就绪，接下来便能够访问应用了。

请确保删除集群内已经存在的 Ingress 策略以避免冲突。访问 http://127.0.0.1，将看到示例应用的界面，如图 7-5 所示。

图 7-5 访问示例应用

至此，Argo CD 应用自动同步便配置完成了。

7.1.4 连接工作流

在完成 Argo CD 应用配置后，集群资源将自动与 Helm Chart 同步。但 GitOps 工作流中还缺少重要的一部分，也就是如何在镜像更新后同步更新 Helm Chart values.yaml 镜像版本（缺失的部分在图 7-6 中用 × 号标出）。

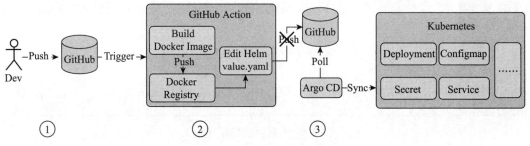

图 7-6 工作流缺失的部分

在该流程没有打通前，提交新代码后虽然 GitHub Action 会构建新的镜像，但是 Helm Chart 中定义的镜像版本并不会发生变化，这将导致 Argo CD 不能自动更新集群内工作负载的镜像版本。

要解决上述问题，还需要在 GitHub Action 中更新自动修改 Helm Chart 中定义的镜像版本并重新推送到 GitHub 仓库的操作。

接下来需要修改示例应用 .github/workflows/build.yaml 文件，在 Build frontend and push 阶段后面添加一个新的阶段，代码如下：

```
- name: Update helm values.yaml
  uses: fjogeleit/yaml-update-action@main
  with:
    valueFile: 'helm/values.yaml'
    commitChange: true
    branch: main
    message: 'Update Image Version to ${{ steps.vars.outputs.sha_short }}'
    changes: |
      {
        "backend.tag": "${{ steps.vars.outputs.sha_short }}",
```

```
        "frontend.tag": "${{ steps.vars.outputs.sha_short }}"
    }
```

在上述 GitHub Action YAML 文件中，通过 yaml-update-action 插件来修改 values.yaml 文件并把它推送到仓库。如果你使用的是其他构建镜像的方法，则可以调用 yq 命令行工具来修改 YAML 文件，再将修改后的 Helm Chart 推送到仓库中。

至此，完整的 GitOps 工作流就创建完成了。

7.1.5　触发 GitOps 工作流

接下来，你可以尝试修改示例应用中 frontend/src/App.js 文件并将代码推送到 GitHub 仓库的 Main 分支。此时，GitHub Action 将自动构建镜像，并更新代码仓库中 Helm Chart values.yaml 文件定义的镜像版本，如图 7-7 所示。

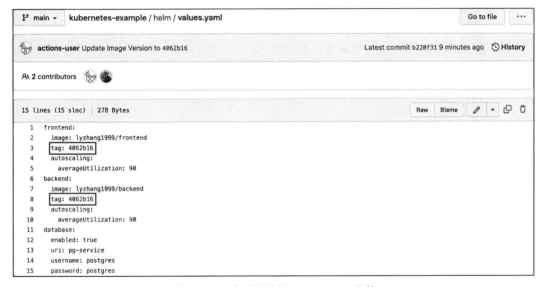

图 7-7　查看更新后的 values.yaml 文件

Argo CD 默认每 3 分钟检查仓库中的代码提交。你也可以在 Argo CD 控制台手动单击 SYNC 按钮来触发代码同步，如图 7-8 所示。

图 7-8　手动触发 Argo CD 代码同步

当 Argo CD 同步完成后，LAST SYNC RESULT 一栏将展示修改 values.yaml 的提交记录。当应用状态为 Healthy 时，你便能访问新的应用版本了，如图 7-9 所示。

图 7-9　访问新版示例应用

自此，我们实现了 GitOps 工作流从提交代码到构建镜像、修改应用定义和更新自动化全流程。

7.2　生产建议

以下是 Argo CD 在生产环境部署时的建议。

❑ 修改默认密码。

❑ 配置 Ingress 和 TLS。

❑ 使用 Webhook 触发。

❑ 将源码仓库和应用定义仓库分离。

❑ 加密 Git 仓库中存储的密钥。

接下来将分别介绍上述生产建议。

7.2.1　修改默认密码

默认情况下，Argo CD 在部署时会生成随机密码。为了方便记忆和增加密码复杂度，你可以使用下面的命令来修改密码：

```
$ argocd account update-password
*** Enter password of currently logged in user (admin):
*** Enter new password for user admin:
```

注意，在修改密码前需要通过 argocd login 登录到 Argo CD 服务端。

7.2.2　配置 Ingress 和 TLS

在生产环境中，不建议通过端口转发的方式来访问 Dashboard，而是通过 Ingress 访问。你可以将下面的 Ingress 对象部署到集群内：

```
apiVersion: networking.k8s.io/v1
kind: Ingress
metadata:
```

```
      name: argocd-server-ingress
      namespace: argocd
      annotations:
        cert-manager.io/cluster-issuer: letsencrypt-prod
        kubernetes.io/ingress.class: nginx
        kubernetes.io/tls-acme: "true"
        nginx.ingress.kubernetes.io/ssl-passthrough: "true"
        nginx.ingress.kubernetes.io/backend-protocol: "HTTPS"
    spec:
      rules:
      - host: argocd.example.com
        http:
          paths:
          - path: /
            pathType: Prefix
            backend:
              service:
                name: argocd-server
                port:
                  name: https
      tls:
      - hosts:
        - argocd.example.com
        secretName: argocd-secret # do not change, this is provided by Argo CD
```

此外，为了生成 TLS 证书，你还需要安装 Cert-manager，具体方法参考 5.1.1 节。

7.2.3　使用 Webhook 触发

在创建应用时，一般使用 --sync-policy=automated 参数来配置应用，Argo CD 默认以 3 分钟一次的频率自动拉取仓库的更改。在生产环境中，该同步频率可能无法满足快速发布的要求。

在为 Argo CD 配置 Ingress 公网访问后，你可以使用 Argo CD 提供的 Webhook 触发方式来提高发布速度，如图 7-10 所示。

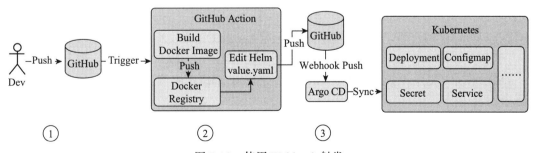

图 7-10　使用 Webhook 触发

Webhook 触发与主动 Poll 的差异是，当开发者推送新的提交到源码仓库后，将通过实时 HTTP 请求来通知 Argo CD。

要使用 Webhook 通知，首先需要在源码仓库配置 Webhook。以 GitHub 为例，进入仓库的 Settings 页面，单击左侧的 Webhook 菜单进入配置页面，如图 7-11 所示。

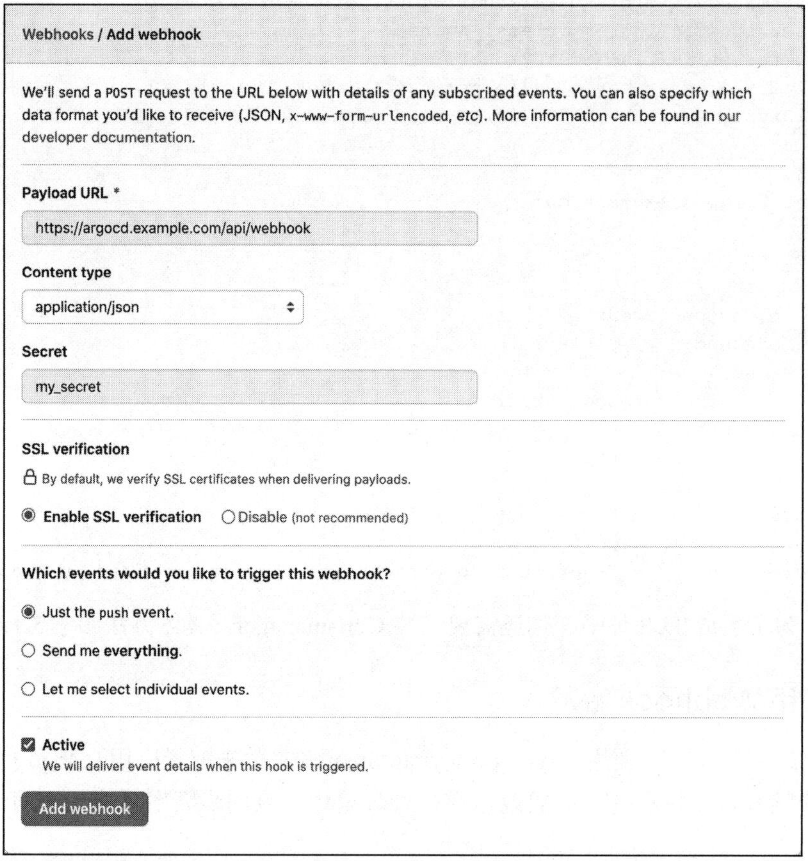

图 7-11　配置 Webhook

在 Payload URL 中输入 Argo CD Server 外网访问域名，/api/webhook 是 Argo CD 专门接收外部 Webhook 消息的固定路径。在 Content type 下选择 application/json，并在 Secret 中输入 Webhook 的密钥，同时该密钥需要提供给 Argo CD 来校验 Webhook 来源的合法性。

单击 Add webhook 按钮保存配置。

现在，还需要为 Argo CD 提供 GitHub Webhook 密钥，使用下面的命令来编辑 argocd-secret 对象：

```
$ kubectl edit secret argocd-secret -n argocd
```

将 GitHub Webhook 的密钥加入 Secret 对象：

```
    apiVersion: v1
kind: Secret
metadata:
```

```
    name: argocd-secret
    namespace: argocd
type: Opaque
data:
...
stringData:
  webhook.github.secret: my-secret
```

注意，在 stringData 字段直接输入 Webhook Secret 内容，无须进行 Base64 编码。

7.2.4　将源码仓库和应用定义仓库分离

为了便于演示，我们在 7.1 节将示例应用的源码和 Helm Chart 存储在同一个 Git 仓库，这种方式并不推荐。

该方案主要有以下两个问题。

1）当修改 Helm Chart 时，也会触发镜像构建，这是没必要的。

2）不利于权限控制。

尤其是在第二个问题上，在有一定规模的团队中，开发和发布过程往往是分离的，应用定义仓库一般由基础架构部门或者 SRE 团队维护，将源码和应用定义放在同一个 Git 仓库不利于权限控制，容易导致误操作。

所以，在生产环境中，建议将业务代码和应用定义分开存储。

7.2.5　加密 Git 仓库中存储的密钥

在生产环境中，一般会使用内部自建仓库如 Harbor 私有仓库。所以，往往会在 Helm Chart 内添加一个包含镜像拉取凭据的 Secret 对象：

```
apiVersion: v1
kind: Secret
metadata:
  name: regcred
type: kubernetes.io/dockerconfigjson
data:
  .dockerconfigjson: >-
    eyJhdXRocyI6eyJodHRwczovL2luZGV4LmRvY2tlci5pby92MS8iOnsidXNlcm5hbWUiOiJseX
    poYW5nMTk5OSIsInBhc3N3b3JkIjoibXktcG9yZW4iLCJhdXRoIjoiYkhsaNmFHRnVaekU1T
    1RrNmJYa3RkRzlyWWc0PSJ9fX0=
```

当部署应用时，Argo CD 会一并将拉取凭据部署到集群中，这就解决了镜像拉取权限的问题。

但是，Secret 对象并没有加密功能，这可能会导致凭据泄露，所以需要对敏感信息进行加密处理，例如通过 SealedSecrets 对 Secret 对象进行加密。

7.3 自动监听镜像版本变更触发工作流

在 7.1.4 节介绍的 GitOps 工作流中，我们通过在 GitHub Action 中实现更新 Helm Chart values.yaml 镜像版本来触发 GitOps 工作流。

在开发和发布分工明确的团队中，推荐将源码和应用定义分离，同时考虑到安全性和发布的严谨性，尽量不要通过 CI 直接修改应用定义。

更合理的研发规范应该是这样的：开发团队负责编写代码，并通过 CI 生成制品，也就是 Docker 镜像，并对生成的制品负责；而 SRE 团队则对应用定义负责。在发布环节，开发团队可以随时控制要发布的镜像版本，而无须关注其他的应用细节。它们之间的职能区分如图 7-12 所示。

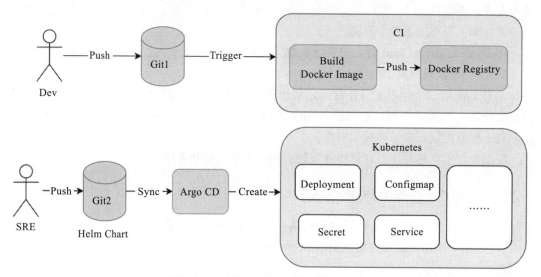

图 7-12　开发和 SRE 团队的职能区分

从图 7-12 可以得出，开发和 SRE 团队各司其职，只操作和自己相关的 Git 仓库，互不干扰。但 SRE 团队如何知道开发团队什么时候发布以及发布什么版本的镜像？

最原始的办法是：开发团队在发布的时候将镜像版本通知给 SRE 团队，SRE 团队手动修改 Helm Chart 镜像版本并推送到 Git 仓库，等待 Argo CD 同步更新。

该办法虽然有效，但沟通效率低且容易出错，可以通过自动化机制来替代。

通过 Argo CD Image Updater，可以实现让 Argo CD 自动监控镜像的更新状态。一旦镜像版本有更新，Argo CD 则会自动将工作负载的镜像升级为最新版本，并且自动将镜像版本号回写到 Helm Chart 仓库，保持应用定义和集群状态的一致性。

本节将进一步对 7.1 节的 GitOps 工作流进行改造，并加入 Argo CD Image Updater，实现自动监听镜像变更以及回写到 Helm Chart。

在进入实战之前，请确保已经完成 7.1 节中 GitOps 工作流的搭建。

7.3.1　工作流总览

本节将实现的 GitOps 工作流总览如图 7-13 所示。

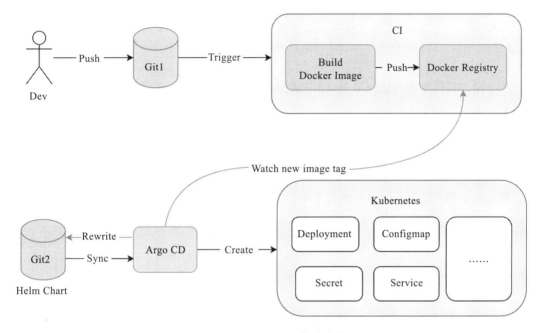

图 7-13　GitOps 工作流总览

相比 7.1 节的 GitOps 工作流,上述实现的工作流主要有以下两个差异。

1)将一个 Git 仓库拆分为两个,分别用于存放源码和 Helm Chart 包。

2)CI 中不再更新 Helm Chart 镜像版本,取而代之的是通过 Argo CD Image Updater 来自动监听镜像版本的变更。

此外,开发团队一般会采用多分支进行开发,这会随时产生新的镜像版本。为了将开发过程中产生的镜像和需要发布到生产环境的镜像区分开,我们对 Main 分支构建的镜像增加 Prefix 标识(main-${commit_Id}),并配置 Argo CD Image Updater 只监听包含特定标识的镜像版本。

最终实现的效果为:向 Git 仓库的 Main 分支提交代码后将触发自动构建镜像,并将新的镜像推送到镜像仓库。Argo CD Image Updater 将以 Poll 的方式每 2 分钟检查镜像是否有新的版本,如果有,那么就将工作负载的镜像更新为最新版本,并将镜像版本号写入存放 Helm Chart 的仓库。

7.3.2　安装 Argo CD Image Updater

Argo CD Image Updater 需要与 Argo CD 协同工作,安装前请确保已在集群内安装 Argo CD。

通过下面的命令来安装 Argo CD Image Updater：

```
kubectl apply -n argocd -f https://ghproxy.com/https://raw.githubusercontent.com/
   argoproj-labs/argocd-image-updater/stable/manifests/install.yaml
serviceaccount/argocd-image-updater created
role.rbac.authorization.k8s.io/argocd-image-updater created
rolebinding.rbac.authorization.k8s.io/argocd-image-updater created
......
```

接下来，还需要为 Argo CD Image Updater 创建一个 Secret 对象，以存储镜像仓库的凭据信息。

7.3.3　创建镜像拉取凭据

对于私有镜像仓库，我们需要为 Argo CD 提供镜像仓库凭据。以 Docker Hub 仓库为例，执行以下命令创建 Secret 对象：

```
$ kubectl create -n argocd secret docker-registry dockerhub-secret \
  --docker-username $DOCKER_USERNAME \
  --docker-password $DOCKER_PERSONAL_TOKEN \
  --docker-server "https://registry-1.docker.io"

secret/dockerhub-secret created
```

注 意 将 $DOCKER_USERNAME 和 $DOCKER_PERSONAL_TOKEN 替 换 为 Docker Hub 用户名和个人凭据。

7.3.4　创建 Helm Chart 仓库

接下来，需要为示例应用 helm 目录单独创建一个 Git 仓库，并在将示例应用 kubernetes-example 克隆到本地后，执行以下命令：

```
$ cp -r ./kubernetes-example/helm ./kubernetes-example-helm
```

然后，进入 kubernetes-example-helm 目录并初始化 Git：

```
$ cd kubernetes-example-helm && git init
```

前往 GitHub 创建一个新的仓库，将其命名为 kubernetes-example-helm，如图 7-14 所示。

然后将 kubernetes-example-helm 仓库提交到新建的仓库：

```
$ git add .
$ git commit -m "first commit"
$ git branch -M main
$ git remote add origin https://github.com/lyzhang1999/kubernetes-example-helm.git
$ git push -u origin main
```

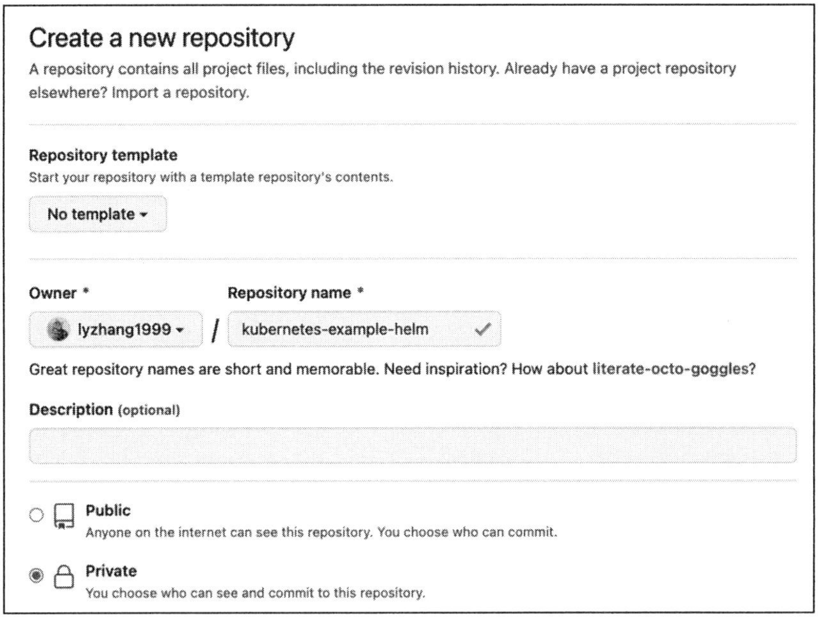

图 7-14　创建用于存放 Helm Chart 的仓库

7.3.5　创建应用

在创建好 kubernetes-example-helm 仓库之后，接下来需要使用它创建一个新的应用。

1. 删除旧应用（可选）

为了避免 Ingress 策略冲突，如果你已经创建了 example 应用，可以先删除它：

```
$ argocd app delete example --cascade
```

2. 配置仓库读写权限

为了让 Argo CD Image Updater 具备回写 kubernetes-example-helm 仓库的权限，需要执行以下命令来添加仓库凭据：

```
$ argocd repo add https://github.com/lyzhang1999/kubernetes-example-helm.git
  --username $USERNAME --password $PASSWORD
Repository 'https://github.com/lyzhang1999/kubernetes-example-helm.git' added
```

注意将仓库地址修改为新创建的 kubernetes-example-helm 仓库地址，并将 $USERNAME 替换为 GitHub 账户 ID，将 $PASSWORD 替换为 GitHub Personal Token，并赋予该 Token 对仓库的读取权限。

3. 创建 Argo CD 应用

接下来通过 YAML 来创建 Argo CD 应用，将下面的内容保存为 application.yaml 文件：

```
apiVersion: argoproj.io/v1alpha1
kind: Application
metadata:
  name: example
  annotations:
    argocd-image-updater.argoproj.io/backend.allow-tags: regexp:^main
    argocd-image-updater.argoproj.io/backend.helm.image-name: backend.image
    argocd-image-updater.argoproj.io/backend.helm.image-tag: backend.tag
    argocd-image-updater.argoproj.io/backend.pull-secret: pullsecret:argocd/
      dockerhub-secret
    argocd-image-updater.argoproj.io/frontend.allow-tags: regexp:^main
    argocd-image-updater.argoproj.io/frontend.helm.image-name: frontend.image
    argocd-image-updater.argoproj.io/frontend.helm.image-tag: frontend.tag
    argocd-image-updater.argoproj.io/frontend.pull-secret: pullsecret:argocd/
      dockerhub-secret
    argocd-image-updater.argoproj.io/image-list: frontend=lyzhang1999/frontend,
      backend=lyzhang1999/backend
    argocd-image-updater.argoproj.io/update-strategy: latest
    argocd-image-updater.argoproj.io/write-back-method: git
spec:
  destination:
    namespace: gitops-example-updater
    server: https://kubernetes.default.svc
  project: default
  source:
    path: .
    repoURL: https://github.com/lyzhang1999/kubernetes-example-helm.git
    targetRevision: main
  syncPolicy:
    automated: {}
    syncOptions:
      - CreateNamespace=true
```

然后使用 kubectl apply 命令创建 Argo CD 应用：

```
$ kubectl apply -n argocd -f application.yaml
application.argoproj.io/example created
```

Argo CD Image Updater 通过 Application Annotations 标签来实现监听镜像和配置。下面对这些标签进行详细说明。

1）argocd-image-updater.argoproj.io/image-list：指定需要监听的镜像，例如前后端镜像 lyzhang1999/frontend 和 lyzhang1999/backend，同时为镜像指定别名，分别为 frontend 和 backend。别名非常重要，它将影响以下所有的设置。

2）argocd-image-updater.argoproj.io/update-strategy：指定镜像更新策略。注意，latest 并不代表监听标签为 latest 的镜像版本，而是以最新推送的镜像作为更新策略。此外，semver 策略可以识别最高语义化版本的标签，digest 策略可以用来区分同一标签下不同镜像的变更。

3）argocd-image-updater.argoproj.io/write-back-method：表示将镜像版本回写到镜像仓库。注意，对仓库的写权限为使用 argocd repo add 命令为 Argo CD 配置的仓库访问权限。

4）argocd-image-updater.argoproj.io/< 镜像别名 >.pull-secret：表示为不同的镜像别名指定镜像拉取凭据。

5）argocd-image-updater.argoproj.io/< 镜像别名 >.allow-tags：表示配置符合更新条件的镜像标签，此处使用正则表达式匹配以 main 开头的镜像版本，忽略其他镜像版本。

6）argocd-image-updater.argoproj.io/< 镜像别名 >.helm.image-name：表示配置 Helm Chart values.yaml 镜像名称所在的节点。在示例应用中，backend.image 和 frontend.image 是 values.yaml 配置镜像名称的节点，Argo CD 在回写仓库时将覆盖该字段值。

7）argocd-image-updater.argoproj.io/< 镜像别名 >.helm.image-tag：表示配置 Helm Chart values.yaml 镜像版本所在的节点。在示例应用中，backend.tag 和 frontend.tag 是 values.yaml 配置镜像版本的节点，Argo CD 在回写仓库时将覆盖该字段值。

7.3.6　触发工作流

接下来，尝试修改 frontend/src/App.js 文件并将代码推送到 GitHub 仓库的 main 分支，此时将触发两个 GitHub Action 工作流。其中，build-every-branch 工作流将构建以 main 开头的镜像版本，并将其推送到镜像仓库，如图 7-15 所示。

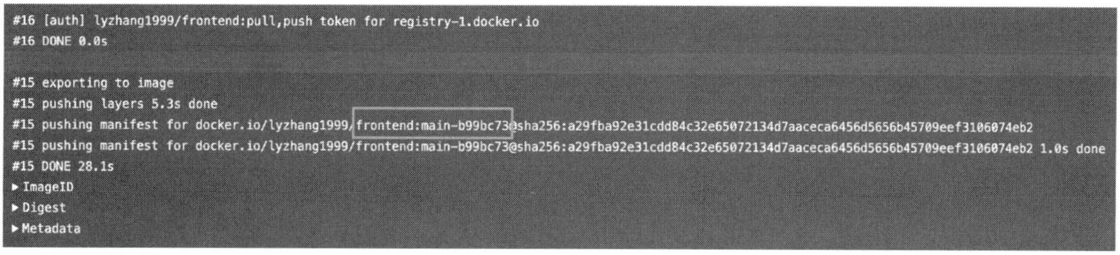

```
#16 [auth] lyzhang1999/frontend:pull,push token for registry-1.docker.io
#16 DONE 0.0s

#15 exporting to image
#15 pushing layers 5.3s done
#15 pushing manifest for docker.io/lyzhang1999/frontend:main-b99bc73@sha256:a29fba92e31cdd84c32e65072134d7aaceca6456d5656b45709eef3106074eb2
#15 pushing manifest for docker.io/lyzhang1999/frontend:main-b99bc73@sha256:a29fba92e31cdd84c32e65072134d7aaceca6456d5656b45709eef3106074eb2 1.0s done
#15 DONE 28.1s
▶ ImageID
▶ Digest
▶ Metadata
```

图 7-15　查看 build-every-branch 工作流构建的镜像版本

与此同时，Argo CD Image Updater 将会每 2 分钟从镜像仓库检索 frontend 和 backend 的镜像版本，一旦发现存在新的以 main 开头的镜像版本，将自动使用新版本更新集群内工作负载的镜像，并将镜像版本回写到 kubernetes-example-helm 仓库。

在回写时，Argo CD Image Updater 并不会直接修改仓库的 values.yaml 文件，而是会创建一个专门用于覆盖 Helm Chart values.yaml 文件的 .argocd-source-example.yaml 文件，如图 7-16 所示。

GitHub 仓库出现该文件时，说明 Argo CD Image Updater 已经触发镜像更新，并且成功将镜像版本回写到镜像仓库。同时，该文件也记录了详细覆盖 values.yaml 文件的策略：

```
helm:
  parameters:
```

```
- name: frontend.image
  value: lyzhang1999/frontend
  forcestring: true
- name: frontend.tag
  value: main-b99bc73
  forcestring: true
- name: backend.image
  value: lyzhang1999/backend
  forcestring: true
- name: backend.tag
  value: main-b99bc73
  forcestring: true
```

argocd-image-updater build: automatic update of example …		68145f0 3 hours ago	⏱ 7 commits
📁 templates	first commit		6 hours ago
📄 .argocd-source-example.yaml	build: automatic update of example		3 hours ago
📄 Chart.yaml	first commit		6 hours ago
📄 values-prod.yaml	first commit		6 hours ago
📄 values.yaml	first commit		6 hours ago

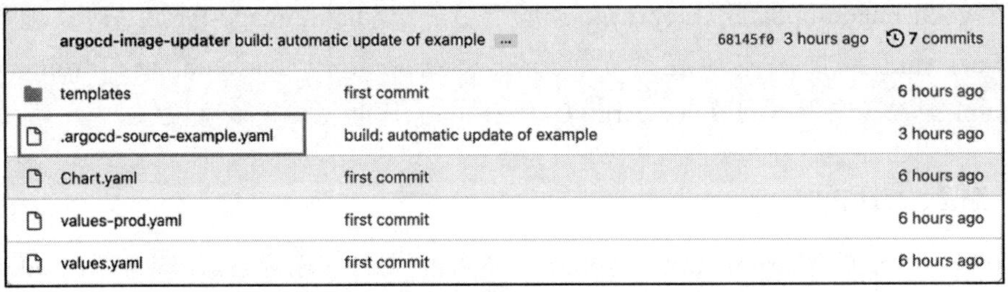

图 7-16　查看 Argo CD Image Updater 更新的配置文件

Argo CD 进行自动同步时，会用 .argocd-source-example.yaml 文件中的内容覆盖 values.yaml 文件中对应的值，保持 Helm Chart 中定义的对象和集群内部署对象的一致性。

至此，我们完成了通过监听新镜像版本来触发 GitOps 工作流的全流程介绍。

7.4　小结

本章介绍了如何使用 Argo CD 构建生产级 GitOps 工作流。该工作流打通了持续集成、应用定义、镜像仓库搭建和自动部署全流程。

此外，本章还提供了一些 Argo CD 在生产环境的最佳实践，这有助于提高 Argo CD 的安全性和发布效率。

最后，对于开发和运维相对独立的团队，本章介绍了一种通过 Argo CD Image Updater 实现监听镜像版本变更并触发工作流的方法，这可以让开发团队专注于业务开发和产物交付，不再需要关注和运维相关的 Kubernetes 配置，减轻开发负担。

第三部分 *Part 3*

高级技术

- 第 8 章 高级发布策略
- 第 9 章 多环境管理
- 第 10 章 GitOps 安全
- 第 11 章 可观测性
- 第 12 章 服务网格和分布式追踪
- 第 13 章 云原生开发

第 8 章

高级发布策略

Kubernetes 的高级发布策略对于生产环境中的应用是必不可少的，这些策略主要包括蓝绿发布、金丝雀发布和渐进式交付。

蓝绿发布通过创建两个版本的应用，结合流量切换来完成应用的发布。

金丝雀发布也称为灰度发布，它通过将一小部分流量引导到新版本的应用来验证新版本应用是否能正常工作。

渐进式交付是金丝雀发布的增强版，它可以根据金丝雀发布环境的性能指标进行自动渐进式交付，实现自动发布和自动回滚。

本章将对这三种高级发布策略进行详细介绍。

8.1 蓝绿发布

蓝绿发布是 3 种高级发布策略中最简单也是最容易理解的一种。下面介绍如何在 GitOps 工作流中实施蓝绿发布。

蓝绿发布的核心思想是：提供两套应用环境，并且对它们进行流量切换。

在一次发布过程中，新版本应用在绿色环境部署，但在流量切换前它并不接收外部流量请求。当完成绿色环境测试之后，通过流量切换的方式让绿色环境接收外部流量请求，旧的蓝色环境并不会立即销毁而是作为灾备来使用，一旦发布过程中发生故障，就可以将外部流量请求立即切换到旧的蓝色环境。

蓝绿发布比较适合一些存在兼容问题，或者因为应用状态而无法很好地使用 Kubernetes 滚动更新的应用。

接下来，将介绍如何通过手动的方式实施蓝绿发布。此外，将结合 Argo Rollout 介绍如何实现蓝绿发布的自动化。

在进入实战前，你需要按照 1.2.2 节的内容配置好 Kind 集群，并安装好 Ingress-Nginx。

8.1.1 概述

为了更好地理解蓝绿发布，在正式进入实战之前，先来了解蓝绿发布的原理，如图 8-1 所示。

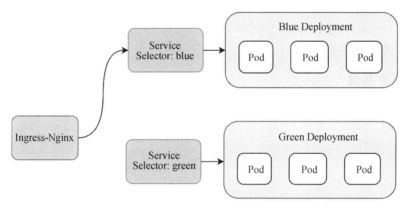

图 8-1　蓝绿发布的原理

在图 8-1 中，我们对同一个应用部署了两个版本的环境，称之为蓝绿环境。流量通过 Ingress-Nginx 进入 Service，然后进入 Pod。在切换流量之前，蓝色环境负责接收外部流量请求。

需要进行流量切换时，只要调整 Ingress 策略就可以让绿色环境接收外部流量请求，如图 8-2 所示。

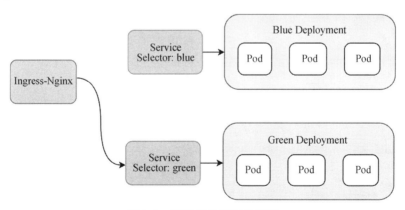

图 8-2　切换流量至绿色环境

8.1.2 手动实现蓝绿发布

接下来进入蓝绿发布实战环节。我们将通过一个例子来说明如何使用 Kubernetes 原生的 Deployment 和 Service 进行蓝绿发布,实战过程主要包含以下几个步骤。

1)创建蓝色环境。

❑ 部署 Deployment 和 Service。

❑ 创建 Ingress 策略,并指向蓝色环境中的 Service。

2)访问蓝色环境。

3)部署绿色环境。

❑ 部署 Deployment 和 Service。

❑ 更新 Ingress 策略,并指向绿色环境。

4)切换到绿色环境。

1. 创建蓝色环境

首先创建蓝色环境,将以下内容保存为 blue_deployment.yaml 文件:

```
apiVersion: apps/v1
kind: Deployment
metadata:
  name: blue
  labels:
    app: blue
spec:
  replicas: 3
  selector:
    matchLabels:
      app: blue
  template:
    metadata:
      labels:
        app: blue
    spec:
      containers:
      - name: demo
        image: argoproj/rollouts-demo:blue
        imagePullPolicy: Always
        ports:
        - containerPort: 8080
---
apiVersion: v1
kind: Service
metadata:
  name: blue-service
  labels:
    app: blue
spec:
  ports:
  - protocol: TCP
    port: 80
```

```
      targetPort: 8080
  selector:
    app: blue
  type: ClusterIP
```

首先使用 argoproj/rollouts-demo:blue 镜像创建了蓝色环境的 Deployment 工作负载，并且创建了 Service 对象，同时通过选择器将 Service 和 Pod 进行了关联。

然后使用 kubectl apply 命令将上述 Manifest 定义的应用部署到集群内：

```
$ kubectl apply -f blue_deployment.yaml
```

部署完成后，等待工作负载就绪：

```
$ kubectl wait pods -l app=blue --for condition=Ready --timeout=90s
pod/blue-79c9fb755d-9b6xx condition met
```

接下来创建蓝色环境的 Ingress 策略，将以下内容保存为 blue_ingress.yaml 文件：

```
apiVersion: networking.k8s.io/v1
kind: Ingress
metadata:
  name: demo-ingress
spec:
  rules:
  - host: "bluegreen.demo"
    http:
      paths:
      - pathType: Prefix
        path: "/"
        backend:
          service:
            name: blue-service
            port:
              number: 80
```

然后，通过 kubectl apply 命令将 Ingress 策略应用到集群内：

```
$ kubectl apply -f blue_ingress.yaml
```

上面创建的 Ingress 策略指定 bluegreen.demo 作为访问域名，所以需要先在本地配置 Hosts：

```
127.0.0.1 bluegreen.demo
```

在 Linux 或者 macOS 系统中，我们可以将上述内容添加到 /etc/hosts 文件；在 Windows 系统中，我们可以将上述内容添加到 C:\Windows\System32\drivers\etc\hosts 文件。

2. 访问蓝色环境

在 Hosts 配置完成后，使用浏览器打开 http://bluegreen.demo 即可访问蓝色环境，如图 8-3 所示。

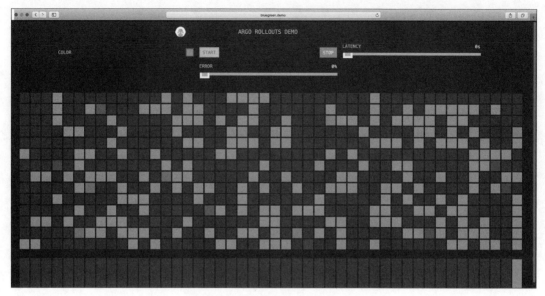

图 8-3　访问蓝色环境（见彩插）

在该页面中，浏览器每秒会向后端发出 50 个请求，蓝色方块代表后端接口返回的值为 blue，对应蓝色环境。

3. 部署绿色环境

假设需要发布新版本，也就是部署绿色环境。将以下内容保存为 green_deployment. yaml 文件：

```
apiVersion: apps/v1
kind: Deployment
metadata:
  name: green
  labels:
    app: green
spec:
  replicas: 3
  selector:
    matchLabels:
      app: green
  template:
    metadata:
      labels:
        app: green
    spec:
      containers:
      - name: demo
        image: argoproj/rollouts-demo:green
        imagePullPolicy: Always
        ports:
```

```
          - containerPort: 8080
---
apiVersion: v1
kind: Service
metadata:
  name: green-service
  labels:
    app: green
spec:
  ports:
  - protocol: TCP
    port: 80
    targetPort: 8080
  selector:
    app: green
  type: ClusterIP
```

与蓝色环境不同的是，绿色环境使用了 argoproj/rollouts-demo:green 镜像。接下来使用
kubectl apply 命令将上述 Manifest 定义的应用部署到集群内：

```
$ kubectl apply -f green_deployment.yaml
```

部署完成后，等待工作负载就绪：

```
$ kubectl wait pods -l app=green --for condition=Ready --timeout=90s
pod/green-79c9fb755d-9b6xx condition met
```

4. 切换到绿色环境

绿色环境准备好接收外部流量请求时，就可以通过调整 Ingress 策略来切换流量了。将
以下内容保存为 green_ingress.yaml 文件：

```
apiVersion: networking.k8s.io/v1
kind: Ingress
metadata:
  name: demo-ingress
spec:
  rules:
  - host: "bluegreen.demo"
    http:
      paths:
      - pathType: Prefix
        path: "/"
        backend:
          service:
            name: green-service
            port:
              number: 80
```

在新的 Ingress Manifest 中，backend.service 由原来的 blue-service 修改为 green-service，

这表示将 Ingress 接收到的外部流量请求转发到绿色环境的 Service 中，以达到流量切换的目的。将此 Ingress 策略应用到集群内：

```
$ kubectl apply -f green_ingress.yaml
```

返回浏览器，你将看到绿色方块逐渐替代了蓝色方块，如图 8-4 所示。

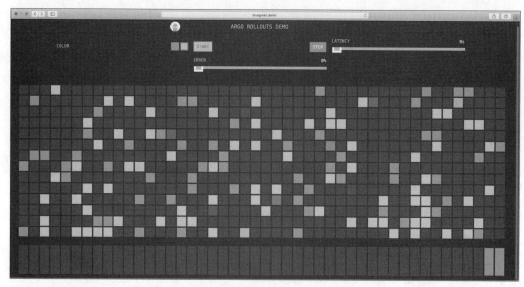

图 8-4　流量逐渐切换至绿色环境（见彩插）

几秒后，流量完全从蓝色环境切换到绿色环境，如图 8-5 所示。

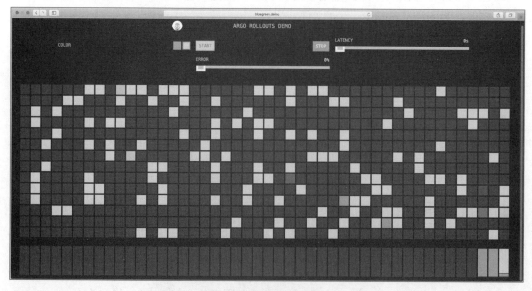

图 8-5　流量完全切换至绿色环境（见彩插）

至此，蓝绿发布已经手动完成。

不过，通过手动修改 Ingress 策略来完成蓝绿发布的方式存在一些缺点，例如人工操作 Ingress 对象容易出错，并且不利于和 GitOps 工作流进行整合。

8.1.3　Argo Rollout 自动实现蓝绿发布

Argo Rollout 是一款专门提供 Kubernetes 高级发布能力的自动化工具，可以独立运行，也能与 Argo CD 协同。

在使用之前需要安装，可以通过以下命令进行安装：

```
$ kubectl create namespace argo-rollouts  # 创建命名空间
$ kubectl apply -n argo-rollouts -f https://ghproxy.com/https://github.com/
  argoproj/argo-rollouts/releases/latest/download/install.yaml
```

安装完成后，等待 Argo Rollout 工作负载就绪：

```
$ kubectl wait --for=condition=Ready pods --all -n argo-rollouts --timeout=300s
pod/argo-rollouts-7f75b9fb76-wh4l5 condition met
```

1. 创建 Rollout 对象

为了实现蓝绿发布自动化，Argo Rollout 采用自定义资源（CRD）的方式来管理工作负载。

首先，创建 Rollout 对象。将以下内容保存为 blue-green-service.yaml 文件：

```yaml
apiVersion: argoproj.io/v1alpha1
kind: Rollout
metadata:
  name: bluegreen-demo
  labels:
    app: bluegreen-demo
spec:
  replicas: 3
  revisionHistoryLimit: 1
  selector:
    matchLabels:
      app: bluegreen-demo
  template:
    metadata:
      labels:
        app: bluegreen-demo
    spec:
      containers:
      - name: bluegreen-demo
        image: argoproj/rollouts-demo:blue
        imagePullPolicy: Always
        ports:
        - name: http
          containerPort: 8080
```

```
        protocol: TCP
      resources:
        requests:
          memory: 32Mi
          cpu: 5m
  strategy:
    blueGreen:
      autoPromotionEnabled: true
      activeService: bluegreen-demo
```

在 Rollout 对象中，大部分字段定义和 Kubernetes 原生的 Deployment 工作负载定义并没有太大区别，只是将 apiVersion 从 apps/v1 修改为 argoproj.io/v1alpha1，同时将 kind 字段从 Deployment 修改为 Rollout，并且增加了 strategy 字段。

需要注意的是，strategy 字段用于定义部署策略。其中，autoPromotionEnabled 字段表示自动实施蓝绿发布，activeService 用来关联蓝绿发布的 Service，也就是后续将要创建的 Service 对象。

当 Rollout 对象应用到集群后，Argo Rollout 首先会创建 Kubernetes 原生对象 ReplicaSet，ReplicaSet 会创建对应的 Pod。为了更好地理解，图 8-6 展示了 Rollout、Deployment 和 ReplicaSet 之间的关系。

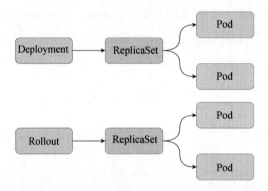

图 8-6　Rollout、Deployment 和 ReplicaSet 之间的关系

显然，Rollout 通过管理 ReplicaSet 达到管理 Pod 的目的。

接下来使用 kubectl apply 命令来创建 Rollout 对象：

```
$ kubectl apply -f blue-green-rollout.yaml
rollout.argoproj.io/bluegreen-demo created
```

2. 创建 Service 和 Ingress 对象

创建好 Rollout 对象后，还需要创建 Service 和 Ingress 对象，将以下内容保存为 blue-green-service.yaml 文件：

```
apiVersion: v1
kind: Service
metadata:
  name: bluegreen-demo
  labels:
    app: bluegreen-demo
spec:
  ports:
  - port: 80
    targetPort: http
    protocol: TCP
    name: http
  selector:
    app: bluegreen-demo
```

然后，将以下内容保存为 blue-green-ingress.yaml 文件：

```
    apiVersion: networking.k8s.io/v1
kind: Ingress
metadata:
  name: bluegreen-demo
spec:
  rules:
  - host: "bluegreen.auto"
    http:
      paths:
      - pathType: Prefix
        path: "/"
        backend:
          service:
            name: bluegreen-demo
            port:
              number: 80
```

接着，使用 kubectl apply 命令将上述对象部署到集群内：

```
$ kubectl apply -f blue-green-service.yaml
service/bluegreen-demo created
$ kubectl apply -f blue-green-ingress.yaml
ingress.networking.k8s.io/bluegreen-demo created
```

为了能够访问 bluegreen.auto 域名，还需要添加 Hosts 策略：

```
127.0.0.1 bluegreen.auto
```

3. 访问蓝色环境

当 Hosts 配置完成后，接下来访问由 Argo Rollout 创建的蓝色环境。使用浏览器打开 http://bluegreen.auto 即可访问蓝色环境，如图 8-7 所示。

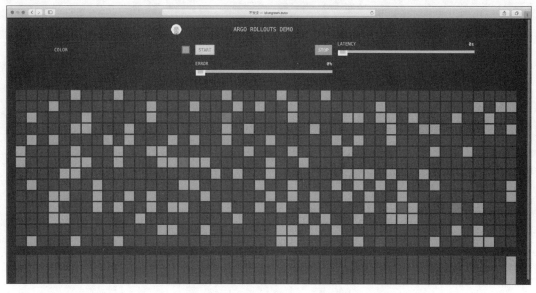

图 8-7 访问蓝色环境（见彩插）

4. 蓝绿发布自动化

接下来进行自动化蓝绿发布实验，在 Argo Rollout 下，修改 Rollout 对象中的镜像版本即可实现流量自动切换。

要更新到绿色环境，需要编辑 blue-green-rollout.yaml 文件中的 image 字段，将 blue 修改为 green：

```
containers:
- name: bluegreen-demo
  image: argoproj/rollouts-demo:green
```

然后，将上述 Rollout 对象重新部署到集群内：

```
    $ kubectl apply -f blue-green-rollout.yaml
rollout.argoproj.io/bluegreen-demo configured
```

返回到浏览器，等待十几秒，页面中将开始出现绿色环境，如图 8-8 所示。

几秒后，环境都变为绿色方格，这表示蓝绿发布自动化已经实现。

相比手动方式，使用 Argo Rollout 进行蓝绿发布，除了更新镜像版本以外，不需要手动切换流量，也无须关注其他的 Kubernetes 对象。

5. 访问 Argo Rollout Dashboard

Argo Rollout Dashboard 是一个简单的 Web UI，用于查看和管理 Argo Rollout 对象。要访问 Argo Rollout Dashboard，首先需要安装 Argo Rollout 的 Kubectl 插件。以 macOS 为例，你可以通过以下命令安装 Kubectl：

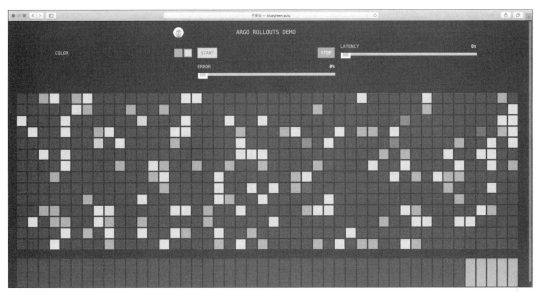

图 8-8　流量逐渐切换至绿色环境（见彩插）

```
$ brew install argoproj/tap/kubectl-argo-rollouts
```

在 Linux 或 Windows 系统中，可以通过下载二进制文件的方式进行安装，也可以在浏览器中输入 https://github.com/argoproj/argo-rollouts/releases 在 GitHub 中进行下载，并将下载的二进制文件加入 PATH 环境变量中。

插件安装完成后，通过以下命令来检查 Kubectl 是否安装成功：

```
$ kubectl argo rollouts version
kubectl-argo-rollouts: v1.3.0+93ed7a4
  BuildDate: 2022-09-19T02:51:42Z
  GitCommit: 93ed7a497b021051bf6845da90907d67c231e703
  GitTreeState: clean
  GoVersion: go1.18.6
  Compiler: gc
  Platform: darwin/amd64
```

出现上述输出结果，说明插件安装成功。接下来，使用 kubectl argo rollouts dashboard 命令来启用 Dashboard：

```
$ kubectl argo rollouts dashboard
INFO[0000] Argo Rollouts Dashboard is now available at http://localhost:3100/
  rollouts
```

然后，使用浏览器打开 http://localhost:3100/rollouts 即可访问 Dashboard，如图 8-9 所示。

单击 bluegreen-demo 进入 Rollout 详情界面，可以在该界面查看 Rollout 发布详情，如图 8-10 所示。

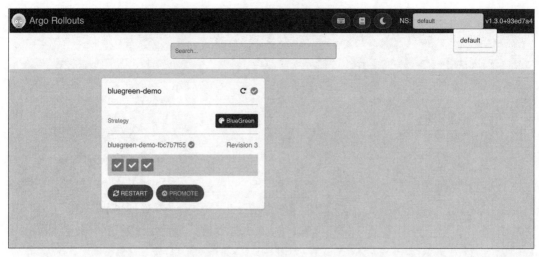

图 8-9 Argo Rollouts 控制台

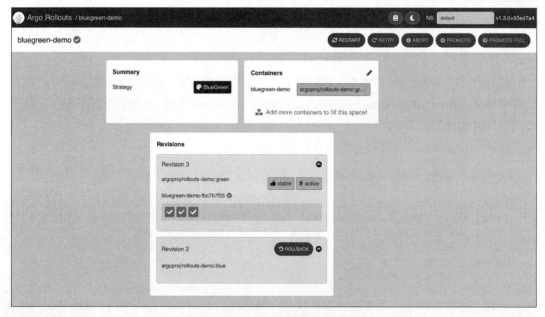

图 8-10 Argo Rollouts 发布详情

8.1.4 原理解析

Argo Rollout 实现蓝绿发布自动化的核心对象是 Rollout。在最初创建蓝色环境时，Ingress、Service 和 Rollout 对象之间的关系如图 8-11 所示。

当创建 Rollout 对象后，Argo Rollout 将创建 ReplicaSet 对象，ReplicaSet 会在创建 Pod 时为 Pod 额外打上 rollouts-pod-template-hash 标签，同时为 Service 添加 rollouts-pod-template-hash 选择器，这样就打通了 Ingress 到 Pod 的请求链路。

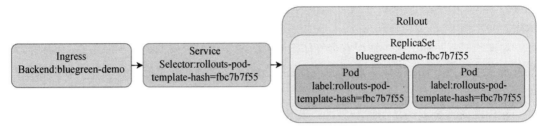

图 8-11　Ingress、Service 和 Rollout 对象之间的关系

当修改 Rollout 对象的镜像版本后，Argo Rollout 将重新创建新的 ReplicaSet 对象。新的 ReplicaSet 也会在创建 Pod 时为 Pod 打上 rollouts-pod-template-hash 标签。此时，蓝绿环境中 ReplicaSet 同时存在。

当绿色环境的 Pod 全部就绪之后，Argo Rollout 会将 Service 中指向蓝色环境的 Pod 的选择器删除，并指向绿色环境的 Pod，从而达到切换流量的目的。同时，Argo Rollout 会将蓝色环境中的 ReplicaSet 副本数缩为 0，并将它作为灾备。上述流量切换过程如图 8-12 所示。

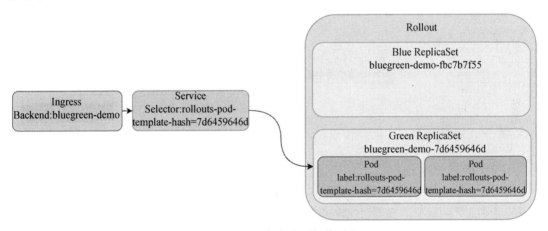

图 8-12　蓝绿发布流量切换过程

当需要回滚到蓝色环境时，Argo Rollout 只需调整蓝色环境中的 ReplicaSet 副本数并且修改 Service 对象的选择器，就可以达到快速回滚的目的。

8.2　金丝雀发布

虽然蓝绿发布能够实现环境间快速流量切换，但它只能全量切换流量，无法对新环境进行小规模的流量验证。

为了更好地了解生产环境中应用的性能和潜在的问题，最佳的方案是让新环境接收一小部分流量，以此来验证新环境中应用的表现。这种发布方式就叫作金丝雀发布，又叫作灰度发布。

在矿物开采早期，由于缺少有毒气体探测器，矿工下井之后的死亡率非常高。后来，人们发现金丝雀鸟对有害气体非常敏感，于是把金丝雀鸟放到矿井中充当探测器，以此来保护矿工。

新环境就像金丝雀鸟，首当其冲探测生产环境中应用的潜在问题，以此来提升发布的安全性。

本节将介绍如何通过手动的方式实现金丝雀发布，并结合 Argo Rollout 介绍如何实现金丝雀发布自动化。

在进入实战之前，你需要做好以下准备。

1）准备好 Kind 集群，并安装 Ingress-Nginx。

2）在集群内安装好 Argo Rollout 以及 Kubectl 插件。

8.2.1 概述

首先了解金丝雀发布的原理，如图 8-13 所示。

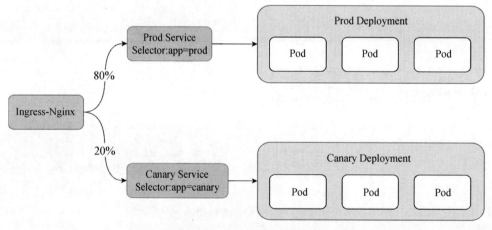

图 8-13　金丝雀发布的原理

在图 8-13 中，对同一个应用部署两套环境：一套是生产（Prod）环境，另一套是金丝雀（Canary）环境。两套环境分别由不同的 Service 通过选择器进行关联，最外层通过 Ingress-Nginx 网关将流量按比例分发到 Service。在图 8-13 中，20% 的流量会分发到金丝雀环境，80% 的流量会分发到生产环境。

除了以不同比例分发流量外，金丝雀发布还可以基于特定的 HTTP Header 识别和分发流量，如图 8-14 所示。

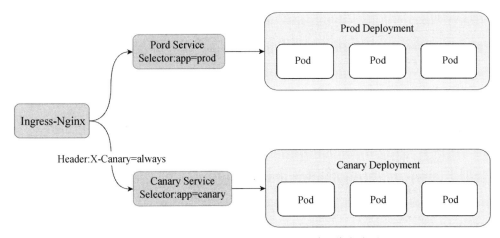

图 8-14　基于特定 HTTP Header 识别和分发流量

在图 8-14 中，常规流量将仍然访问生产环境，而请求头中带有 X-Canary 的请求将会被分发到金丝雀环境，以此对流量进行分发。

这两种方式在应用发布过程中具有极强的灵活性。第一种以不同比例分发流量的方式能够方便地进行灰度验证，避免大规模故障。第二种以识别特定请求的方式更加精准，可以很方便地控制什么类型的用户访问金丝雀环境，例如对不同地域、不同性别、年龄的用户进行金丝雀发布实验。

8.2.2　手动实现金丝雀发布

接下来进入金丝雀发布实战环节。我们将通过一个例子来说明如何使用 Kubernetes 原生的 Deployment 和 Service 进行金丝雀发布，实战过程主要包含以下几个步骤。

1）创建生产环境。

2）访问生产环境。

3）部署金丝雀环境。

4）配置金丝雀策略。

1. 创建生产环境

首先需要创建生产环境下的工作负载和 Service，将以下内容保存为 prod_deployment.yaml 文件：

```
apiVersion: apps/v1
kind: Deployment
metadata:
  name: prod
  labels:
    app: prod
spec:
```

```
    replicas: 1
    selector:
      matchLabels:
        app: prod
    template:
      metadata:
        labels:
          app: prod
      spec:
        containers:
        - name: demo
          image: argoproj/rollouts-demo:blue
          imagePullPolicy: Always
          ports:
          - containerPort: 8080
---
apiVersion: v1
kind: Service
metadata:
  name: prod-service
  labels:
    app: prod
spec:
  ports:
  - protocol: TCP
    port: 80
    targetPort: 8080
  selector:
    app: prod
  type: ClusterIP
```

在上述 Manifest 中，使用 argoproj/rollouts-demo:blue 镜像来模拟创建生产环境的 Deployment 工作负载，并通过选择器将 Service 和 Pod 进行关联。使用 kubectl apply 命令将上述 Service 和 Deployment 对象部署到集群内：

```
$ kubectl apply -f prod_deployment.yaml
deployment.apps/prod created
service/prod-service created
```

部署完成后，等待工作负载就绪：

```
$ kubectl wait pods -l app=prod --for condition=Ready --timeout=90s
pod/prod-96bc479bb-mxj6v condition met
```

出现上述输出，说明生产环境已经准备好。

接下来，创建生产环境中的 Ingress 策略。将以下内容保存为 prod_ingress.yaml 文件：

```
apiVersion: networking.k8s.io/v1
kind: Ingress
metadata:
  name: prod-ingress
```

```
spec:
  rules:
  - host: "canary.demo"
    http:
      paths:
      - pathType: Prefix
        path: "/"
        backend:
          service:
            name: prod-service
            port:
              number: 80
```

然后，将上述 Ingress 对象部署到集群内：

```
$ kubectl apply -f blue_ingress.yaml
ingress.networking.k8s.io/prod-ingress created
```

上述 Ingres 策略指定 canary.demo 作为访问域名，所以在访问前需要在本地配置 Hosts：

```
127.0.0.1 canary.demo
```

2. 访问生产环境

在 Hosts 配置完成后，使用浏览器打开 http://canary.demo 即可访问生产环境，如图 8-15 所示。

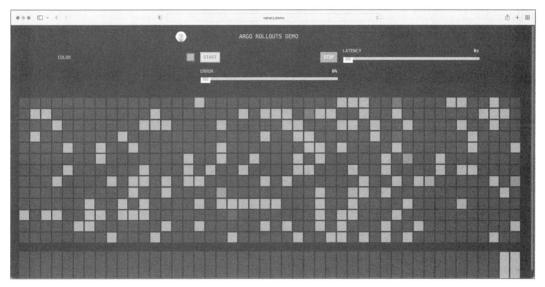

图 8-15　访问生产环境（见彩插）

在生产环境的页面中，浏览器每秒钟会向后端发出 50 个请求，蓝色方块代表后端接口返回的内容为 blue 字符串，对应 Prod 环境。

3. 部署金丝雀环境

现在以金丝雀发布的方式来更新环境，首先创建金丝雀环境，将以下内容保存为 canary_ deployment.yaml 文件：

```yaml
apiVersion: apps/v1
kind: Deployment
metadata:
  name: canary
  labels:
    app: canary
spec:
  replicas: 1
  selector:
    matchLabels:
      app: canary
  template:
    metadata:
      labels:
        app: canary
    spec:
      containers:
      - name: demo
        image: argoproj/rollouts-demo:green
        imagePullPolicy: Always
        ports:
        - containerPort: 8080
---
apiVersion: v1
kind: Service
metadata:
  name: canary-service
  labels:
    app: canary
spec:
  ports:
  - protocol: TCP
    port: 80
    targetPort: 8080
  selector:
    app: canary
  type: ClusterIP
```

在上述 Manifest 中，使用 argoproj/rollouts-demo:green 镜像来模拟创建金丝雀环境中的 Deployment。接下来使用 kubectl apply 将工作负载部署到集群内：

```
$ kubectl apply -f canary_deployment.yaml
deployment.apps/canary created
service/canary-service created
```

部署完成后，等待工作负载就绪：

```
$ kubectl wait pods -l app=canary --for condition=Ready --timeout=90s
pod/canary-579d4b57d6-fpg29 condition met
```

出现上述输出，说明金丝雀环境已经准备就绪。

4. 配置金丝雀策略

现在生产环境和金丝雀环境都已经准备好，接下来配置金丝雀环境的 Ingress 策略。将下面的内容保存为 canary_ingress.yaml 文件：

```
apiVersion: networking.k8s.io/v1
kind: Ingress
metadata:
  name: canary-ingress-canary
  annotations:
    kubernetes.io/ingress.class: nginx
    nginx.ingress.kubernetes.io/canary: "true"
    nginx.ingress.kubernetes.io/canary-weight: "20"
    nginx.ingress.kubernetes.io/canary-by-header: "X-Canary"
spec:
  rules:
  - host: "canary.demo"
    http:
      paths:
      - pathType: Prefix
        path: "/"
        backend:
          service:
            name: canary-service
            port:
              number: 80
```

与生产环境中的 Ingress 策略相比，上述金丝雀环境中 Ingress 策略的 metadata.annotations 字段有明显差异。

❑ nginx.ingress.kubernetes.io/canary 字段值为 true，表示启用金丝雀发布策略。

❑ nginx.ingress.kubernetes.io/canary-weight 字段值为 20，表示将 20% 的流量分发到金丝雀环境，实际上这是负载均衡的加权轮询机制。

❑ nginx.ingress.kubernetes.io/canary-by-header 字段值为 X-Canary，表示当 Header 中包含 X-Canary 时，无视流量比例规则，将请求直接分发到金丝雀环境。

所以，上述 Ingress 策略同时配置了基于请求流量比例以及请求头的金丝雀策略。

现在，将金丝雀环境中的 Ingress 策略部署到集群内：

```
$ kubectl apply -f canary_ingress.yaml
ingress.networking.k8s.io/canary-ingress-canary created
```

返回浏览器，你将会看到生产环境（蓝色方块）和金丝雀环境（绿色方块）中的流量按 4：1 比例分布，如图 8-16 右下角框出部分所示。

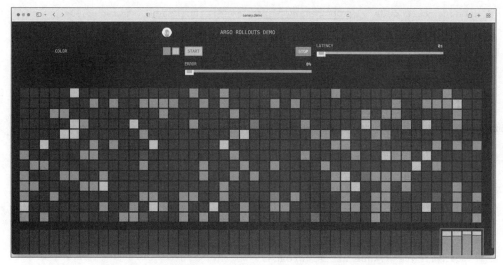

图 8-16　生产环境和金丝雀环境中的流量按 4∶1 比例分布

现在，你只需要调整金丝雀环境中的 Ingress 策略，分次提升 canary-weight 的值直到 100%，就可实现一次完整的金丝雀发布。

8.2.3　Argo Rollout 自动实现金丝雀发布

手动实现金丝雀发布存在以下几个问题。

1）需手动创建生产和金丝雀两个环境。

2）需手动配置 Ingress 策略。

3）需手动调整 Ingress 策略中的流量比例。

4）需人工判断金丝雀发布的质量。

5）需手动将金丝雀环境升级为 Prod 环境。

可以看出，手动实现金丝雀发布过程烦琐且效率低。借助 Argo Rollout 实现的自动金丝雀发布就能很好地解决这些问题。

1. 创建 Rollout 对象

Argo Rollout 对象能够自动管理金丝雀发布过程中涉及的资源的创建和变更。首先需要创建该对象，将以下内容保存为 canary-rollout.yaml 文件：

```
apiVersion: argoproj.io/v1alpha1
kind: Rollout
metadata:
  name: canary-demo
  labels:
    app: canary-demo
spec:
  replicas: 1
```

```
    selector:
      matchLabels:
        app: canary-demo
    template:
      metadata:
        labels:
          app: canary-demo
      spec:
        containers:
        - name: canary-demo
          image: argoproj/rollouts-demo:blue
          imagePullPolicy: Always
          ports:
          - name: http
            containerPort: 8080
            protocol: TCP
          resources:
            requests:
              memory: 32Mi
              cpu: 5m
    strategy:
      canary:
        canaryService: canary-demo-canary
        stableService: canary-demo
        canaryMetadata:
          labels:
            deployment: canary
        stableMetadata:
          labels:
            deployment: stable
        trafficRouting:
          nginx:
            stableIngress: canary-demo
            additionalIngressAnnotations:
              canary-by-header: X-Canary
        steps:
          - setWeight: 20
          - pause: {}
          - setWeight: 50
          - pause:
              duration: 30s
          - setWeight: 70
          - pause:
              duration: 30s
```

然后，将其部署到集群内：

```
$ kubectl apply -f canary-rollout.yaml
rollout.argoproj.io/canary-demo created
```

在上述 Rollout 对象中，spec.template 字段和 Deployment 工作负载中的字段定义是一致的。这里使用 argoproj/rollouts-demo:blue 镜像来创建生产环境中的工作负载，并定义了 strategy.canary 字段（代表使用金丝雀发布策略）。

canaryService 表示金丝雀环境中 Service 的名称。

stableService 表示生产环境中 Service 的名称。

canaryMetadata 和 stableMetadata 字段表示在金丝雀发布时，将额外的标签添加到 Pod，以区分不同环境中的 Pod。

trafficRouting.nginx 字段表示使用 Ingress-Nginx 来管理流量。trafficRouting.nginx.stableIngress 字段用来指定 Ingress 名称，该 Ingress 需要提前创建。

trafficRouting.nginx.additionalIngressAnnotations 字段用来配置特定的流量识别策略，此处的含义是当请求头中出现 X-Canary 时，那么将流量分发到金丝雀环境。

此外，还有一项重要的配置：canary.steps，它用来描述金丝雀发布自动化的步骤。

在上述例子中，自动化金丝雀发布实现步骤如下。

1）将金丝雀环境的流量比例配置为 20%；

2）暂停金丝雀发布，直到手动批准。

3）将金丝雀环境中的流量比例配置为 50%，并持续 30s。

4）将金丝雀环境中的流量比例配置为 70%，并持续 30s。

5）完成金丝雀发布，此时金丝雀环境成为新的生产环境，并接收所有的流量。

2. 创建 Service 和 Ingress 对象

接下来，创建 Service 和 Ingress 对象。首先创建用于生产环境的 canary-demo 对象和用于金丝雀环境的 canary-demo-canary Service 对象，将下面的内容保存为 canary-demo-service.yaml 文件：

```
apiVersion: v1
kind: Service
metadata:
  name: canary-demo
  labels:
    app: canary-demo
spec:
  ports:
  - port: 80
    targetPort: http
    protocol: TCP
    name: http
  selector:
    app: canary-demo
---
apiVersion: v1
kind: Service
metadata:
  name: canary-demo-canary
  labels:
```

```
      app: canary-demo
spec:
  ports:
  - port: 80
    targetPort: http
    protocol: TCP
    name: http
  selector:
    app: canary-demo
```

然后将它们部署到集群内：

```
$ kubectl apply -f canary-demo-service.yaml
service/canary-demo created
service/canary-demo-canary created
```

最后创建 Ingress 对象，将以下内容保存为 canary-demo-ingress.yaml 文件：

```
apiVersion: networking.k8s.io/v1
kind: Ingress
metadata:
  name: canary-demo
  labels:
    app: canary-demo
  annotations:
    kubernetes.io/ingress.class: nginx
spec:
  rules:
    - host: canary.auto
      http:
        paths:
          - path: /
            pathType: Prefix
            backend:
              service:
                name: canary-demo
                port:
                  name: http
```

上述配置中，canary.auto 为生产环境和金丝雀环境的访问域名。接下来使用 kubectl apply 命令将上述对象部署到集群内：

```
$ kubectl apply -f canary-demo-ingress.yaml
ingress.networking.k8s.io/canary-demo created
```

同样，为了能够访问 canary.auto 域名，需要配置 Hosts：

```
127.0.0.1 canary.auto
```

3. 访问生产环境

在 Hosts 配置完成后，使用浏览器打开 http://canary.auto 即可访问生产环境，如图 8-17 所示。

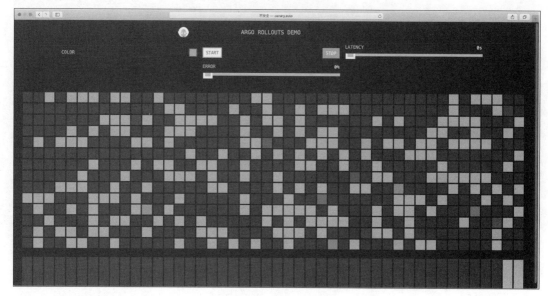

图 8-17 访问生产环境

4. 金丝雀发布自动化

接下来进入金丝雀发布自动化实战环节。

以更新镜像来模拟应用发布的过程，修改 Rollout 对象的 image 字段，将镜像版本 blue 修改为 green：

```
containers:
- name: canary-demo
  image: argoproj/rollouts-demo:green
```

然后使用 kubectl apply 将 Rollout 对象重新部署到集群内：

```
$ kubectl apply -f canary-rollout.yaml
rollout.argoproj.io/canary-demo configured
```

返回浏览器并等待十几秒，你将看到代表金丝雀环境的绿色方块开始出现，且大致占到总请求数的 20%，如图 8-18 所示。

同时，因为 Rollout 对象还配置了 canary-by-header 参数，所以当基于特定的 Header 识别和分发流量时，流量将被分发到金丝雀环境，接下来使用 curl 来验证：

```
$ for i in `seq 1 10`; do curl -H "X-Canary: always" http://canary.auto/color; done
"green""green""green""green""green""green""green""green""green""green"
```

从上述请求命令可知，当 Header 中携带 X-Canary: always 时，将返回 green 字符串，对应金丝雀环境。

至此，金丝雀发布自动化的第一阶段已经完成。接下来，结合 Argo Rollout Dashboard，继续完成后续的金丝雀发布自动化阶段。

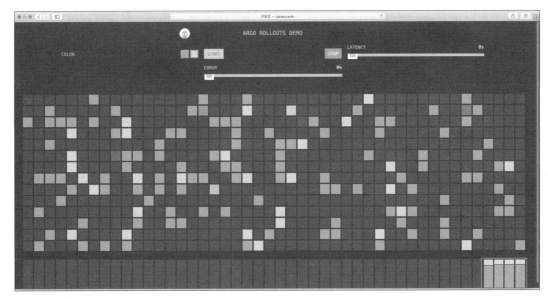

图 8-18　金丝雀环境中的流量占比（见彩插）

5. 访问 Argo Rollout Dashboard

首先，使用 kubectl argo rollouts dashboard 命令来访问 Argo Rollout Dashboard：

```
$ kubectl argo rollouts dashboard
INFO[0000] Argo Rollouts Dashboard is now available at http://localhost:3100/
    rollouts
```

然后，使用浏览器访问 http://localhost:3100/rollouts 即可打开 Dashboard，如图 8-19 所示。

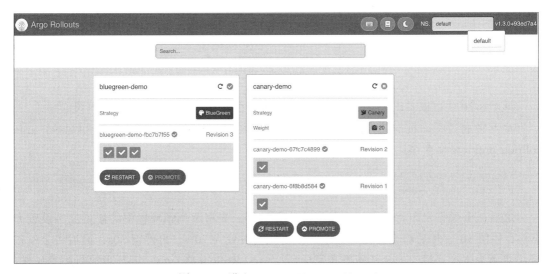

图 8-19　进入 Argo Rollout Dashboard

接下来，单击 canary-demo 进入详情，此时可看到金丝雀发布的完整步骤以及当前所处的步骤，如图 8-20 所示。

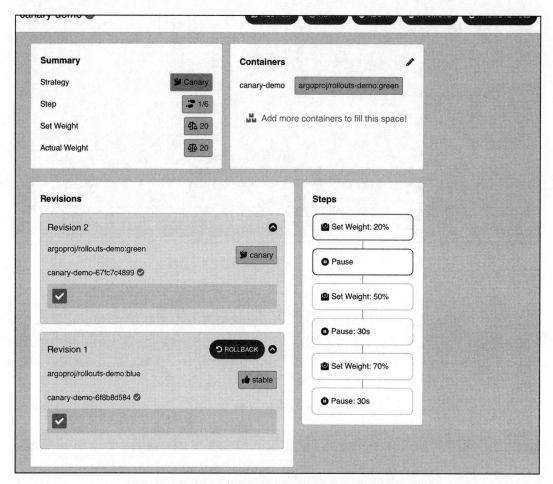

图 8-20　查看金丝雀发布的完整步骤以及当前所处的步骤

从图 8-20 中可以看出，金丝雀发布共有 6 个阶段，当前处于第二个暂停阶段。

接下来通过手动批准的方式让金丝雀发布进入下一个步骤。你可以使用 kubectl argo rollouts promote 命令来让金丝雀发布继续运行：

```
$ kubectl argo rollouts promote canary-demo
rollout 'canary-demo' promoted
```

之后，金丝雀发布将继续按照预定的步骤运行。先将金丝雀环境中的流量比例设置为 50%，停留 30s，然后将金丝雀环境中的流量比例设置为 70%，再停留 30s，最后将金丝雀环境更新为生产环境。当金丝雀发布完成后，Argo Rollout 将自动对旧环境执行缩容操作，如图 8-21 所示。

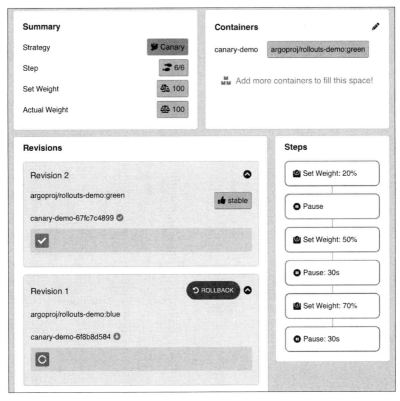

图 8-21 金丝雀发布结束

至此，一次完整的金丝雀发布自动化便实现了。

8.2.4 原理解析

Argo Rollout 实际上是在不同的步骤，通过修改 ReplicaSet、Service 和 Ingress 对象来实现金丝雀发布自动化的。

在创建生产环境时，Ingress、Service 和 Rollout 对象之间的关系如图 8-22 所示。

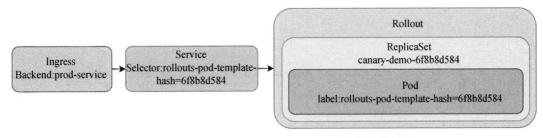

图 8-22 Ingress、Service 和 Rollout 对象之间的关系

图 8-22 中的流量链路较为简单。首先，最外层的 Ingress 对象在接收到流量后会将其分

发到生产环境中的 Service 对象，Service 对象又通过选择器来匹配被 Rollout 对象管理的 Pod。

　　当修改 Rollout 对象的镜像版本并进行金丝雀发布时，Rollout 对象会创建一个新的金丝雀环境对应的 ReplicaSet 对象，并修改 Service 对象的标签选择器来匹配金丝雀环境中的 Pod，然后生成一个额外的 Ingress 对象并匹配需要分发到金丝雀环境的流量，如图 8-23 所示。

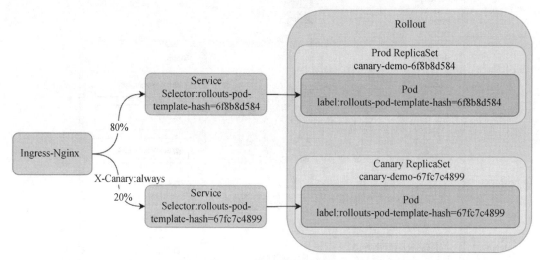

图 8-23　流量分发策略

　　当处于不同的金丝雀发布步骤时，Argo Rollout 将自动修改 Ingress 对象的 nginx.ingress.kubernetes.io/canary-weight 注解值，以此来控制不同比例的流量进入金丝雀环境。

　　最后，当金丝雀发布的所有阶段都完成后，Argo Rollout 还会将金丝雀环境更新为生产环境。具体的做法是，修改金丝雀环境的 Ingress 策略，将 nginx.ingress.kubernetes.io/canary-weight 注解值修改为 0，同时将旧环境中的 Service 对象的选择器修改为匹配金丝雀环境的 Pod，最后将旧环境中的 ReplicaSet 对象缩容为 0，如图 8-24 所示。

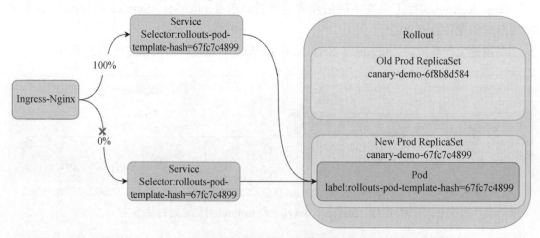

图 8-24　金丝雀环境升级原理

8.3　自动渐进式交付

自动渐进式交付指的是在金丝雀发布的基础上，增加指标分析自动化，并以此为依据来决定继续发布或回滚。它通过延长发布时间来保护生产环境，降低了发生生产事故的概率。

传统的金丝雀发布存在一个明显的缺点：无法自动判断金丝雀环境是否出错。当金丝雀环境在接收流量之后，它可能会产生大量请求错误，在缺少人工介入的情况下，若发布仍然按计划进行，最终将导致生产故障。

为了解决上述问题，我们希望金丝雀发布更加智能。一个好的工程实践方式是：通过指标分析来自动判断金丝雀发布的质量，如果符合预期，就继续执行金丝雀发布步骤；如果不符合预期，则进行回滚。这种分析方法也叫作自动金丝雀分析。

本节将介绍如何结合 Argo Rollout 和 Prometheus，实现自动渐进式交付。

8.3.1　概述

图 8-25 展示了自动渐进式交付的流程。

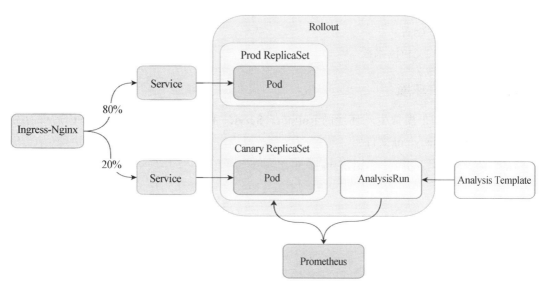

图 8-25　自动渐进式交付的流程

相比较金丝雀发布，自动渐进式交付增加了 Prometheus、Analysis Template 和 Analysis-Run 对象。其中，Analysis Template 为用于分析的模板，AnalysisRun 是分析模板的实例化，Prometheus 是用来存储指标的数据库。

在本节的实战中，自动渐进式交付流程如图 8-26 所示。

自动渐进式交付开始时，首先将金丝雀环境中的流量比例设置为 20% 并持续 2min，然后将金丝雀环境中的流量比例设置为 40% 并持续 2min，以此类推到 60%、80%，直到将金丝雀环境更新为生产环境为止。

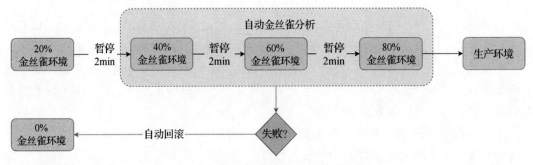

图 8-26 自动渐进式交付流程示例

从自动渐进式交付的第二个阶段开始，自动金丝雀分析运行。在持续运行的过程中，如果金丝雀分析失败，那么金丝雀环境将进行自动回滚。

自动渐进式交付过程大致分为以下几个步骤。

1）创建生产环境，包括 Rollout 对象、Service 和 Ingress。

2）创建用于自动金丝雀分析的 Analysis Template。

3）安装组件并配置。

4）启动渐进式交付流水线。

8.3.2 创建生产环境

首先，创建用于模拟生产环境的 Rollout、Service 和 Ingress 对象。将以下内容保存为 rollout-with-analysis.yaml 文件：

```
apiVersion: argoproj.io/v1alpha1
kind: Rollout
metadata:
  name: canary-demo
spec:
  replicas: 1
  selector:
    matchLabels:
      app: canary-demo
  strategy:
    canary:
      analysis:
        templates:
        - templateName: success-rate
        startingStep: 2
        args:
        - name: ingress
          value: canary-demo
      canaryService: canary-demo-canary
```

```
      stableService: canary-demo
      trafficRouting:
        nginx:
          stableIngress: canary-demo
      steps:
      - setWeight: 20
      - pause:
          duration: 2m
      - setWeight: 40
      - pause:
          duration: 2m
      - setWeight: 60
      - pause:
          duration: 2m
      - setWeight: 80
      - pause:
          duration: 2m
  template:
    metadata:
      labels:
        app: canary-demo
    spec:
      containers:
      - image: argoproj/rollouts-demo:blue
        imagePullPolicy: Always
        name: canary-demo
        ports:
        - containerPort: 8080
          name: http
          protocol: TCP
        resources:
          requests:
            cpu: 5m
            memory: 32Mi
```

相比较金丝雀发布的 Rollout 对象，上述 Rollout 对象并没有太大差异，但在 canary 字段下增加了 analysis 字段，它的作用是指定金丝雀分析的模板，模板将在稍后创建。此外，这里同样使用了 argoproj/rollouts-demo:blue 镜像来模拟生产环境。

然后，使用 kubectl apply 命令将 Rollout 对象部署到集群内：

```
$ kubectl apply -f rollout-with-analysis.yaml
rollout.argoproj.io/canary-demo created
```

接下来创建 Service 对象，这里一并创建生产环境和金丝雀环境所需要用到的 Service 对象，将以下内容保存为 canary-demo-service.yaml 文件：

```
apiVersion: v1
kind: Service
metadata:
  name: canary-demo
```

```
    labels:
      app: canary-demo
spec:
  ports:
  - port: 80
    targetPort: http
    protocol: TCP
    name: http
  selector:
    app: canary-demo
---
apiVersion: v1
kind: Service
metadata:
  name: canary-demo-canary
  labels:
    app: canary-demo
spec:
  ports:
  - port: 80
    targetPort: http
    protocol: TCP
    name: http
  selector:
    app: canary-demo
```

接着，使用 kubectl apply 命令将 Service 对象部署到集群内：

```
$ kubectl apply -f canary-demo-service.yaml
service/canary-demo created
service/canary-demo-canary created
```

最后，创建 Ingress 对象，将以下内容保存为 canary-demo-ingress.yaml 文件：

```
apiVersion: networking.k8s.io/v1
kind: Ingress
metadata:
  name: canary-demo
  labels:
    app: canary-demo
  annotations:
    kubernetes.io/ingress.class: nginx
spec:
  rules:
    - host: progressive.auto
      http:
        paths:
          - path: /
            pathType: Prefix
            backend:
              service:
                name: canary-demo
```

```
        port:
          name: http
```

将 Ingress 对象部署到集群内：

```
$ kubectl apply -f canary-demo-ingress.yaml
ingress.networking.k8s.io/canary-demo created
```

在访问生产环境之前，你还需要在本地配置 Hosts：

```
127.0.0.1 progressive.auto
```

接下来，使用浏览器打开 http://progressive.auto 即可访问生产环境，如图 8-27 所示。

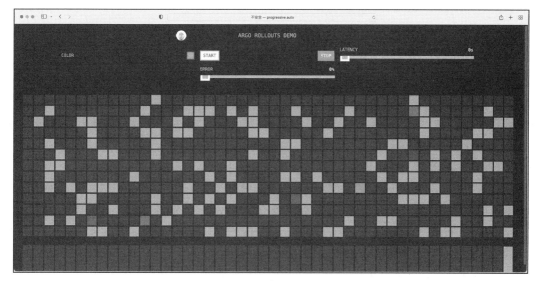

图 8-27　访问生产环境

至此，用于模拟渐进式交付的生产环境创建完成。

8.3.3　创建 Analysis Template

因为 Rollout 对象指定使用名为 success-rate 的金丝雀分析模板，所以接下来需要创建它。将以下内容保存为 analysis-success.yaml 文件：

```
apiVersion: argoproj.io/v1alpha1
kind: AnalysisTemplate
metadata:
  name: success-rate
spec:
  args:
  - name: ingress
  metrics:
  - name: success-rate
```

```
            interval: 10s
            failureLimit: 3
            successCondition: result[0] > 0.90
            provider:
              prometheus:
                address: http://prometheus-kube-prometheus-prometheus.prometheus:9090
                query: >+
                  sum(
                    rate(nginx_ingress_controller_requests{ingress="{{args.ingress}}",
                      status!~"[4-5].*"}[60s]))
                    /
                    sum(rate(nginx_ingress_controller_requests{ingress="{{args.ingress}}"})
                      [60s])
                  )
```

上述 Manifest 中的字段定义如下。

1）spec.args 字段定义了参数，该参数将在后续 query 语句中使用，参数值从 Rollout 对象的 canary.analysis.args 字段传递过来。

2）spec.metrics 字段定义了自动分析的相关配置。其中，interval 字段为频率，表示每 10s 执行一次分析。failureLimit 字段表示连续 3 次失败，则金丝雀分析失败，执行回滚动作。successCondition 字段表示判断条件，这里的 result[0] 是一个表达式，表示当查询语句的返回值大于 0.90 时，金丝雀分析成功。

3）spec.metrics.provider 字段定义了分析数据来源于 Prometheus，此外还定义了 Prometheus Server 的连接地址。Prometheus 将在稍后部署。

4）query 字段是金丝雀分析的查询语句。该查询语句可以简单理解为：在 60s 内，HTTP 状态码不为 4xx 和 5xx 的请求占所有请求的比例。换句话说，当 HTTP 请求成功的比例大于 0.90 时，这次金丝雀分析成功。

8.3.4　安装组件并配置

要使得 Analysis Template 能够顺利获得 Prometheus 的数据，需要安装 Prometheus 并配置 Ingress-Nginx。

1. 安装 Prometheus

Prometheus 是 Kubernetes 平台开源的监控和报警系统，在金丝雀分析需要用到，所以需要先部署。以下通过 Helm 的方式进行部署：

```
$ helm repo add prometheus-community https://prometheus-community.github.io/helm-
    charts
$ helm upgrade prometheus prometheus-community/kube-prometheus-stack \
--namespace prometheus  --create-namespace --install \
--set prometheus.prometheusSpec.podMonitorSelectorNilUsesHelmValues=false \
--set prometheus.prometheusSpec.serviceMonitorSelectorNilUsesHelmValues=false
```

```
Release "prometheus" does not exist. Installing it now.
......
STATUS: deployed
```

在上述安装命令中，通过 --set 对安装参数进行配置，这是为了让 Prometheus 能够顺利获取 Ingress-Nginx 的监控指标。

然后，等待 prometheus 命名空间下的工作负载就绪：

```
$ kubectl wait --for=condition=Ready pods --all -n prometheus
pod/alertmanager-prometheus-kube-prometheus-alertmanager-0 condition met
pod/prometheus-grafana-64b6c46fb5-6hz2z condition met
pod/prometheus-kube-prometheus-operator-696cc64986-pv9rg condition met
pod/prometheus-kube-state-metrics-649f8795d4-glbcq condition met
pod/prometheus-prometheus-kube-prometheus-prometheus-0 condition met
pod/prometheus-prometheus-node-exporter-mqnrw condition met
```

至此，Prometheus 便部署完成了。

2. 配置 Ingress-Nginx 和 ServiceMonitor

为了让 Prometheus 能够顺利获取 HTTP 请求指标，我们需要打开 Ingress-Nginx Metric 指标端口。

在将 Ingress-Nginx 部署到集群后，需要为 Ingress-Nginx Deployment 添加暴露指标的端口：

```
$ kubectl patch deployment ingress-nginx-controller -n ingress-nginx
  --type='json' -p='[{"op": "add", "path": "/spec/template/spec/
  containers/0/ports/-", "value": {"name": "prometheus","containerPort":10254}}]'
deployment.apps/ingress-nginx-controller patched
```

然后，为 Ingress-Nginx Service 添加指标端口：

```
$ kubectl patch service ingress-nginx-controller -n ingress-nginx --type='json'
  -p='[{"op": "add", "path": "/spec/ports/-", "value": {"name": "promethe
  us","port":10254,"targetPort":"prometheus"}}]'
service/ingress-nginx-controller patched
```

接着，为了让 Prometheus 能够获取 Ingress-Nginx 的指标，还需要创建 ServiceMonitor 对象。它可以为 Prometheus 配置指标获取的策略。将以下内容保存为 servicemonitor.yaml 文件：

```
apiVersion: monitoring.coreos.com/v1
kind: ServiceMonitor
metadata:
  name: nginx-ingress-controller-metrics
  namespace: prometheus
  labels:
    app: nginx-ingress
    release: prometheus-operator
spec:
  endpoints:
  - interval: 10s
    port: prometheus
```

```
selector:
  matchLabels:
    app.kubernetes.io/instance: ingress-nginx
    app.kubernetes.io/name: ingress-nginx
namespaceSelector:
  matchNames:
  - ingress-nginx
```

最后，通过 kubectl apply 命令将 Service Monitor 对象部署到集群内：

```
$ kubectl apply -f servicemonitor.yaml
servicemonitor.monitoring.coreos.com/nginx-ingress-controller-metrics created
```

在 ServiceMonitor 对象部署到集群后，Prometheus 会按标签匹配 Ingress-Nginx Pod，每 10s 主动拉取一次指标数据，并将数据保存到时序数据库中。

3. 验证 Ingress-Nginx 相关指标

接下来对 Ingress-Nginx 相关指标进行验证，这将决定 Argo Rollout 自动金丝雀分析是否能成功。

进入 Prometheus 控制台验证 Prometheus 是否成功获取 Ingress-Nginx 相关指标。

首先，使用 kubectl port-forward 命令将 Prometheus 转发到本地：

```
$ kubectl port-forward service/prometheus-kube-prometheus-prometheus 9090:9090 -n
  prometheus
Forwarding from 127.0.0.1:9090 -> 9090
Forwarding from [::1]:9090 -> 9090
```

接下来，使用浏览器打开 http://127.0.0.1:9090 即可进入 Prometheus 控制台，在搜索框中输入 nginx_ingress，如果出现一系列指标，则说明 Prometheus 和 Ingress-Nginx 配置完成，如图 8-28 所示。

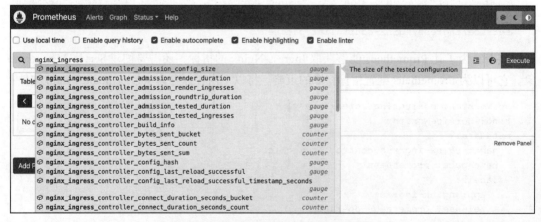

图 8-28　查看 Ingress-Nginx 相关指标

至此，自动渐进式交付的基础设施搭建完成，接下来进行实验。

8.3.5 启动自动渐进式交付流水线

在实验过程中，将按照上述流程图（见图 8-26）分别启动以下两个实验。

1）自动渐进式交付成功实验。

2）自动渐进式交付失败实验。

1. 自动渐进式交付成功实验

首先启动自动渐进式交付成功实验。

要触发自动渐进式交付，只要更新 Rollout 对象的镜像版本即可，这里使用 Argo Rollout 的 Kubectl 插件来更新镜像：

```
$ kubectl argo rollouts set image canary-demo canary-demo=argoproj/rollouts-
  demo:green
rollout "canary-demo" image updated
```

然后，使用浏览器打开 http://progressive.auto 即可查看应用，一段时间后看到绿色方块开始出现，占比约为 20%，如图 8-29 所示。

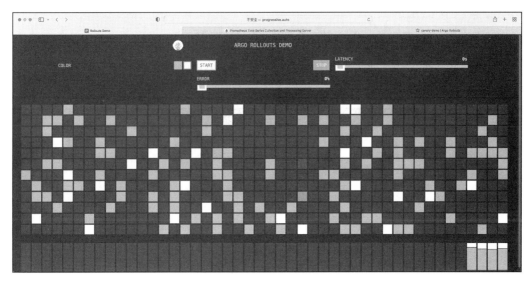

图 8-29　绿色方块占比

接下来，打开 Argo Rollout 控制台：

```
$ kubectl argo rollouts dashboard
INFO[0000] Argo Rollouts Dashboard is now available at http://localhost:3100/
  rollouts
```

使用浏览器访问 http://localhost:3100/rollouts 即可进入 Argo Rollout 控制台，观察自动渐进式交付过程。可以看出，目前处在 20% 流量在金丝雀环境的阶段，也就是暂停 2min 的阶段，如图 8-30 所示。

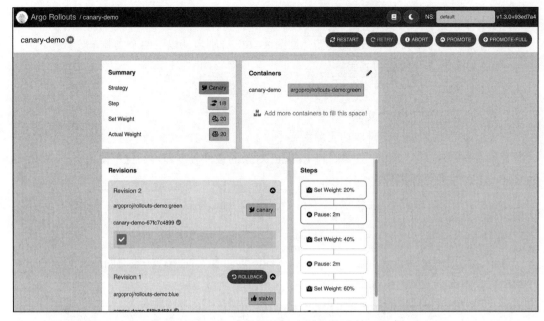

图 8-30　自动渐进式交付暂停阶段

2min 后，将进入 40% 流量在金丝雀环境的阶段。从该阶段开始，自动金丝雀分析将工作，直到金丝雀发布完成并升级为生产环境为止，此时自动金丝雀分析完成，如图 8-31 所示。

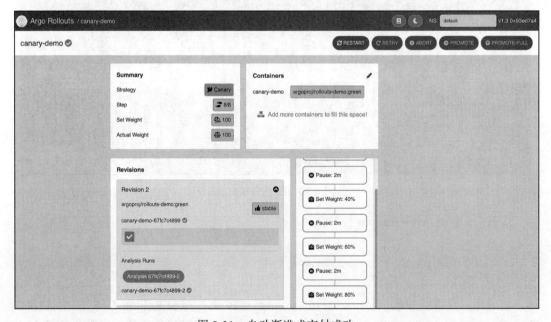

图 8-31　自动渐进式交付成功

至此，一次完整的自动渐进式交付成功实验完成。

2. 自动渐进式交付失败实验

在自动渐进式交付成功实验中，由于应用返回的 HTTP 状态码都是 200 ，所以金丝雀分析自然是成功的。

接下来启动自动渐进式交付失败实验。

经过交付成功实验之后，当前生产环境中的镜像为 argoproj/rollouts-demo:green，继续使用 Argo Rollout Kubectl 插件来更新镜像，并将镜像版本修改为 yellow 版本：

```
$ kubectl argo rollouts set image canary-demo canary-demo=argoproj/rollouts-
  demo:yellow
rollout "canary-demo" image updated
```

接下来，打开浏览器输入 http://progressive.auto 并查看应用，等待一段时间后，将看到出现黄色环境，如图 8-32 所示。

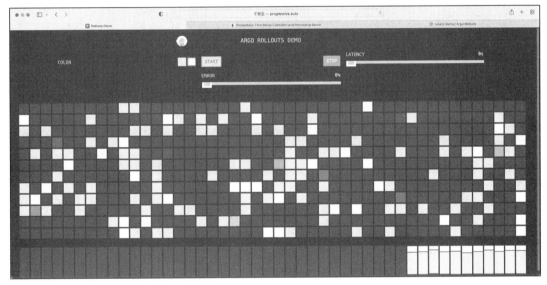

图 8-32　黄色环境开始出现（见彩插）

接下来，我们希望让应用返回错误的 HTTP 状态码来模拟金丝雀环境请求失败的情况。你可以滑动界面上的 ERROR 滑动块，将错误率设置为 50%，如图 8-33 所示。

现在，你将在黄色中带有红色描边的方块，这代表本次请求返回的 HTTP 状态码不是200，说明成功控制一部分请求返回错误。

2min 后，进入 40% 流量在金丝雀环境的阶段，此时自动金丝雀分析开始。现在进入 Argo Rollout 控制台：

```
$ kubectl argo rollouts dashboard
INFO[0000] Argo Rollouts Dashboard is now available at http://localhost:3100/
  rollouts
```

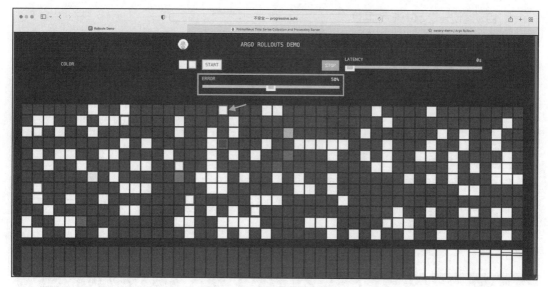

图 8-33　设置请求错误率

使用浏览器打开 http://localhost:3100/rollouts 即可进入 Argo Rollout 发布详情页，等待一段时间后出现金丝雀分析失败，如图 8-34 所示。

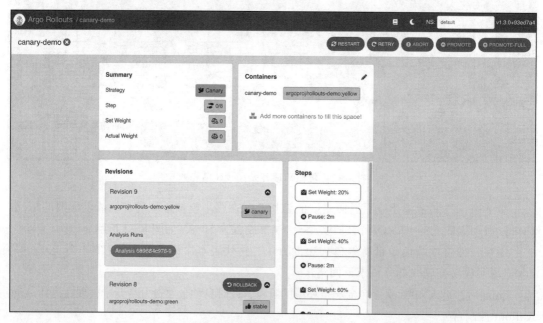

图 8-34　金丝雀分析失败

此时，Argo Rollout 将自动执行回滚操作，重新打开应用，会看到黄色方块消失，被绿色方块取代，说明已经完成回滚，如图 8-35 所示。

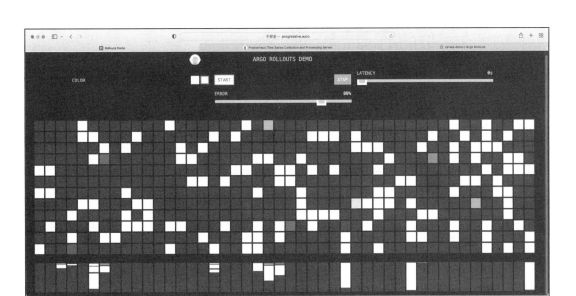

图 8-35　金丝雀分析自动回滚

到这里，一次完整的自动渐进式交付失败实验完成。

8.4　小结

本章介绍了 Kubernetes 的高级发布策略，包括蓝绿发布、金丝雀发布以及自动渐进式交付。其中，由于 Kubernetes Deployment 工作负载自身提供了滚动更新能力，所以蓝绿发布在实际应用中并不常见，而金丝雀发布和自动渐进式交付在实际应用中更加常见。

值得注意的是，本章所提到的高级发布策略均是针对南北流量，并不涉及东西流量（微服务间调用）。想要实现全链路的金丝雀发布和自动渐进式交付是比较困难的，需要结合 Istio 和 Linkerd 等服务网格技术，但核心思路仍然是流量的染色与识别，感兴趣的读者可以自行探索。

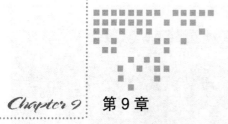

第 9 章

多环境管理

多环境管理在 GitOps 工作流中是非常重要的一环。它也是应用迁移到 GitOps 工作流时需要重点考虑的问题之一。

在 GitOps 多环境管理中，首先要了解环境类型以及如何实现环境晋升；其次在应用定义方面，可以选择单分支和多分支两种方案；在环境隔离方面，通常选择命名空间和集群隔离两种方案。

最后，通过一个例子来介绍如何使用 Argo CD ApplicationSet 自动创建和维护多环境。

9.1　环境类型和晋升

一个团队一般会有不同的分工和角色，这导致对环境的需求出现差异。通常，隔离性是一个重要的考虑因素。这种对隔离性的要求，产生了不同的环境类型，例如开发和测试时的非生产环境以及生产环境。

通常，环境之间的隔离性是逐级递增的。例如，开发和测试环境之间的隔离性要求比开发和生产环境之间的隔离性要求高，这就会产生环境隔离方案的选型差异。

此外，环境之间的晋升一般是逐级递增的。例如，开发环境晋升到测试环境，测试环境晋升到生产环境。

GitOps 中的 4 种环境类型都有独特的目的和特点。这四种环境类型前面有过介绍，这里不再赘述。如果读者还不熟悉，可以查找相关资料了解。

9.1.1　环境隔离方式

GitOps 中的环境隔离可以分为基于命名空间的环境隔离（软隔离）和基于集群的环境

隔离（硬隔离）。由于所有命名空间都在同一个集群内，不同环境可以很方便地实现跨命名空间通信，如图 9-1 所示。

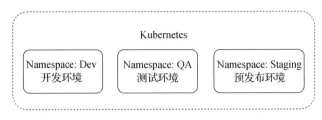

图 9-1　基于命名空间的环境隔离方式

这种隔离方式的缺点是：当集群中的资源不足时，所有环境可能都会受到影响。

基于集群的环境隔离是指将不同环境部署到不同的集群中，是一种硬隔离方式，可以有效地避免环境之间的资源竞争，如图 9-2 所示。

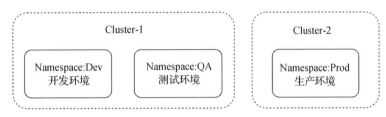

图 9-2　基于集群的环境隔离方式

对于严格要求隔离性的环境而言，例如开发环境和生产环境之间，基于集群隔离是一种很好的实践方式。不过，在这种隔离方式下，不同环境之间的通信效果较差，需要特殊的网络支撑。

9.1.2　环境晋升

环境晋升指的是将 Feature 或 Bug 从一个环境晋升到另一个环境。通常，环境晋升的步骤是从非生产环境到生产环境，如图 9-3 所示。

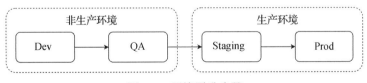

图 9-3　环境晋升步骤

通常，开发者完成一个 Feature 提取时，会在开发环境进行验证。当 Feature 在开发环境验证通过后，开发者再将其运用到测试环境，并提交给质量团队做进一步的测试和验收。当 Feature 在测试环境验证通过后，质量团队再将其运用到与生产环境几乎一致的预发布环境进行最后验证，通过后，最后运用到生产环境。

不过，上述环境晋升过程不是绝对的，在修复一些严重的 Bug 场景中，可能会跳过测试环境，直接晋升到预发布环境或生产环境。此外，对于回滚操作，也可能会跳过测试环境，直接基于生产环境进行回滚。

在 GitOps 中，由于环境的定义存放在 Git 仓库中，因此环境晋升过程是通过修改 Git 仓库中的配置来实现的。

9.2 环境管理模型

GitOps 的环境管理模型可以分为单分支和多分支管理模型。它们的主要差异是，在单分支管理模型中，所有环境的配置都保存在 Git 仓库的同一个分支中，而在多分支管理模型中，每个环境的配置都保存在不同的 Git 分支。

不过，这两种分支管理模型各有优缺点，需要结合实际情况进行选择。

9.2.1 多分支管理模型

多分支管理模型是将环境配置存储在不同分支的管理模型。例如，开发环境的配置存储在 Dev 分支，测试环境的配置存储在 QA 分支，生产环境的配置存储在 Main 分支。由于分支的隔离性，所以在环境晋升时，我们需要将待晋升的分支合并到目标分支，如图 9-4 所示。

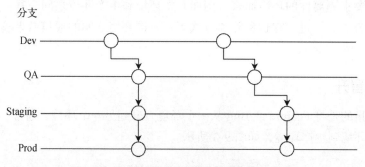

图 9-4　多分支管理模型和环境的对应关系

多分支管理模型的优点如下。

❑ 无须借助第三方工具，环境具有明确、清晰的定义。

❑ 可以通过 Git 仓库的权限控制来实现环境晋升的权限控制。

不过，它的缺点也是明显的，具体如下。

❑ 环境晋升需要合并分支和检查，不利于自动化。

❑ 不同环境之间很难共用配置，需要重复定义。

❑ 环境改动需要同步到所有分支，不利于维护。

9.2.2 单分支管理模型

单分支管理模型是将环境配置存储在同一个分支不同目录的管理模型。例如，以 Main 分支作为统一的环境配置分支，开发环境配置存储在该分支的 dev 目录，测试环境配置存储在该分支的 qa 目录，生产环境配置存储在该分支的 prod 目录。由于所有环境配置都在同一个分支内，所以环境之间的公共资源可以很方便地共用，从而避免重复定义问题。

此外，结合 Kustomize 和 Helm 工具，可以实现环境配置的模板化。以 Helm 为例，可以将环境配置参数存储在不同的配置文件，不同的环境通过指定不同的 values.yaml 文件来实现差异化的环境配置，如图 9-5 所示。

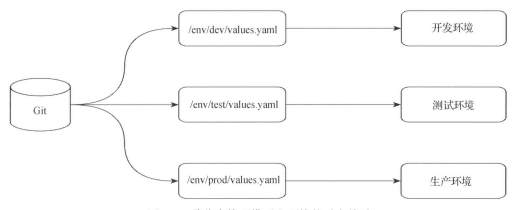

图 9-5 单分支管理模型和环境的对应关系

单分支管理模型的优点如下。
- ❑ 方便复用公共资源，无须重复定义。
- ❑ 能够通过模板化的方式实现环境配置，环境差异一目了然。

不过，它也有以下一些缺点，具体如下。
- ❑ 模板化的 Kubernetes 对象可能会导致配置过于复杂。
- ❑ 需要借助额外的工具，增加了学习成本。

不过，单分支管理模型的优点要远大于缺点，推荐使用单分支管理模型方式来管理多环境。在后文中，我们将会使用单分支管理模型来实现 GitOps 中环境管理自动化。

9.3 自动多环境管理

要为应用创建多环境，最简单的方案是创建多个 Application 对象。针对这种场景，Argo CD 通过 ApplicationSet 对象来自动管理多环境。

借助 ApplicationSet 对象，我们可以实现以下功能。

- □ 环境创建和删除自动化。
- □ 目录和环境映射。
- □ 环境参数差异化配置。

在进入本节实战前，你需要按照 1.2.1 节和 1.3.3 节的内容安装 Kind 集群并部署 Ingress-Nginx，并将 3.1 节的示例应用推送到 Git 仓库。

9.3.1　概述

Argo CD ApplicationSet 是一个比 Application 更高层次的 CRD，它可以帮助管理多个 Application 对象。它们之间的关系如图 9-6 所示。

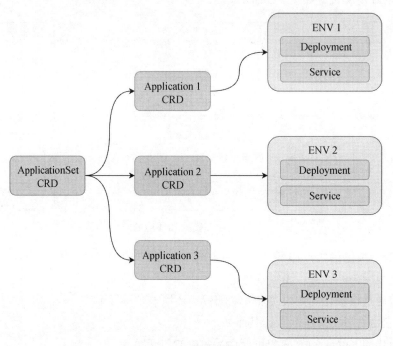

图 9-6　ApplicationSet 和 Application 对象之间的关系

ApplicationSet 可以生成多个 Application CRD 资源，以便创建多个环境。那么，如何为 ApplicationSet 定义要创建几个 Application 对象？这就要用到 ApplicationSet Generators。

ApplicationSet Generator 是 Application 对象的生成器，它可以通过遍历 Git 仓库中的目录来生成 Application 对象，如图 9-7 所示。

假设有一个 Helm 应用仓库，env 目录下存放了不同环境对应的 values.yaml 配置文件，那么 ApplicationSet Generator 能够遍历这些目录，并且自动创建不同环境下的 Application 对象，这样就实现了目录和环境的映射。这意味着，创建新环境等于创建目录和 values.yaml 配置文件。

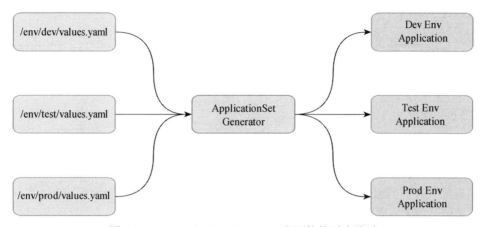

图 9-7 ApplicationSet Generator 和环境的对应关系

9.3.2 示例应用

在将 3.1 节介绍的示例应用克隆到本地后，你可以进入 helm-env 查看目录结构：

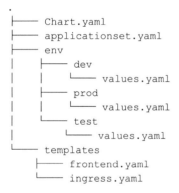

```
.
├── Chart.yaml
├── applicationset.yaml
├── env
│   ├── dev
│   │   └── values.yaml
│   ├── prod
│   │   └── values.yaml
│   └── test
│       └── values.yaml
└── templates
    ├── frontend.yaml
    └── ingress.yaml
```

上述目录结构包含 Chart.yaml、applicationset.yaml、env 和 templates 目录。实际上，这是一个标准的 Helm Chart。不同的是，values.yaml 并没有存放在 Helm Chart 的根目录下，而是存放在 env 目录下。

templates 目录存放示例应用的 Kubernetes 对象。为了简化演示过程，这里只部署前端相关的对象，即 frontend.yaml。

此外，ingress.yaml 也有一些特殊的配置：

```
apiVersion: networking.k8s.io/v1
kind: Ingress
metadata:
  name: frontend
  annotations:
    kubernetes.io/ingress.class: nginx
spec:
  rules:
```

```
- host: {{ .Release.Namespace }}.env.my
  http:
    paths:
      - path: /
        pathType: Prefix
        backend:
          service:
            name: frontend-service
            port:
              number: 3000
```

上述 Ingress 使用了 Helm 的内置变量 Release.Namespace。它指的是 Helm Chart 部署的命名空间，并将其与域名做了拼接。这样，当不同的环境被部署到独立的命名空间时，每个环境便具备了独立的访问域名，如图 9-7 所示。

9.3.3　ApplicationSet

在示例应用目录下有一个名为 applicationset.yaml 的文件，它定义了 ApplicationSet 对象，内容如下：

```
apiVersion: argoproj.io/v1alpha1
kind: ApplicationSet
metadata:
  name: frontend
  namespace: argocd
spec:
  generators:
  - git:
      repoURL: "https://github.com/lyzhang1999/kubernetes-example.git"
      revision: HEAD
      files:
      - path: "helm-env/env/*/values.yaml"
  template:
    metadata:
      name: "{{path.basename}}"
    spec:
      project: default
      source:
        repoURL: "https://github.com/lyzhang1999/kubernetes-example.git"
        targetRevision: HEAD
        path: "helm-env"
        helm:
          valueFiles:
          - "env/{{path.basename}}/values.yaml"
      destination:
        server: 'https://kubernetes.default.svc'
        namespace: '{{path.basename}}'
      syncPolicy:
        automated: {}
        syncOptions:
          - CreateNamespace=true
```

上述 ApplicationSet 对象分为两部分：spec.generators 和 spec.template。

generators 指生成器。这里使用了 Git 生成器，并指定了 Helm Chart 仓库地址。注意，需要将该地址替换为实际的仓库地址，如果为私有仓库，还需要为 Argo CD 配置仓库拉取凭据信息。

revision 值为 HEAD，表示远端最新修改的版本。

files 字段通过通配符 "*" 来匹配 env 目录下的 values.yaml 文件，并为 template 字段下的 Path 变量提供值。

template 字段实际上表示 Application 配置模板，结合生成器，能够动态生成 App-lication 对象。

metadata.name 字段配置了每一个 Application 的名称。在上述例子中，path.basename 变量对应 3 个值，分别是 env 下子目录的名称，对应 dev、test 和 prod。

helm.valueFiles 和 destination.namespace 字段同样使用了 path.basename 变量，以便为不同的环境指定不同的 values.yaml，以此实现不同环境安装参数差异化。

source.repoURL 字段表示 Helm Chart 的仓库地址，你需要将它替换为实际的仓库地址。

最终，上述 ApplicationSet 将根据目录结构生成 3 个 Application 对象，而 Application 对象将在 3 个命名空间部署，分别对应 Dev、Test 和 Prod 环境。

接下来，部署 ApplicationSet 对象至集群。你可以使用 kubectl apply 命令部署：

```
$ kubectl apply -f applicationset.yaml
applicationset.argoproj.io/frontend created
```

部署完成后，打开 Argo CD 控制台，将看到 ApplicationSet 创建的 3 个应用，名称为 dev、test 和 prod，同时它们被部署在不同的命名空间，如图 9-8 所示。

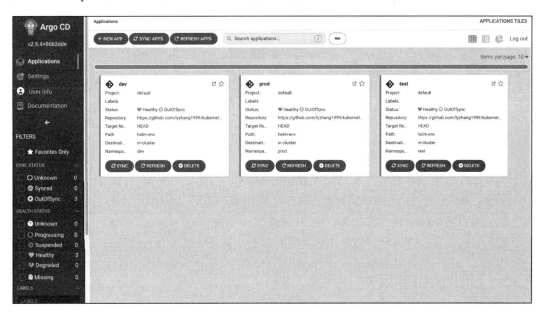

图 9-8　ApplicationSet 创建的 3 个应用

在访问控制台之前，你需要根据 7.1.2 节的内容进行端口转发。至此，ApplicationSet
对象已经创建完成。

9.3.4 访问多环境

在访问 3 个环境之前，你需要添加以下 3 个 Hosts 配置：

```
127.0.0.1 dev.env.my
127.0.0.1 test.env.my
127.0.0.1 prod.env.my
```

首先访问 Dev 环境。打开浏览器访问 http://dev.env.my，你将看到图 9-9 所示的页面。

图 9-9　访问 Dev 环境示例应用

然后访问 Test 环境。打开浏览器访问 http://test.env.my，你将看到输出有所差异，如
图 9-10 所示。

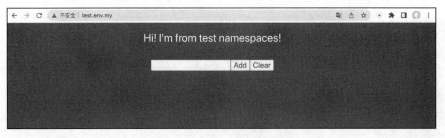

图 9-10　访问 Test 环境示例应用

同理，你可以通过链接 http://prod. env.my 访问生产环境。

至此，通过 ApplicationSet 自动管理多环境实验完成。当需要对不同的环境进行更新
时，你只需更新 env 目录下的 values.yaml 文件即可触发 Argo CD 自动同步。

此外，当需要创建新的环境时，你只需要在 env 目录下增加目录以及 values.yaml 即可。

9.3.5 自动创建新环境

接下来尝试创建一个新环境。

首先，在 env 目录下创建 staging 目录，对应预发布环境。你可以通过以下命令来创建：

```
cd helm-env/env
mkdir staging
```

然后，将 dev 目录下的 values.yaml 文件复制到 staging 目录下：

```
$ cp dev/values.yaml staging
```

最后，将修改文件提交到远端仓库：

```
$ git add .
$ git commit -m 'add stagign'
$ git push origin main
```

Argo CD 自动同步后，将创建新的 Staging 环境，如图 9-11 所示。

图 9-11　创建新的 Staging 环境

至此，新环境创建完成。

9.4　小结

本章深入探讨了环境类型和晋升、环境管理模型以及自动多环境管理等内容。在环境类型方面，本章介绍了包括 Dev、QA、Staging 和 Prod 环境，并讨论了环境隔离及环境晋升方式。此外，本章还介绍了两种环境管理模型：多分支管理模型和单分支管理模型，并阐述了它们的优缺点及适用场景。在自动多环境管理部分，本章通过一个示例应用展示了如何利用 Argo CD ApplicationSet 来实现环境的自动化管理。

Chapter 10 第 10 章

GitOps 安全

提到安全，最常见的是业务系统安全，例如数据库安全、业务逻辑安全、运行环境安全和网络安全等。

当我们将业务系统迁移到云原生架构时，上述安全问题仍然是值得关注的。此外，GitOps 工作流涉及更多基础设施，所以必定也将面临更多安全挑战。那么，在众多安全挑战中，哪些是需要特别关注的？此外，有哪些实践能够加强 GitOps 工作流的安全性？

本章将针对这两个问题进行探讨。

10.1 重点关注对象

根据 GitOps 工作流所涉及的上下游，我们需要重点关注以下几个对象：Docker 镜像、业务依赖、CI 流水线、镜像仓库、Git 仓库、Kubernetes 集群、云厂商服务。

10.1.1 Docker 镜像

Docker 镜像是安全问题产生的重要源头。通常，使用一些未知的基础镜像是引入安全问题的重要原因。

使用未知的基础镜像可能会带来几方面问题。首先，镜像内包含的系统工具可能因为版本过低而存在一些安全漏洞，这可能导致镜像在被部署后出现安全攻击。其次，在编写 Dockerfile 时，一般很少关注容器的运行用户。在默认情况下，如果使用 root 用户来运行容器，就会进一步扩大攻击面，如果应用本身比较脆弱，很容易受到提权攻击。

此外，当拉取 Docker 基础镜像时，默认情况下 Docker 不会验证它的来源和真实性。攻击者可能会制作一个具备相同功能但包含恶意程序的镜像。

在构建 Docker 镜像时，切勿将密钥文件复制到镜像内，以免导致凭据泄露。

基于上面提到的可能出现的安全问题，建议遵循以下几个原则使用 Docker 镜像。

1）使用可信赖的 Docker 基础镜像。通常情况下，它们在 Docker Hub 官网具有明确的标识。

2）尽量使用体积较小的基础镜像，最大限度减小安全攻击面。

3）在编写 Dockerfile 时，使用非 root 权限的用户来启动业务程序，可以借助开源工具 Hadolint 来检查 Dockerfile 是否符合最佳实践。

4）使用 Docker Content Trust 来验证 Docker 镜像的签名。你可以通过添加环境变量 DOCKER_CONTENT_TRUST=1 来启用该功能，同时对构建的镜像进行签名。

5）使用 docker scan 命令来扫描构建的业务镜像，该命令内置许多安全规则，可以最大限度避免出现安全问题。

10.1.2　业务依赖

业务依赖实际上是软件供应链中的一个环节。

在对业务系统进行编码时，通常会引入许多第三方业务依赖来减少开发工作量。这时就很容易引入可能包含安全漏洞的第三方业务依赖，比如影响面非常大的 Log4j2 安全漏洞。

要了解业务使用哪些第三方组件，你可以使用 docker sbom 命令来分析依赖。docker sbom 命令采用开源的 syft 项目来分析镜像的第三方依赖，它支持常见的编程语言和包安装工具，分析结果可以通过标准的 spdx-json 格式导出。spdx 是一个标准格式，它可以存储与软件有关的依赖和元数据。

以示例应用中 lyzhang1999/frontend:latest 镜像为例，你可以使用以下命令来获取镜像的 SBOM 清单：

```
docker sbom lyzhang1999/frontend:latest --format spdx-json --output sbom.json
```

SBOM 清单只是用来记录软件包含的依赖组件。你还可以通过开源的 Grype 工具来查看 SBOM 中已知的组件漏洞。

将它们集成到 CI 阶段能够及时发现业务依赖漏洞，一旦发现依赖组件存在安全漏洞，则可以立即停止将构建的镜像推送到镜像仓库，防止被部署到生产环境。

10.1.3　CI 流水线

在还未将发布流程迁移到 GitOps 工作流之前，许多团队会在 CI 流水线构建镜像并执行部署操作。常见的做法是直接在 CI 流水线执行 kubectl apply 命令来更新 Kubernetes 的镜像版本。

在该场景下，因为 CI 流水线能够直接访问集群，所以当 CI 流水线被劫持或者破坏时，就很容易将恶意的程序部署到集群中。

但是，随着将部署逻辑迁移到 GitOps 工作流，CI 流水线不再需要直接访问集群，安全风险有所降低。在 GitOps 工作流中，CI 流水线主要用来构建容器镜像，所以它可能将包含恶意程序的镜像推送到镜像仓库。在 CI 流水线中增加安全扫描则可以防止出现类似的安全事件。

此外，在使用 GitHub 或 GitLab 托管的 CI 过程中，流水线往往是通过分支或者 Pull Requeust 来触发的，此时需要防范攻击者在提交新的分支或者 Pull Request 时修改 CI 流水线定义文件，并利用它来实施一些攻击，比如运行恶意的流水线，或者通过日志打印敏感信息。

10.1.4　镜像仓库

镜像仓库的安全主要有以下两方面需要重点关注。

1）使用私有镜像仓库而不是公开的镜像仓库。

2）使用不可变的镜像版本。

对于第一点，通常在项目初期会将业务镜像上传到公共镜像仓库，例如 Docker Hub。因为任何人都能将其构建的镜像上传到公共的镜像仓库，所以将公共的镜像仓库视为可信的镜像源是不安全的。相反地，在生产环境下，应该完全禁止从公开的镜像仓库中拉取镜像。

比较好的实践是，在组织内部搭建一套可信的镜像仓库。例如使用 Harbor 搭建私有镜像仓库，并将它视为组织内唯一可信的镜像源，同时定期进行漏洞扫描，最大限度确保镜像仓库的可信度和安全性。

第二点则是新手非常忽视的。在早期构建镜像时，为了方便起见，不少团队会采用固定的版本命名，例如将每次构建的镜像版本都命名为 latest，这并不是正确的做法。首先，latest 不够语义化，无法将当前镜像版本对应到代码版本，更好的实践是使用类似 v1.0 或者 Git commit id 作为镜像版本号。其次，镜像版本不应该被覆盖，而是应当遵循“不可变版本”的原则对镜像版本进行锁定。这样做的好处是，即便攻击者获得了镜像仓库的写入权限，也无法用包含恶意程序的镜像覆盖已存在的镜像版本，自然无法将恶意的镜像部署到生产环境。

10.1.5　Git 仓库

在 GitOps 流程中，Git 仓库是集群资源的唯一可信源，包含 Kubernetes 对象、配置文件和密钥。

因此，除了合理配置 Git 仓库的权限以外，建议通过私有化的 Git 仓库配合内部网络策略来降低被攻击的可能性。

退一步说，如果 Git 仓库因为凭据泄露或其他原因而让攻击者具有访问和写入权限，在

GitOps 工作流中，攻击者必须将它的恶意代码提交到 Git 仓库才能触发部署，这就暴露了攻击者自身，也非常容易通过审计的手段及时发现。

合理的防范措施是：为 Git 仓库配置 Main 分支，并将 Main 分支作为 GitOps 部署源码。任何人将代码提交到 Main 分支，都需要经过人工核查才能合并，这样便能有效防范恶意的镜像或者代码部署到生产环境。

此外，我们还需要重点关注在 Git 仓库中存储的明文密钥，例如镜像拉取凭据、数据库连接信息和外部服务凭据。这些密钥信息应该通过加密的方式进行存储，这样即便仓库的读取权限泄露，攻击者也无法取得明文凭据，进一步保护系统安全。

本章后续内容将介绍如何对 Git 仓库存储的密钥进行加密。

10.1.6　Kubernetes 集群

Kubernetes 集群是最重要的基础设施，同样也是攻击者的重点攻击目标。

你可以通过以下方式保证 Kubernetes 集群处于安全状态。

1）仅限在内网访问 Kubernetes。

2）通过 Kubernetes RBAC 提供集群访问凭据，而不是使用管理员的 Kubeconfig。

3）隔离 Kubernetes 节点而不是将它们暴露在公网中。

4）开启 Kubernetes 的审计日志。

在 GitOps 工作流中，我们实际上为开发人员提供了一种全新的集群访问方式：通过 Git 访问而不是直接连接集群。在传统的发布流程中，我们需要对开发者或运维暴露 Kubeconfig，以便直接操作集群。这是一种危险的做法，很容易泄露凭据。

即便是在一些需要直接使用 Kubeconfig 的特殊场景中，我们也应该尽可能通过网络策略来保证集群的安全，比如关闭 Kubernetes 集群和节点的公网访问，使集群只能通过内网访问；通过 RBAC 来提供集群访问凭据，而不是直接对外分发管理员的集群访问凭据，并根据最小权限原则对资源和操作赋予权限。

开启 Kubernetes 的审计日志，及时发现与 API Server 的异常连接。

10.1.7　云厂商服务

云厂商服务指的是业务依赖的云厂商资源，例如消息队列、数据库和对象存储等。上述云厂商服务虽然与 GitOps 没有直接关系，但由于它们通常会和 Kubernetes 集群产生直接交互，所以也需要额外关注它们的安全问题。例如，当业务系统连接云厂商的数据库服务时，应该通过内网进行连接而不是通过公网连接。此外，Kubernetes 集群和数据库还应该在同一个 VPC（虚拟私有云）网络下，以便能够在内网环境通信。最后，我们还可以借助 IP 白名单策略禁止任何来自集群外的连接。

另外，云厂商部署的集群和其他服务深度绑定，所以可以很轻松地通过创建 Kubernetes 对象来创建云厂商的服务。例如，声明一个 LoadBalancer 类型的 Service 就能创建负载均衡器，这可能会导致服务被意外暴露在外网。还有，声明 PVC 时将自动创建云厂商的持久化存储服务，随着创建数量的增加，这会带来更高的成本。所以，我们在创建 Kubernetes 对象时，需要额外注意上述问题。

10.2 安全存储密钥

在 GitOps 工作流中，Git 仓库的密钥信息包括镜像拉取凭据、数据库连接信息和外部服务凭据等。它们都应该通过加密的方式进行存储，以保护系统安全。

在 GitOps 中，有 3 种工具可以实现密钥加密：Sealed Secrets、External Secrets、Vault。

10.2.1 Sealed Secrets

Sealed Secrets 包含 Kubernetes 控制器和命令行工具，可以用于加密和管理敏感信息。

Sealed Secrets 主要由以下两个组件组成。

1）控制器：部署在 Kubernetes 集群中的一个自定义控制器，负责解密 SealedSecret CRD，并生成 Kubernetes Secret 资源。

2）命令行工具（kubeseal）：用于将普通的 Kubernetes Secret 加密为 SealedSecret CRD 对象。

Sealed Secrets 基于非对称加密原理实现。在部署控制器时，Sealed Secrets 会生成一对公钥和私钥并存储在 Kubernetes 集群中。用户可以使用 kubeseal 命令行工具将普通的 Secret 资源加密成 SealedSecret CRD。在加密过程中，kubeseal 使用控制器提供的公钥进行加密。这样，用户便能够将加密后的 SealedSecret CRD 提交到代码库。

当 SealedSecret CRD 被部署到集群时，控制器会使用私钥对其进行解密，然后创建 Kubernetes Secret 资源。

10.2.2 External Secrets

External Secrets 是一个 Kubernetes 控制器，能够从外部密钥管理系统获取密钥信息，并将其同步为 Kubernetes Secret 对象。

External Secrets 控制器能够和外部密钥管理系统（如 AWS Secrets Manager、HashiCorp Vault 等）进行集成，并从这些系统中获取密钥信息。在使用时，用户需要创建一个 ExternalSecret CRD，并指定密钥的名称和来源，External Secrets 控制器将轮询外部系统的密钥信息，并将其重新创建为 Kubernetes Secret 对象。

10.2.3 Vault

Vault 是一款开源的、分布式的、高可用的密钥管理和数据加密工具，由 HashiCorp 开发。Vault 通过集中式存储、访问控制和加密，为应用程序和基础设施提供安全、可扩展的密钥管理解决方案。它由以下几个组件组成。

- ❑ 存储服务：负责存储加密后的密钥和数据，支持内存、文件系统、数据库存储。
- ❑ 认证服务：支持多种认证方式，如 Token、用户名密码、TLS 证书、OAuth 等。
- ❑ 密钥引擎：负责生成、管理和控制对密钥和数据的访问，例如动态密钥、静态密钥、加密即服务等。
- ❑ 审计设备：负责记录所有对 Vault 的请求和响应，以确保请求合规性和可审计性。

Vault 的核心原理是在应用程序和基础设施之间建立一个安全的中介，将敏感数据与访问控制分离。它的架构分为两层：存储层和核心层。存储层负责持久化加密数据，核心层负责处理请求、加密数据和访问控制。

10.3　Sealed Secrets 实战

在几种密钥管理方案中，Sealed Secrets 在易用性和安全性方面有较大优势，并且社区活跃度也比较高，也更容易和 GitOps 工作流结合。

本节将通过一个实战应用来介绍如何使用 Sealed Secrets 来管理 GitOps 工作流中的密钥。

10.3.1　安装

Sealed Secrets 包含命令行工具和运行在集群的控制器。在使用之前，我们需要安装它们。

1. 安装命令行工具

kubeseal 是本地和集群 Sealed Secrets 服务交互的命令行工具，用来加密机密信息。以 macOS 系统为例，你可以使用 brew 命令安装 kubeseal：

```
$ brew install kubeseal
```

对于 Windows 和 Linux，可以访问链接 https://github.com/bitnami-labs/sealed-secrets/releases 并下载 kubeseal 最新版的二进制文件进行安装。

2. 安装控制器

Sealed Secrets 控制器负责对加密的信息进行解密，并生成 Kubernetes 原生的 Secret 对象，推荐以 Helm 的方式进行安装。

首先，添加 Sealed Secrets 的 Helm 仓库：

```
$ helm repo add sealed-secrets https://bitnami-labs.github.io/sealed-secrets
```

然后，通过 helm install 命令进行安装：

```
$ helm install sealed-secrets -n kube-system --set-string fullnameOverride=sealed-
  secrets-controller sealed-secrets/sealed-secrets
```

接下来，等待工作负载就绪：

```
$ kubectl wait deployment -n kube-system sealed-secrets-controller --for
  condition=Available=True --timeout=300s
```

至此，Sealed Secrets 便安装完成了。

10.3.2 示例应用

为了演示将 Sealed Secrets 与 GitOps 结合，我们设计了一个工作负载。它包含两种类型密钥，分别是镜像拉取凭据和 Kubernetes Secret 对象：

```
apiVersion: apps/v1
kind: Deployment
metadata:
  name: sample-spring
spec:
    ......
    spec:
      imagePullSecrets:
      - name: github-regcred
      containers:
      - name: sample-spring
        image: ghcr.io/lyzhang1999/sample-kotlin-spring:latest
        ports:
        - containerPort: 8080
          name: http
        env:
          - name: PASSWORD
            valueFrom:
              secretKeyRef:
                key: password
                name: sample-secret
```

该工作负载的镜像存放在 GitHub Package 镜像仓库，同时将仓库设置为私有类型，所以，如果不提供 Image Pull Secret 配置是无法拉取镜像的。将工作负载直接部署到集群会产生 ImagePullBackOff 事件。

imagePullSecrets 是镜像拉取凭据，该凭据稍后将通过 kubeseal 创建。

此外，我们还为工作负载配置了 env 环境变量，它的值来源于名为 sample-secret 的 Secret 对象。该对象也会在稍后通过 kubeseal 来创建。

10.3.3 创建 Argo CD 应用

为了演示 Sealed Secrets 和 GitOps 工作流的结合，首先需要创建 Argo CD 应用。

将该应用定义一并存放在 3.1 节的示例应用仓库，当将其克隆到本地后，修改 sealed-secret/application.yaml 文件，并将 RepoURL 替换为实际的 Git 仓库地址：

```
apiVersion: argoproj.io/v1alpha1
kind: Application
metadata:
  name: spring-demo
spec:
  project: default
  source:
    # 替换为实际的 Git 仓库地址，注意将仓库权限设置为公开，并使用 HTTPS 协议
    repoURL: https://github.com/lyzhang1999/kubernetes-example.git
```

然后，进入 sealed-secret 目录，并将 application 对象部署到集群内：

```
$ cd sealed-secret
$ kubectl apply -f application.yaml
```

现在，你将在 Argo CD 控制台看到该应用，如图 10-1 所示。

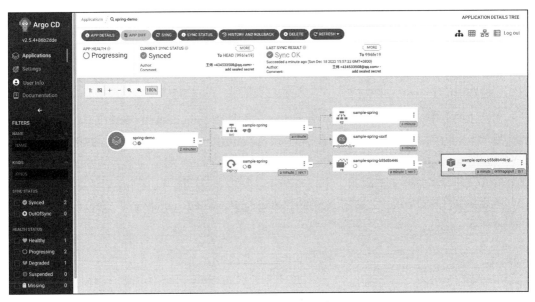

图 10-1　查看 Argo CD 应用

注意：在进入 Argo CD 控制台之前需要进行端口转发操作，并获取 Argo CD admin 和默认密码，具体操作请参考 7.1.2 节。

当 Argo CD 在部署工作负载时，因为并没有为集群提供 imagePullSecrets，所以 Kubernetes 集群无法拉取镜像，控制台将抛出 ImagePullBackOff 事件。

10.3.4　加密 Secret 对象

接下来，尝试对两种 Secret 对象（Image Pull Secret 和普通 Secret 对象）进行加密，并将加密后的 Secre 对象推送到 Git 仓库，以便 Argo CD 将它们一并部署到集群内。

1. 创建 Image Pull Secret 对象

为了让 Kubernetes 集群顺利拉取镜像，首先创建镜像拉取凭据。

我们已经将原始 Kubernetes Secret 对象存放在示例应用的 sealed-secret/image-pull-secret. yaml 文件中：

```
kind: Secret
type: kubernetes.io/dockerconfigjson
apiVersion: v1
metadata:
  name: github-regcred
data:
  .dockerconfigjson: eyJhdXRocyI6eyJnaGNyLmlvjp7InVzZXJuYW1lIjoibHl6aGFuZzE5OTki
    LCJwYXNzd29yZCI6ImdocF83cWtmWRmFjVjlnd2NFRU1SY1Z3ZXMFMZ0dPVnVXTzUzcnVPbHYiLCJh
    dXRoIjoiYkhsNmFHUnVaaekU1T1RrNloyaHdYemR4YR4YTFaR1lXTldPV2QzWTWBWRlRWSmpWbmRsY1V4
    blIwOVdkVmRQT1lROeWRVOXNkZz09In19fQ==
```

上述 Secret 对象只经过 Base64 编码，并不安全。

接下来，进入 sealed-secret 目录，创建加密后的 Secret 对象：

```
$ kubeseal -f image-pull-secret.yaml -w manifest/image-pull-sealed-secret.yaml
  --scope cluster-wide
```

在上述命令中，-f 参数指定了原始 Secret 对象文件：image-pull-secret.yaml。-w 表示将加密后的 Secret 对象写入 manifest 目录的 image-pull-sealed-secret.yaml 文件中，这样 Argo CD 便能将 Image Pull Secret 对象一并部署到集群内。--scope 表示加密后的 Secret 对象可以在集群的任何命名空间中使用。

然后，查看 kubeseal 生成的 manifest/image-pull-sealed-secret.yaml 文件，加密后的文件内容如下：

```
apiVersion: bitnami.com/v1alpha1
kind: SealedSecret
metadata:
  annotations:
    sealedsecrets.bitnami.com/cluster-wide: "true"
  creationTimestamp: null
  name: github-regcred
spec:
  encryptedData:
    .dockerconfigjson: AgBgEUOxC1i2AuZJ2LzPiSfYblycy71NGv1SapA46ugFlWyKRaUg+WQGDH
      r6W6m+/8mBPvDuKh40xrszBEeaN212qNbbyb87tb1fZ8v9g7DmcsYp5I3VBSQ+9sljoXlf8XmT
      yGnohl6ZV5i79muSzhmJhNJAofOGVX4O52RvGjP8P9LvLYS7rlV/Nv49F5tnJqaEtZbYlxpQ5W
      ggFFyOZ+LSaR/wkS0anOW/k6ZU/KHWijnvBKl/YRBbXsPHnyJpkFmGhN8hvZkaUZYpRZ+mbkdY
      MPw6HAgUMiyMWnbbzRBheJmiFafKV9RRfqfZoTaHubLIXdpFRrHdRS6SojYUuJFrVTM9xXRdpa
      dC9T0cRCwvKGGGRVbNosOWhPtB2DkwzptQOL+6KMAlBHFrOKdkVULKVveJV269X85NcQDH40ZZ
      MuCTMPIItC8hs6pqOheQ0SvaYrVri1GkEXovUYbNArhnUPnUuUf/zMTbQ5sYOGb20ST1HbBJqi
      TvIn54N22tg0ANhTaRSuQoW7yxd7ZGno2xNiyoIYk/6r7m3rRUtmBXR8+VD1bmuandH+Bpb4rn
      YDmZUSEFuhXm/d/szgoaE+s6b/RHhml7WsaPXQEmOInaoe3WvwZvTa9htLKJq2XzHkPMHa5H4v
```

```
        PZ4+1MyM13o1R8GLYuwI5gFqsyDfnLRQ2bXMbAwiSFkhQ947RpXHmG0Y29opLeNnjDt93gGFfo
        20wIYwl5YhOALpV3K5vKL1gAmRq1urAtDGSnCZkrMQKbEtQUKPJrzgmftAanzScKyVrFkQ8lG7
        CBv9xt42acvYJL0gIyVUKdXFay6qN4/GyYx41QvLYOAMctkafluI2EZQweasetM8g2js+uAUJn1
        +WtUqtE2Tljd+avc7sJwWpEZfpW2BpcXAOGC4pLxLVKjm8EKLTru4vi5TOF0bfOvZJGBnEFuZQ
        MYpme
      template:
        metadata:
          annotations:
            sealedsecrets.bitnami.com/cluster-wide: "true"
          creationTimestamp: null
          name: github-regcred
        type: kubernetes.io/dockerconfigjson
```

从上述文件的内容可知，原始的 Secret 对象被转化为了 SealedSecret 对象，并且增加了 encryptedData 字段存放加密后的内容。

2. 创建普通 Secret 对象

除了创建镜像拉取凭据外，我们还可创建为工作负载提供密码的 Secret 对象。同样，我们将原始的 Secret 对象存放在示例应用 sealed-secret/sample-secret.yaml 文件中：

```
apiVersion: v1
kind: Secret
metadata:
  name: sample-secret
data:
  password: YWRtaW4K
```

在上述 Secret 对象中，password 字段表示业务所需的密码。接下来，使用 kubeseal 命令来创建加密后的 Secret 对象：

```
$ kubeseal -f sample-secret.yaml -w manifest/sample-sealed-secret.yaml --scope
  cluster-wide
```

命令运行后，将在 manifest 目录下生成 sample-sealed-secret.yaml 文件。它包含加密后的 Secret 内容。

3. 推送到代码仓库

最后，将刚才创建的加密后的文件推送到 Git 仓库：

```
$ git add .
$ git commit -a -m 'add secret'
$ git push origin main
```

现在，进入 Argo CD 应用详情，单击 SYCN 按钮同步代码。此时，应用状态转变为 Healthy（健康状态）。Sealed Secrets 控制器将对部署到集群中的 SealedSecret CRD 对象进行解密，并创建原始的 Kubernetes Secret 对象，以供 Deployment 工作负载使用，如图 10-2 所示。

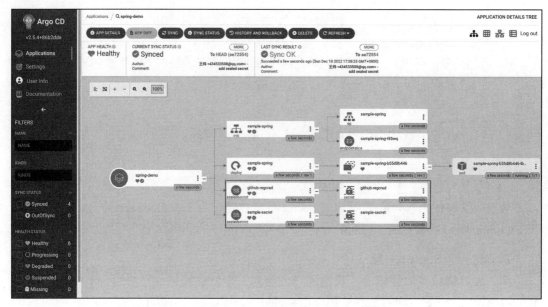

图 10-2　Sealed Secrets 创建的 Kubernetes Secret 对象

至此，工作负载成功启动。

10.3.5　验证 Secret 对象

接下来，验证应用是否能够顺利获取来自 Secret 对象提供的密码。

首先，对示例应用执行端口转发操作：

```
$ kubectl port-forward svc/sample-spring 8081:8080 -n secret-demo
```

然后，打开一个新的命令行窗口，并访问示例应用的获取环境变量的接口：

```
$ curl http://localhost:8081/actuator/env/PASSWORD
```

```
{"property":{"source":"systemEnvironment","value":"******"},"activeProfiles":[],"
  propertySources":[{"name":"server.ports"},{"name":"servletConfigInitParams"},{"
  name":"servletContextInitParams"},{"name":"systemProperties"},{"name":"systemE
  nvironment","property":{"value":"******","origin":"System Environment Property
  \"PASSWORD\""}},{"name":"random"},{"name":"Config resource 'class path resource
  [application.yml]' via location 'optional:classpath:/'"},{"name":"Management
  Server"}]}
```

从返回结果可知，应用已经成功获取 PASSWORD 环境变量，这说明 Sealed Secrets 控制器生成的 Secret 对象已经被正确地注入 Pod。

10.3.6　原理解析

Sealed Secrets 的工作原理较为简单，如图 10-3 所示。

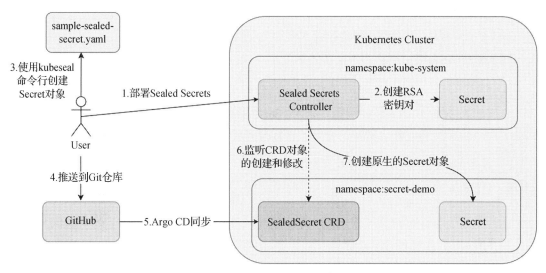

图 10-3　Sealed Secrets 工作原理

因为加 / 解密涉及非对称加密技术，所以当在集群内安装 Sealed Secrets 控制器时，控制器会在集群范围内查找私钥 / 公钥对，如果没找到，会生成一个新的 RSA 密钥对，并存储在部署 Sealed Secrets 命名空间的 Secret 对象中。我们可以通过以下命令查看密钥：

```
$ kubectl get secret -n kube-system
NAME                                   TYPE                 DATA   AGE
sealed-secrets-keyj78wj                kubernetes.io/tls    2      131m
```

进一步获取密钥：

```
$ kubectl get secret sealed-secrets-keyj78wj -n kube-system -o yaml
```

当在本地使用 kubeseal 加密 Secret 对象时，kubeseal 会从集群中下载 RSA 公钥，并使用它来加密 Secret 对象，然后生成加密后的 SealedSecret CRD 资源，即 SealedSecret 对象。

集群内的控制器监听到有新的 SealedSecret 对象被部署时，会使用集群内的 RSA 私钥来解密信息，并且在集群内重新生成 Secret 对象，以便工作负载使用。

10.3.7　生产建议

因为 Sealed Secrets 的加解密过程需要使用 RSA 密钥对，而 RSA 密钥对又是在部署控制器时自动生成的，所以需要额外留意存储 RSA 密钥对的 Kubernetes Secret 对象。

尤其是在需要进行集群迁移时，你需要对它进行备份，如果遗失，将无法对 Git 仓库存储的 SealedSecret 对象解密，必须重新从原始的 Secret 对象生成加密后的 SealedSecret 对象。

要对已有的 RSA 密钥对进行备份，可以导出存储它的 Secret 对象，并保存为 backup-sealed-secret-rsa.yaml 文件：

```
$ kubectl get secret -n kube-system -l sealedsecrets.bitnami.com/sealed-secrets-
  key -o yaml > backup-sealed-secret-rsa.yaml
```

接下来将 RSA 密钥重新部署到新的集群：

```
$ kubectl apply -f backup-sealed-secret-rsa.yaml
```

然后部署 Sealed Secrets 控制器。因为 kube-system 命名空间已存在 RSA 密钥对，所以 Sealed Secrets 默认将它作为解密的密钥，这样便完成了集群的迁移工作。

10.4　小结

本章介绍了与 GitOps 安全相关的内容，包括在工作流中需要重点关注的对象以及如何安全地存储 Git 仓库保存的密钥信息。

GitOps 为开发者提供了一种全新的集群访问方式，这在一定程度上提升了安全性。不过，实施 GitOps 过程中可能会引入一些安全问题，比如，如何保证 Git 仓库中的密钥信息安全，以及如何保证集群内的应用安全等。

在对 Git 仓库机密信息加密方面，本章还介绍了 3 种常见的工具。根据易用性和安全性，本章重点对 Sealed Secrets 进行了深入介绍，并通过示例说明与 Argo CD 协同工作的方法。

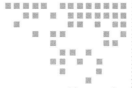

第 11 章 *Chapter 11*

可观测性

可观测性是指对应用进行监控、分析和诊断的能力。因为云原生应用具有分布式和微服务的特性，所以可观测性是应用稳定性以及高可用性的重要保障。可观测性主要基于三方面进行评估，包括指标、日志和链路。

指标主要用于追踪应用的运行状态，通过指标的度量值可以判断系统的表现情况。常见的指标涉及 CPU、内存、磁盘和网络等的评估。日志包括业务的输出情况，涉及各种级别的提示、警告和错误信息等，结合查询系统可实现错误快速定位。链路是指分布式追踪，可用于评估一个完整的请求链中微服务的性能情况。

11.1 健康状态排查

在实际场景中，当业务出现异常时，我们一般遵循从外到内的原则排查，也就是先检查应用整体的状态和可用性，再借助可观测性工具对应用内每一个微服务进行深入排查。

要检查业务的健康状态，一般从以下几方面进行排查：应用健康状态、Pod 健康状态、Service 连接状态、Ingress 连接状态。

11.1.1 应用健康状态

对于 Kubernetes 应用而言，它往往包含不同的 Kubernetes 对象和工作负载。判断应用是否处于健康状态，等同于判断应用所有的工作负载是否处于健康状态，这很烦琐也不直观。

在 GitOps 工作流中，之所以推荐使用 Argo CD 来部署应用，很重要的原因就是它内置了应用级健康状态，如图 11-1 所示。

图 11-1　Argo CD 应用级健康状态

　　Argo CD 为几种标准的 Kubernetes 对象提供了健康状态的算法，当应用内所有资源都处于健康状态时，则认为应用也处于健康状态，这符合我们的直觉。

　　Kubernetes 工作负载（例如 Deployment、StatefulSet 和 DaemonSet 等）的健康状态有以下 3 个判断条件。

　　1）工作负载处于运行状态。

　　2）部署的版本符合期望版本。

　　3）实际的副本数符合期望的副本数。

　　而对于 Service 而言，Argo CD 会检查类型是否为 LoadBalancer，判断 status.load-Balancer. ingress 字段是否为空，从而判断是否成功创建负载均衡器；而对于 Ingress 而言，判断 status.loadBalancer.ingress 字段是否为空。

　　对于持久卷（PVC），Argo CD 会检查 status.phase 字段是否为 Bound 状态。

　　所以，要检查业务应用的健康状态，首先应该查看 Argo CD 的应用健康状态，如果状态为 Healthy，说明应用运行正常；如果状态为 Degraded，说明应用处于异常状态。

　　此外，Argo CD 的 CURRENT SYNC STATUS 可用于进一步判断集群内所有资源是否已经和仓库进行了同步。Synced 状态表示已经同步完成；Out-Of-Sync 状态表示集群资源和 Git 仓库中的资源有差异；Out-Of-Sync 状态表示需要额外留意产生差异的原因，例如是否手动修改了集群内的资源或者直接在集群内创建了新的资源等。

11.1.2　Pod 健康状态

　　Argo CD 的应用状态为 Degraded 时，表示应用当前处于异常，此时就需要进一步排查，首先从 Kubernetes 对象开始着手。

　　因为 Pod 是 Kubernetes 调度的最小单位，所以，当工作负载出现故障时，首先应该查看 Pod 的状态。Pod 的状态涉及启动状态和运行状态，排查也相对复杂。接下来通过一个例子来说明 Pod 排查方法。

　　首先，创建用来实验的 Pod，将以下内容保存为 pod-status.yaml 文件：

```
apiVersion: v1
kind: Pod
metadata:
  name: running
  labels:
    app: nginx
spec:
```

```
    containers:
      - name: web
        image: nginx
        ports:
          - name: web
            containerPort: 80
            protocol: TCP

---
apiVersion: v1
kind: Pod
metadata:
  name: backoff
spec:
  containers:
    - name: web
      image: nginx:not-exist

---
apiVersion: v1
kind: Pod
metadata:
  name: error
spec:
  containers:
    - name: web
      image: nginx
      command: ["sleep", "a"]
```

然后，使用 kubectl apply 命令将它应用到集群：

```
$ kubectl apply -f pod-status.yaml
pod/running created
pod/backoff created
pod/error created
```

接下来，使用 kubectl get pods 查看刚才创建的 3 个 Pod：

```
NAME         READY      STATUS              RESTARTS        AGE
backoff      0/1        ImagePullBackOff    0               50s
error        0/1        CrashLoopBackOff    1               4s
running      1/1        Running             0               50s
```

在上述例子中，创建的 3 个 Pod 的状态包含 ImagePullBackOff、CrashLoopBackOff 和 Running。

Running 状态表示运行中，ImagePullBackOff 和 CrashLoopBackOff 状态分别代表容器启动和运行阶段的错误，它们也是生产环境中出现频率最高的错误。

1. ImagePullBackOff

ImagePullBackOff 是一种典型的容器启动阶段的错误。除它之外，以下是容器启动阶段可能出现的错误：ErrImagePull、ImageInspectError、ErrImageNeverPull、RegistryUnav-ailable、InvalidImageName。这些错误出现的概率较低，而 ImagePullBackOff 出现概率最高，这可能是以下两个原因导致的：镜像名称或者版本错误；指定了私有镜像，但没有提供拉取凭据。

在刚才创建的 backoff Pod 中，Pod 的镜像为 nginx:not-exist，它是一个不存在的镜像版本，所以自然会抛出此错误。

而对于容器启动阶段的错误，我们可以使用 kubectl describe 命令来查看错误详情：

```
$ kubectl describe pod backoff
Events:
  Type    Reason    Age                From         Message
  ----    ------    ----               ----         -------
  Normal  Scheduled 10m                default-scheduler Successfully assigned de-
fault/backoff to kind-control-plane
  Normal  Pulling   8m43s (x4 over 10m) kubelet      Pulling image "nginx:not-exist"
  Warning Failed    8m40s (x4 over 10m) kubelet       Failed to pull image "nginx:not-
exist": rpc error: code = NotFound desc = failed to pull and unpack image
"docker.io/library/nginx:not-exist": failed to resolve reference "docker.io/
library/nginx:not-exist": docker.io/library/nginx:not-exist: not found
  Warning Failed    8m40s (x4 over 10m) kubelet      Error: ErrImagePull
  Warning Failed    8m11s (x6 over 10m) kubelet      Error: ImagePullBackOff
  Normal  BackOff   4s (x42 over 10m)   kubelet      Back-off pulling image "nginx:
not-exist"
```

从返回结果 Events 事件可知，集群抛出了 nginx:not-exist: not found 异常，如此也就定位到了具体的错误。

2. CrashLoopBackOff

CrashLoopBackOff 是一种典型的容器运行阶段的错误。RunContainerError 也是类似的错误。

出现上述错误的主要原因有两个。

1）容器内的应用程序在启动时出现了错误，例如配置读取失败导致无法启动。

2）配置出错，例如配置了错误的容器启动命令。

在刚才创建的 error Pod 中，故意配置了错误的容器启动命令，这导致出现 CrashLoop-BackOff 异常。

对于容器运行阶段的错误，大部分错误来源于业务本身的启动阶段，所以一般只需要查看 Pod 的日志就能够定位问题。例如，尝试查看 error Pod 的日志：

```
$ kubectl logs error
sleep: invalid time interval 'a'
Try 'sleep --help' for more information.
```

从返回的日志可知，sleep 命令抛出了一个异常：参数错误。在生产环境中，一般会用 Deployment 工作负载来管理 Pod，Pod 在运行阶段出现异常时，Pod 名称会随着重新启动而发生变化，因此我们可以增加 --previous 参数来查看 Pod 日志：

```
$ kubectl logs pod-name --previous
```

11.1.3　Service 连接状态

有时，即便 Pod 处于运行状态，应用也无法从外部请求到业务服务，此时就要关注 Service 的连接状态了。

Service 是 Kubernetes 的核心组件，正常情况下它是可用的。在生产环境中，流量的流向一般是从 Ingress 到 Service 再到 Pod。所以，当应用无法从外部请求到业务服务时，我们应当先从最内层（即 Pod）开始检查，最简单的方式就是直连 Pod 并发起请求，检查 Pod 是否能正常工作。

要在本地访问 Pod，可以使用 kubectl port-forward 进行端口转发，以前文创建的 Pod 为例：

```
$ kubectl port-forward pod/running 8081:80
```

若本地请求 2081 端口成功，代表 Pod 以及业务运动正常。

接下来，进一步检查 Service 的连接状态。同样地，最简单的方式也是通过端口转发直连 Service 发起请求：

```
$ kubectl port-forward service/<service-name> local_port:service_pod
```

如果 Service 能够返回正确的内容，说明 Service 运行正常。如果无法返回正确的内容，通常可能以下两个原因。

1）Service 选择器没有正确匹配到 Pod。

2）Service 的端口和 TargetPort 配置错误。

通过修复上述两项配置，我们便能解决 Service 和 Pod 的连接问题。

11.1.4　Ingress 连接状态

在 Service 排查结束后，如果仍然无法请求到业务服务，我们就需要进一步排查 Ingress。

首先，确认 Ingress 控制器的 Pod 是否处于运行状态：

```
$ kubectl get pods -n ingress-nginx
NAME                                      READY   STATUS    RESTARTS        AGE
ingress-nginx-controller-8544b85788-c9m2g 1/1     Running   6 (4h35m ago)   1d
```

在确认 Ingress 控制器并无异常之后，几乎可以确认是 Ingress 策略配置错误。可以通过 kubectl describe ingress 命令来查看 Ingress 策略：

```
$ kubectl describe ingress ingress_name
Name:             ingress_name
Namespace:        default
Rules:
  Host        Path  Backends
  ----        ----  --------
              /     running-service:80 (<error: endpoints "running-service" not found>)
```

上述结果中出现了 not found 错误，说明 Service 名称配置错误，修正配置即可修复 Ingress 访问故障。

11.2 日志

日志作为应用可观测性实现的三大支柱之一，能够为软件提供全生命周期的事件和错误记录。

查询分布式应用的日志是一项非常复杂的任务，应用组件往往运行在不同的实例中，此外，不同应用输出日志的格式可能不同，这就导致日志的收集和查询变得困难。所以，建立中心化的日志存储和查询系统是必要的。

本节将介绍如何通过 Loki 来搭建轻量级日志系统。

11.2.1 Loki 安装

Loki 日志系统包含以下 3 个组件。

❑ Loki：核心组件，负责日志存储和处理查询。

❑ Promtail：日志收集工具，负责收集 Pod 日志并发送给 Loki。

❑ Grafana：UI Dashboard，用于查询日志。

为了一次性安装所有的组件，Grafana 封装了 Loki-Stack Helm Chart，它包含以上所有组件，并且包含初始化配置，推荐使用 Helm 的方式来安装。

首先，执行以下命令添加 Helm Repo：

```
$ helm repo add grafana https://grafana.github.io/helm-charts
```

然后，使用 Helm 来安装 Loki：

```
$ helm upgrade --install loki --namespace=loki-stack grafana/loki-stack --create-
    namespace --set grafana.enabled=true --set grafana.image.tag="9.3.2"
```

在上述安装命令中，安装 Loki 的命名空间为 loki-stack，并且使用 --set 参数开启了 Grafana 组件，镜像版本设置为 9.3.2。

接下来，等待 Loki 所有组件就绪：

```
$ kubectl wait --for=condition=Ready pods --all -n loki-stack --timeout=300s
pod/loki-0 condition met
pod/loki-grafana-6f54cd8746-z5pmh condition met
pod/loki-promtail-qzcwj condition met
```

至此，Loki 安装完成。为了更好地了解 Loki，你可以通过 kubectl get all 查看 loki-stack 命名空间下的工作负载：

```
$ kubectl get all -n loki-stack
......
NAME                          DESIRED   CURRENT   READY   UP-TO-DATE   AVAILABLE
```

```
NODE SELECTOR    AGE
daemonset.apps/loki-promtail   1   1   1   1   1   <none>   22h

NAME                           READY   UP-TO-DATE   AVAILABLE   AGE
deployment.apps/loki-grafana   1/1     1            1           22h

NAME                               DESIRED   CURRENT   READY   AGE
replicaset.apps/loki-grafana-6f54cd8746   1         1         1       22h
replicaset.apps/loki-grafana-7cbbfb8f9b   0         0         0       22h

NAME                      READY   AGE
statefulset.apps/loki     1/1     22h
```

从返回结果可知，Promtail 组件是以 Daemonset 方式来部署的，Grafana 组件是以 Deployment 方式来部署的，Loki 组件需要持久化存储，所以通过有状态的 Statefulset 方式来部署。

Grafana 是查询日志的 UI 界面。在访问前，需要先从 Secret 对象中获取登录密码：

```
$ kubectl get secret --namespace loki-stack loki-grafana -o jsonpath="{.data.
  admin-password}" | base64 --decode ; echo
R1JTMgYLrmFBqlKCs9PWH6rk0LmhhHlobaZLdHU7
```

在生产环境中，推荐为 Grafana 配置 Ingress 策略，并通过 Ingress-Nginx 网关进行访问；在测试环境中，可以通过端口转发的方式进行访问：

```
$ kubectl port-forward --namespace loki-stack service/loki-grafana 3000:80
```

接下来，使用浏览器访问 http://127.0.0.1:3000，输入用户名 admin 和获取的密码登录。Grafana 界面如图 11-2 所示。

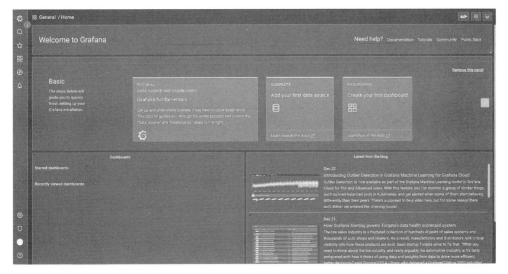

图 11-2　Grafana 界面

11.2.2 部署示例应用

为了让集群内产生一些日志，首先需要部署示例应用：

```
$ kubectl apply -f https://ghproxy.com/https://raw.githubusercontent.com/
  lyzhang1999/kubernetes-example/main/loki/deployment.yaml
deployment.apps/log-example created
service/log-example created
ingress.networking.k8s.io/log-example created
```

在上述示例应用中，因为配置了存活探针，所以 Pod 每隔 10s 将在标准输出中打印日志信息。接下来尝试通过 kubectl logs 命令来查看 Pod 的日志信息：

```
$ kubectl logs -l app=log-example
time="2022-12-23T02:55:52Z" level=info msg="request completed"
  duration="63.233µs" method=GET size=4 status=200 uri=/ping
{"duration":63233,"level":"info","method":"GET","msg":"request completed","size"
  :4,"status":200,"time":"2022-12-23T02:55:52Z","uri":"/ping"}
```

从返回结果可知，示例应用输出了两种格式的日志信息：一种是标准的 logfmt 格式，另一种是 JSON 格式。它们是在生产环境中常见的日志格式。在日志内容中，duration 表示请求处理的时间，method 表示请求处理的方式，size 表示返回内容的大小，status 表示返回的状态码，uri 表示请求的路径。

11.2.3 查询日志

在部署示例应用后，Pod 将持续产生日志信息，接下来尝试使用 Loki 来查询 Pod 日志。在进入 Grafana UI 界面后，单击左侧 Explore 菜单进入日志查询界面，如图 11-3 所示。

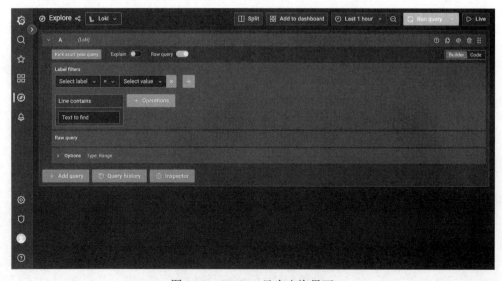

图 11-3　Grafana 日志查询界面

查询 Loki 的日志信息需要用到 LogQL，它是在 Loki 中查询日志的一种特殊语法，学习门槛较高。为了降低学习成本，我们在部署 Grafana 时指定了 9.0 版本，它带有图形化的查询语句构造器，这样便能通过表单的方式来构造查询语句。

在 Label filters 下拉框中选择 app，在右侧的下拉框中选择部署的示例应用 log-example，此时，在 Raw query 中会显示通过表单构造的 LogQL。单击右上 Run query 按钮来查询日志，将能看到界面中返回的 Pod 日志信息，如图 11-4 所示。

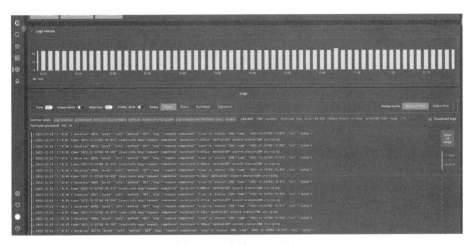

图 11-4　查询 Pod 日志

这样就完成了一次最简单的日志查询。

在生产环境中，有时还需要通过查询日志中的关键信息来定位错误的位置。如果想通过关键字来查询日志，可以在 Line contains 下方的输入框中输入关键字，例如要查找包含字符串"200"的日志，如图 11-5 所示。

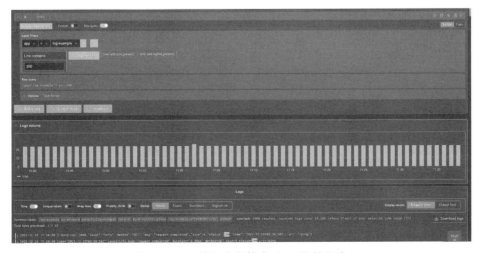

图 11-5　查找包含字符串"200"的日志

接下来，进一步分析日志查询语句。在查询过程中通过表单构造的 LogQL 为：

```
{app="log-example"} |= `200`
```

上述 LogQL 是一个非常典型的查询语句。它由两部分组成——前半部分大括号里的 {app="log-example"} 是日志流选择器，后半部分是日志管道操作，如图 11-6 所示。

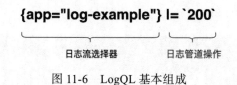

图 11-6　LogQL 基本组成

日志流选择器决定日志的来源，它可以通过 Label filters 标签过滤器来选择日志，是一段包在大括号内的表达式。

日志管道操作是对日志的进一步处理，它以"|"符号作为管道操作符，例如通过关键字搜索日志，或者通过正则表达式过滤日志。

如果你熟悉 Linux 系统，那么可以把日志管道操作和 Linux 中的管道操作进行类比。例如要从 Linux 中的一个 log 文件中查找一段包含某个关键字的日志，可以使用如下命令：

```
$ cat log.log | grep "key_word"
```

在上述 Linux 命令中，cat 其实就是 Loki 中的日志流选择器，决定了日志来源。而后面的管道操作符和 grep 则是对日志的进一步检索。

1. Label filters

Label filters 是标签过滤器，可以用来选择日志的来源。例如通过 Kubernetes Label 可以匹配一组 Pod 的日志，还可以匹配某个命名空间的日志，甚至某个容器的日志。通常，我们可以使用以下几种类型的标签过滤器。

❏ 工作负载的 Label：通过工作负载的 Label 匹配一组 Pod 作为日志来源，例如上述提到的 {app="log-example"}。

❏ 容器：选择特定的容器作为日志来源。

❏ 命名空间：选择特定的命名空间作为日志来源。

❏ 节点：选择特定的节点作为日志来源。

❏ Pod：选择特定的 Pod 作为日志来源。

在实际的业务场景中，要查看日志的对象往往是明确的，所以一般会通过工作负载的 Label 或者特定的容器来选择日志来源，这会减少检索日志的数量并加快查询速度。

2. 日志管道操作

日志管道操作是以"|"符号标识的。与 Linux 的管道操作符一样，在一次日志查询中，可以使用多个日志管道组成链式操作。

日志管道操作的一个最简单的例子是通过关键字查找日志，也就是上述提到的匹配包含字符串"200"的日志，具体写法为：|= 200

"="号实际上表示一个表达式，代表包含字符串。除了包含，我们还可以使用以下几个操作符。

- ❏ !=：日志不包含字符串。
- ❏ |~：日志匹配正则表达式。
- ❏ !~：日志不匹配正则表达式。

此外，对于结构化的日志信息，日志管道操作还包括使用内置的日志解析器，例如 logfmt 和 JSON 解析器，它们可以进一步分析日志中的键值对。

3. 日志字段值查询

在大部分项目中，一般会通过 logfmt 和 JSON 格式输出日志。logfmt 和 JSON 都是包含 Key 和 Value 的日志格式，例如以下是一个 logfmt 格式的日志：

```
time="2022-12-23T02:55:52Z" level=info msg="request completed"
 duration="63.233μs" method=GET size=4 status=200 uri=/ping
```

有时候，通过关键字匹配的日志可能不能满足需求。例如前文提到的例子中，包含字符串"200"的日志并不代表请求返回状态码为 200 的日志，而是需要精确匹配日志中的 status 字段值。

此外，如果想找到所有请求返回状态码为非 200 的日志，关键字搜索也无法满足要求。此时，我们就需要一种能够查找字段值的工具：日志解析器。

例如，对于 logfmt 格式的日志，要找到 status 字段值为 200 的日志，可以通过以下 LogQL 语句查找：

```
{app="log-example"} | logfmt | status = `200`
```

通过 logfmt 管道操作，Loki 能够解析日志内的所有字段。同理，我们还可以将 status 字段替换为 uri 字段来查找特定的请求路径。

而对于 JSON 格式的日志，我们可以使用 JSON 解析器。在上述语句中，只需要将 logfmt 替换为 json 即可：

```
{app="log-example"} | json | status = `200`
```

此外，我们还可以通过 Grafana 表单构造查询语句，如图 11-7 所示。

最后，将上述 LogQL 语句输入 Grafana 进行查询，还可以将切换到 Code 模式（参考截图中灰框部分），如图 11-8 所示。

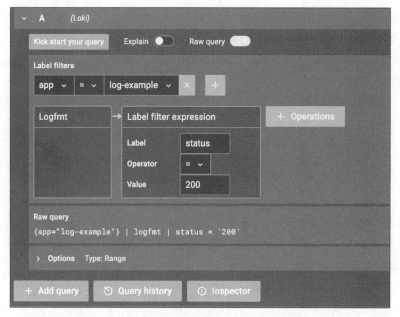

图 11-7 通过 Grafana 表单构造查询语句

图 11-8 切换到 Code 模式

11.2.4 常见的 LogQL 用途

下面列举几个常见的 LogQL 用途。

❑ 查询返回状态码不等于 200 的日志。

❑ 查询返回状态码在 400～500 的日志。

❑ 查询接口返回时间超过 3μs 的日志。

❑ 重新格式化输出日志。

❑ 分组统计 10s 内接口返回时间超过 4μs 的日志数量。

❑ 分组统计 1min 内请求状态码数量。

❑ 统计 TP99 的请求耗时并分组。

由于示例应用输出 logfmt 和 JSON 两种格式的日志，为了只查询 logfmt 格式的日志，在所有的例子中都使用管道操作 "status=" 来匹配。

1. 查询返回状态码不等于 200 的日志

在生产环境中，查询返回状态码不等于 200 的日志场景是非常常见的，以示例应用为例，可以通过以下 LogQL 语句来查询：

```
{app="log-example"} |= `status=` | logfmt | status != `200`
```

也可以通过 Grafana 表单构造查询语句，如图 11-9 所示。

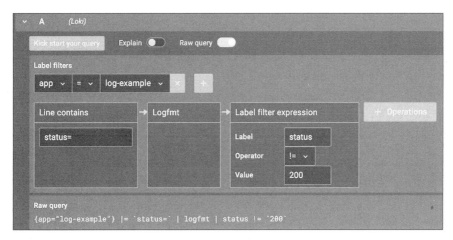

图 11-9　通过 Grafana 表单构造查询语句

2. 查询返回状态码在 400～500 的日志

查询某个区间的日志有助于针对性地定位错误日志，以下 LogQL 能够查询特定状态码区间的日志：

```
{app="log-example"} |= `status=` | logfmt | status >= 400 | status <= 500
```

也可以通过 Grafana 表单构造查询语句，如图 11-10 所示。

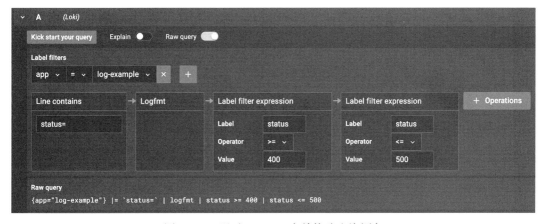

图 11-10　通过 Grafana 表单构造查询语句

3. 查询接口返回时间超过 3μs 的日志

要查找响应比较慢的接口，可以使用以下 LogQL 语句：

```
{app="log-example"} |= `status=` | logfmt | duration > 3us
```

也可以通过 Grafana 表单构造查询语句，如图 11-11 所示。

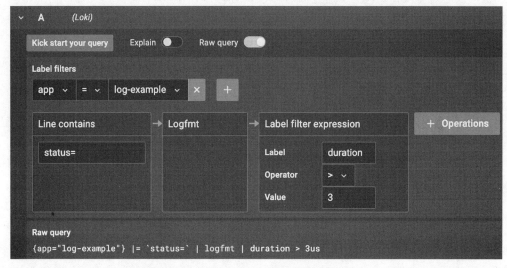

图 11-11　通过 Grafana 表单构造查询语句

通过该例子发现，Grafana 自动推断日志属性值的类型，例如常见的字符串类型、数字类型和时间类型，并且支持比较操作符。

4. 重新格式化输出日志

当日志的输出内容较多时，重新对日志输出进行格式化能够突出重点部分。我们可以通过以下 LogQL 来重新格式化输出日志：

```
{app="log-example"} |= `status=` | logfmt | line_format `{{ .duration }} {{ .uri }}`
```

在上述查询语句中，line_format 关键字指定了日志输出的格式。日志将重新格式化输出响应时间和请求路径，不包含其他内容。

也可以通过 Grafana 表单构造格式化输出语句，如图 11-12 所示。

5. 分组统计 10s 内接口返回时间超过 4μs 的日志数量

除了日志查询以外，Loki 还能够对日志进行度量统计。例如，要统计 10s 内接口返回时间超过 4μs 的日志数量，并按 Pod 进行分组，可以通过以下 LogQL 语句进行统计：

```
sum by (pod) (count_over_time({app="log-example"} |= `status=` | logfmt |
    duration > 4us [10s]))
```

在上述查询语句中，count_over_time 指的是统计给定时间范围内日志的条目数量，sum by 指的是对 Pod 进行分组。

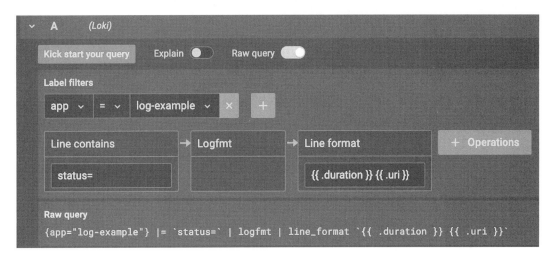

图 11-12　通过 Grafana 表单构造格式化输出语句

运行上述查询语句后，得到图 11-13 所示的结果。

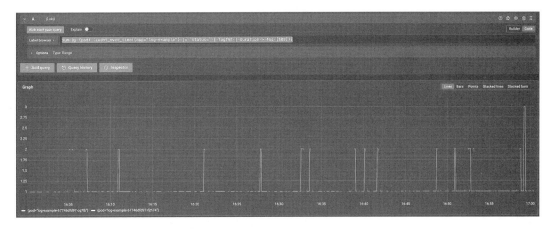

图 11-13　查询结果

6. 分组统计 1min 内请求状态码数量

要对 1min 内的请求状态码进行数量统计，可以通过以下 LogQL 语句实现：

```
sum by (status) (
count_over_time({app="log-example"} |= `status=` | logfmt | __error__=""[1m])
)
```

运行上述查询语句后，得到图 11-14 所示的结果。

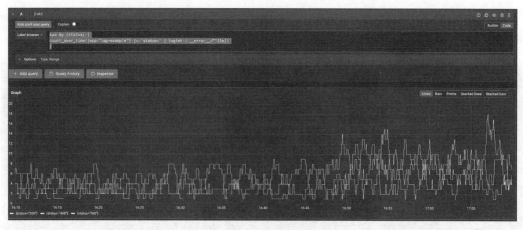

图 11-14　查询结果

7. 统计 TP99 的请求耗时并分组

要统计 1min 内 99% 请求都能满足的最短耗时并按照条件分组，可以使用以下 LogQL 语句实现：

```
quantile_over_time(0.99,
  {app="log-example"}
  |= 'status=' | logfmt | unwrap duration(duration) | __error__=""[1m]
) by (method,status)
```

在上述查询语句中，quantile_over_time 是 Loki 的内置函数，用于指定间隔内值的分位数。运行上述查询语句后，得到图 11-15 所示的结果。

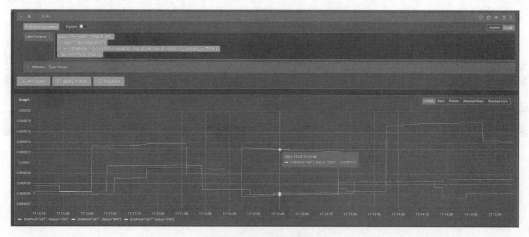

图 11-15　查询结果

从返回结果可知，99% 的请求在指定时间内的响应情况，这是一个非常好的系统评估指标。

11.2.5　Loki 工作原理解析

相比于传统的 EFK 和 ELK 技术栈，Loki 在 Kubernetes 场景下更加轻量，同时还使用 Grafana 作为查询界面，实现在一套 UI 界面查询日志和监控指标。

接下来介绍 Loki 工作原理，它的核心组件包含 Promtail 和 Loki。

1. Promtail

在深入了解 Promtail 之前，首先需要知道一些 Kubernetes 日志的基础知识。

Pod 输出的日志会被 Kubernetes 存储在对应节点的 /var/log 目录的文件中。对于 Kind 集群，你可以通过以下实验验证上述过程。

首先，通过 docker ps 命令来查看本地正在运行的容器：

```
$ docker ps
CONTAINER ID    IMAGE       COMMAND        CREATED      STATUS       PORTS       NAMES
a68175b2b097    kindest/node:v1.25.0   "/usr/local/bin/entr…"   31 hours ago   Up
21 hours    127.0.0.1:60632->6443/tcp    kind-control-plane
```

因为 Kind 是使用容器来模拟节点的，所以需要使用 docker exec 进入容器。这相当于进入 Kubernetes 的节点。

```
$ docker exec -it a68175b2b097 bash
root@kind-control-plane:/#
```

接下来，进入 /var/log/pods 目录：

```
root@kind-control-plane:/# cd /var/log/pods
root@kind-control-plane:/var/log/pods# ls
default_log-example-67746dfd97-cq7lb_201ecbd1-d6e4-4efe-8bd8-c7620ef21f15
default_log-example-67746dfd97-f2h74_76fce842-09fb-456d-bfcd-dd6fa3d67029
```

该目录存储了节点中所有 Pod 的日志文件，目录名包含 Pod 名称。进入第一个 Pod 的目录进一步查看日志：

```
root@kind-control-plane:/var/log/pods# cd default_log-example-67746dfd97-
    cq7lb_201ecbd1-d6e4-4efe-8bd8-c7620ef21f15/go-backend
root@kind-control-plane:/var/log/pods/default_log-example-67746dfd97-
    cq7lb_201ecbd1-d6e4-4efe-8bd8-c7620ef21f15/
go-backend# ls
0.log
```

在上述日志中，0.log 文件实际上是 Pod 的日志文件。你可以尝试使用 tail -f 命令查看它，该文件存储实时产生的日志。

换句话说，只要能获取上述日志文件的内容，我们就可以实现对 Pod 日志的采集。

现在，回到 Promtail 组件，已知它是以 DaemonSet 方式部署在 Kubernetes 集群，这意味着 Kubernetes 中每一个节点都将运行 Promtail。Promtail 通过实现类似于 tail -f 的能力来获取新的日志，并将日志信息发送到 Loki 进行存储，如图 11-16 所示。

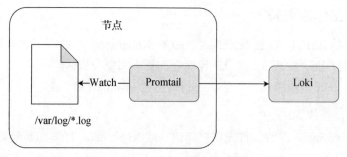

图 11-16 Promtail 日志采集原理

2. Loki

Loki 主要负责日志的存储和读取，它写入 QPS 非常高，整体架构设计灵活，核心设计思想是读写分离。

当一条日志发送到 Loki 之后，它将经历以下流程。

1）日志到达的第一站是 Distributor 组件。Distributor 组件接收到日志后会分发到多个 Ingester 接收器。

2）Ingester 接收器是一个有状态组件（这也是 Loki 在 Kubernetes 采用 StatefulSet 部署的原因），它将对日志进行 gzip 格式压缩和缓存，当缓存达到一定规模时，将日志数据写入数据库。

在数据库存储方面，Loki 将存储索引的数据库和存储日志的数据库做分离，并且支持丰富的云厂商数据库。

当 Grafana 发出日志查询请求时，Querier 组件首先从索引数据库中获得日志索引，并获取日志。此外，Querier 组件还会从 Ingester 读取还没有写入数据库的日志信息。

11.2.6 生产建议

因为 Loki 的安装、配置比较复杂，而生产环境中日志量一般较大，以下几点生产建议供你参考。

1. 配置持久化存储

在使用 Helm 安装 Loki 时，默认不会对日志持久化存储，你需要额外配置才能开启持久化存储。在生产环境中，建议开启日志持久化存储。

需要注意的是，持久化存储需要 Kubernetes StorageClass 的支持。在安装 Loki 前，将以下内容保存为 pvc-values.yaml 文件：

```
loki:
  persistence:
    enabled: true
    size: 500Gi
```

然后，在安装 Loki 时指定配置上述文件：

```
helm upgrade --install loki --namespace=loki-stack grafana/loki-stack --create-
    namespace --set grafana.enabled=true --set grafana.image.tag="9.3.2" -f pvc-
    values.yaml
```

需要注意的是，在生产环境中，日志存储量的增长可能会很快，所以可以提前分配一个较大存储容量的持久卷，并留意集群是否支持对持久卷的动态扩容，以便后续随时扩大日志存储容量。

2. 使用合适的部署方式

Loki 一共有 3 种部署方式，分别是单体模式、扩展模式和微服务模式。

单体模式是本章采用的部署方式，它的安装和配置非常简单，但系统性能一般。该部署方式适用于每天日志量在 100GB 左右的业务系统。

扩展模式在部署上的主要变化是读写分离。如果每天的日志量是几百 GB 甚至 TB 级别，建议使用该部署方式。

微服务模式适用于更大的日志存储规模的业务系统，在部署时选择名称为 grafana/loki-distributed 的 Helm Chart 即可。

3. 使用云厂商提供的托管服务存储日志

通常，Kubernetes 中的持久卷存在最大容量限制，这意味着日志存储有上限。此外，由于持久卷的价格相对较高，在日志查询频率不高的情况下，我们可以选择更加经济的日志存储方式，例如 S3 和 DynamoDB。

其中，DynamoDB 用于存储日志索引，S3 用来保存日志，这种存储方式没有容量限制，也不需要额外的维护。在日志规模比较大的场景下，推荐使用 S3 存储方式。

要使用 S3，需要在安装 Loki 时指定。将以下内容保存为 s3-values.yaml 文件：

```
loki:
  config:
    schema_config:
      configs:
      - from: 2020-05-15
        store: aws
        object_store: s3
        schema: v11
        index:
          prefix: loki_
    storage_config:
      aws:
        s3: s3://access_key:secret_access_key@region/bucket_name
        dynamodb:
          dynamodb_url: dynamodb://access_key:secret_access_key@region
```

然后，在使用 Helm 安装 Loki 时指定上述配置文件即可。

11.3 监控

在搭建监控体系时，通常需要先建立 HTTP 请求相关的性能监控，例如接口请求成功和失败的比例、平均响应时间、实时 QPS、P99 延迟等。

在 Kubernetes 环境下，因为 Ingress 是 HTTP 请求的入口，所以要建立完善的 HTTP 请求性能监控指标。最简单的方式是通过采集 Kubernetes Ingress Controller 的指标信息来实现监控。

本节将介绍如何从零搭建 HTTP 请求监控体系，并借助 Prometheus 和 Grafana 构建性能监控面板，进一步提升分布式系统的可观测性。

在实战之前，你需要确保已经安装 Ingress-Nginx。

11.3.1 安装 Prometheus 和其他必要组件

为了获取 Kubernetes 集群所有的 HTTP 请求性能指标以及构建监控面板，首先需要安装 3 个组件，分别是 Prometheus、Ingress-Nginx、Grafana。

1. Prometheus

作为 CNCF 的毕业项目，Prometheus 在 Kubernetes 的监控领域基本上已经成为事实标准。它定义了一种通用的度量格式。在采集指标数据时，Prometheus 会以 Pull 模式来主动请求业务系统用于输出指标的 HTTP 接口，将指标数据存储在时序数据库中，并提供查询功能。

为了复用 Grafana 查询面板，建议先安装 Loki-Stack：

```
$ helm upgrade --install loki --namespace=loki-stack grafana/loki-stack --create-
    namespace --set grafana.enabled=true --set grafana.image.tag="9.3.2"
```

然后，安装 Prometheus：

```
$ helm repo add prometheus-community https://prometheus-community.github.io/helm-
    charts
$ helm upgrade prometheus prometheus-community/kube-prometheus-stack \
--namespace prometheus  --create-namespace --install \
--set prometheusOperator.admissionWebhooks.patch.image.registry=docker.io --set
    prometheusOperator.admissionWebhooks.patch.image.repository=dyrnq/kube-webhook-
    certgen \
--set prometheus.prometheusSpec.podMonitorSelectorNilUsesHelmValues=false \
--set prometheus.prometheusSpec.serviceMonitorSelectorNilUsesHelmValues=false

Release "prometheus" does not exist. Installing it now.
……
STATUS: deployed
```

接下来，等待 Prometheus 所有组件就绪：

```
$ kubectl wait --for=condition=Ready pods --all -n prometheus --timeout=300s
pod/alertmanager-prometheus-kube-prometheus-alertmanager-0 condition met
```

```
pod/prometheus-kube-prometheus-operator-696cc64986-hjglk condition met
pod/prometheus-kube-state-metrics-649f8795d4-gzths condition met
pod/prometheus-prometheus-kube-prometheus-prometheus-0 condition met
pod/prometheus-prometheus-node-exporter-5zvml condition met
```

当所有 Pod 准备就绪后，表示 Prometheus 已经安装完成。

2. 配置 Ingress-Nginx 和 ServiceMonitor

为了让 Prometheus 顺利地获取 HTTP 请求性能指标，首先需要打开 Ingress-Nginx 指标端口，通过下面的命令为 Ingress-Nginx Deployment 工作负载中的容器添加指标暴露的端口：

```
$ kubectl patch deployment ingress-nginx-controller -n ingress-nginx
   --type='json' -p='[{"op": "add", "path": "/spec/template/spec/ containers/0/
   ports/-", "value": {"name": "prometheus","containerPort":10254}}]'
deployment.apps/ingress-nginx-controller patched
```

然后，为 Ingrss-Nginx Service 添加指标暴露的端口：

```
$ kubectl patch service ingress-nginx-controller -n ingress-nginx --type='json'
   -p='[{"op": "add", "path": "/spec/ports/-", "value": {"name": "promethe
   us","port":10254,"targetPort":"prometheus"}}]'
service/ingress-nginx-controller patched
```

最后，创建 ServiceMonitor 对象，它可以为 Prometheus 配置指标获取策略。将以下内容保存为 service-monitor.yaml 文件：

```
apiVersion: monitoring.coreos.com/v1
kind: ServiceMonitor
metadata:
  name: nginx-ingress-controller-metrics
  namespace: prometheus
  labels:
    app: nginx-ingress
    release: prometheus-operator
spec:
  endpoints:
  - interval: 10s
    port: prometheus
  selector:
    matchLabels:
      app.kubernetes.io/instance: ingress-nginx
      app.kubernetes.io/name: ingress-nginx
  namespaceSelector:
    matchNames:
    - ingress-nginx
```

然后，将 ServiceMonitor 对象部署到集群内：

```
$ kubectl apply -f servicemonitor.yaml
servicemonitor.monitoring.coreos.com/nginx-ingress-controller-metrics created
```

当将上述 ServiceMonitor 部署到集群后，Prometheus 会根据标签来匹配 Ingress-Nginx Pod，并且每 10s 主动拉取一次指标数据，然后保存到 Prometheus 时序数据库中。

3. 访问 Grafana

Grafana 除了支持查询日志信息以外，还支持查询监控指标。在访问 Grafana 之前，首先从 Secret 对象中获取登录密码：

```
$ kubectl get secret --namespace prometheus prometheus-grafana -o jsonpath="{.
  data.admin-password}" | base64 --decode ; echo;
prom-operator
```

然后，通过端口转发的方式访问 Grafana：

```
$ kubectl port-forward --namespace prometheus service/prometheus-grafana 3000:80
```

现在，使用浏览器打开 http://127.0.0.1:3000，之后输入用户名 admin 以及获取到的密码登录 Grafana，如图 11-17 所示。

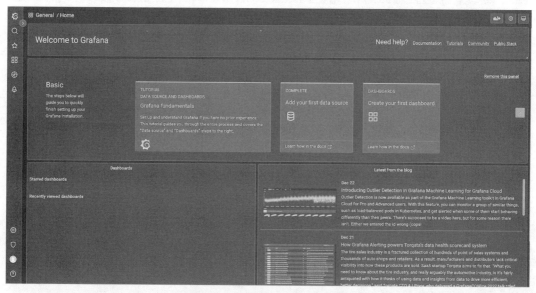

图 11-17　访问 Grafana 控制台

11.3.2　配置 Loki 数据源

默认情况下，安装 kube-prometheus-stack 时已经自动配置好 Grafana 的数据源。而在生产环境中，希望能在同一个 Grafana 控制台同时查询 Loki 日志和监控指标，所以，你还可以选择手动配置 Loki 数据源以实现同时查询日志和监控指标。

首先，单击 Grafana 界面左下角的齿轮按钮，然后单击右上角的 Add data source 按钮，如图 11-18 所示。

图 11-18　进入 Data sources 管理页

然后，选择"Loki"进入配置界面，如图 11-19 所示。

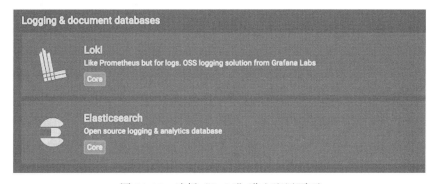

图 11-19　选择"Loki"进入配置页面

如果你已经按照 11.2.1 节的内容安装了 Loki，可以在配置页面的 URL 表单中输入：http://loki.loki-stack:3100，其他配置项保持默认，如图 11-20 所示。

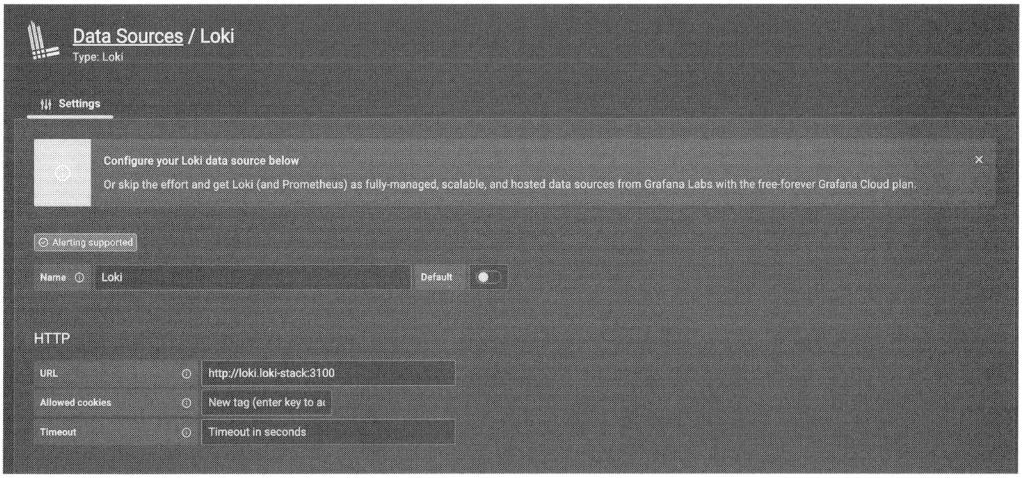

图 11-20　配置 Loki 连接参数

下一步，单击表单下方的 Save & test 按钮测试 Loki 的连通性，如果出现图 11-21 提示的 Data source is working，代表 Loki 数据源配置成功。

图 11-21　完成 Loki 数据源配置

配置完成后，你可以通过 Grafana 的 Explore 模块同时查询 Loki 日志和监控指标。

11.3.3　部署示例应用

为了方便获得 HTTP 请求接口数据，需要先部署示例应用，通过以下命令进行部署：

```
$ kubectl apply -f https://ghproxy.com/https://raw.githubusercontent.com/
  lyzhang1999/kubernetes-example/main/loki/deployment.yaml
deployment.apps/log-example created
service/log-example created
ingress.networking.k8s.io/log-example created
```

然后，在本地配置 Hosts，以便从本地访问 log-example 服务：

```
127.0.0.1 log-example.com
```

最后，使用 curl 来访问示例应用：

```
$ curl http://log-example.com/http
OK!
```

11.3.4　查询监控指标

在示例应用部署完成后，我们便能前往 Grafana 查询指标信息了。首先进入 Grafana 的 Explore 模块。默认情况下，查询的数据源为 Prometheus，通过下拉框也能切换至 Loki。

在确认数据源为 Prometheus 后，单击 Metric 下拉框，输入 nginx 关键字，Grafana 会自动列出所有 Ingress-Nginx 的指标信息，如图 11-22 所示。

你可以选择上述任意一个指标进行查询。

不过，对于初学者而言，你可能并不理解这几十个指标所代表的含义，也很难从零编写 PromQL 查询语句。对于这个问题，你可以直接使用 Grafana Dashboard 来解决。

Grafana Dashboard 面向终端用户，以图形化的方式展示指标，支持导入已有的 Dashboard。这意味着，我们可以借助社区现成的 Dashboard 来建立指标监控体系。

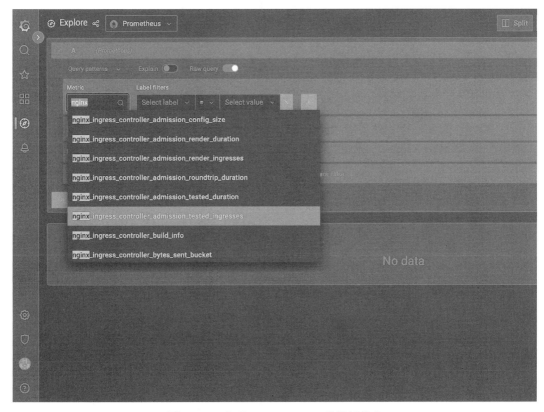

图 11-22　查看 Ingress-Nginx 的指标信息

接下来，尝试创建两个 Dashboard，分别是展示 Ingress-Nginx 核心指标的 Dashboard、展示 HTTP 请求性能的 Dashboard，并介绍 Prometheus 内置的 Dashboard。

1. 创建展示 Ingress-Nginx 核心指标的 Dashboard

我们可通过以下步骤创建展示 Ingress-Nginx 核心指标的 Dashboard。

1）单击 Grafana 左侧的 Dashboards 模块，选择 Import 导入面板，如图 11-23 所示。

2）打开浏览器输入：https://ghproxy.com/https://raw.githubusercontent.com/kubernetes/ingress-nginx/main/deploy/grafana/dashboards/nginx.json，复制网页中输出的 JSON 配置。

3）将复制内容粘贴到 Grafana 导入面板的 Import via panel json 表单，并单击 Load 按钮，如图 11-24 所示。

图 11-23　导入面板

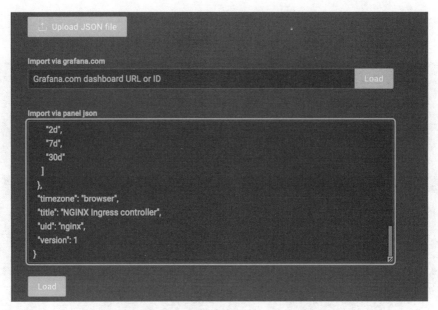

图 11-24　加载 Dashboard JSON 文件内容

4）在 Prometheus 下拉框中选择数据源 Prometheus，然后单击 Import 按钮导入 Dashboard，如图 11-25 所示。

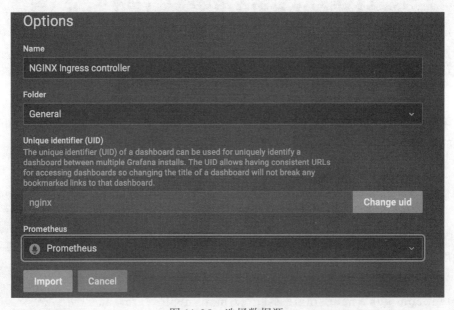

图 11-25　选择数据源

导入成功后，即可在 Grafana 界面获得展示 Ingress-Nginx 核心指标的 Dashboard，如图 11-26 所示。

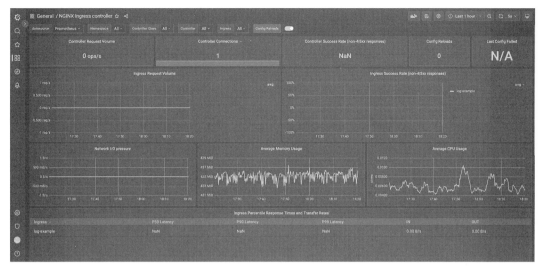

图 11-26　展示 Ingress-Nginx 核心指标的 Dashboard

最后，单击右上角保存图标来保存 Dashboard。

在导入 Dashboard 之后，你可能无法在 Dashboard 看到任何数据，此时需要访问示例应用来生成 HTTP 请求数据。打开一个新的命令行终端，并执行以下命令：

```
$ while true; do ; curl http://log-example.com/http ; echo -e '\n'$(date);done
OK!
2022 年 12 月 26 日星期一 19 时 38 分 08 秒 CST
```

回到 Grafana Dashboard，等待片刻，将看到生成的指标信息，如图 11-27 所示。

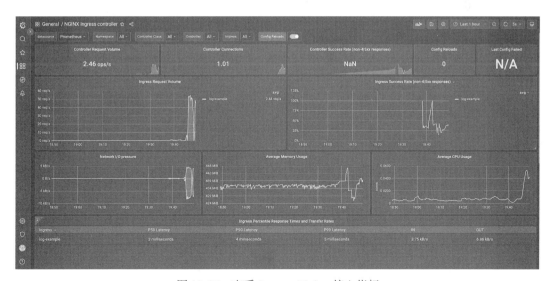

图 11-27　查看 Ingress-Nginx 核心指标

图 11-27 中的 Dashboard 展示了几个核心指标。

❏ Controller Request Volume：网关每秒处理的事务数（TPS）。

❏ Ingress Request Volume：每秒的请求数，按 Ingress 策略分组。

❏ Ingress Success Rate：网关请求成功的比例。

❏ Network I/O pressure：网关出入流量。

此外，Dashboard 还展示了 Ingress-Nginx 的 CPU 和内存占用情况，以及 Ingress P50、P90、P99 延迟信息。

借助展示 Ingress-Nginx 核心指标的 Dashboard，我们可判断系统整体可用性。

2. 展示 HTTP 请求性能的 Dashboard

除了了解系统整体可用性以外，在实际场景中，我们通常还需要深入了解接口维度的指标。它可以帮助我们在更小的粒度排查系统的故障和发现瓶颈。

要从接口维度了解 HTTP 请求性能，可以通过导入展示请求性能的 Dashboard 来实现。打开浏览器输入 https://ghproxy.com/https://raw.githubusercontent.com/kubernetes/ingress-nginx/main/deploy/grafana/dashboards/request-handling-performance.json。

根据构建展示 Ingress-Nginx 核心指标的 Dashboard 的方法导入 Dashboard，导入完成后，将得到展示 HTTP 请求性能的 Dashboard，如图 11-28 所示。

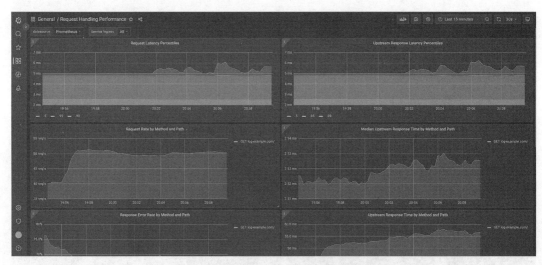

图 11-28　获得展示 HTTP 请求性能的 Dashboard

图 11-28 中的 Dashboard 展示了更为详细的 HTTP 请求数据，例如按接口分组的 TPS、响应速度、错误率、错误码分组等。

3. 其他内置的 Dashboard

HTTP 指标监控可以帮助我们发现业务和接口层面的问题。但在生产环境下，我们通常还需要观察 Kubernetes 自身的性能。

在部署 kube-prometheus-stack 之后，实际上 Grafana 已经内置了一系列 Kubernetes Dashboard。这些 Dashboard 主要用来监控 Kubernetes 集群的整体性能，例如节点 CPU 和内存状态、节点压力、磁盘和网络、命名空间的资源消耗等。

要查看这些内置的 Dashboard，你可以单击 Grafana 的 Search Dashboard 按钮，如图 11-29 所示。

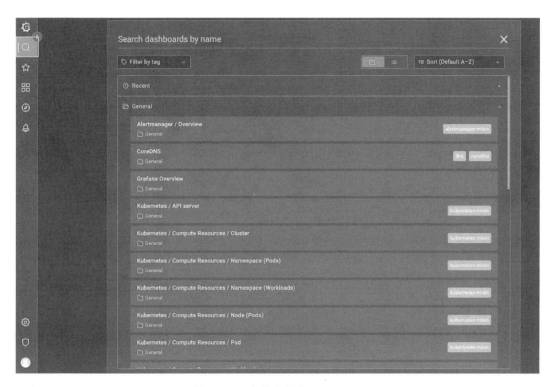

图 11-29　查找内置的 Dashboard

内置的 Dashboard 有非常丰富的指标面板，例如集群维度、节点维度、命名空间维度以及 Pod 维度等。

打开路径 Kubernetes/Compute Resources/Namespace(Pods) 下的 Dashboard 目录，可看到示例应用 log-example 的 Pod 的 CPU 和内存占用的实时监控，如图 11-30 所示。

此外，在路径 Kubernetes/Compute Resources/Cluster 下的 Dashboard 中还可以观察到集群的实时性能，例如集群 CPU 和内存使用情况以及不同命名空间的资源消耗情况，如图 11-31 所示。

你可以尝试探索其他内置的 Dashboard。熟悉这些 Dashboard 可以帮助你快速排查集群、节点和工作负载层面的问题。

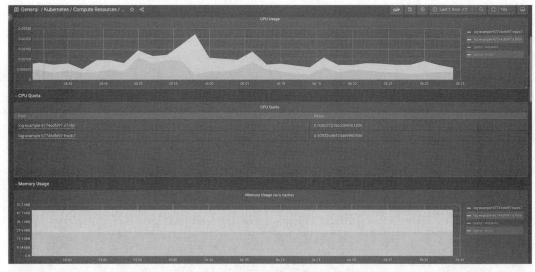

图 11-30　查看 Pod 的 CPU 和内存占用

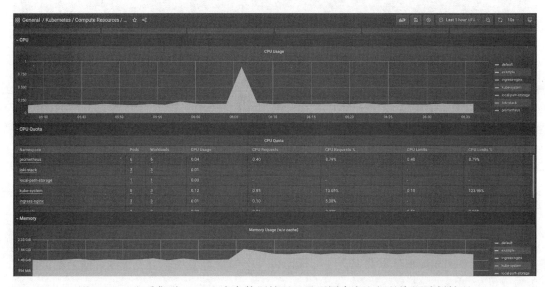

图 11-31　查看集群 CPU 和内存使用情况以及不同命名空间的资源消耗情况

11.3.5　Dashboard 市场

Grafana 以丰富的功能受到社区的喜爱，除了内置的 Dashboard 以外，还支持加载第三方提供的 Dashboard。它们来自 Dashboard 市场（地址：https://grafana.com/grafana/dashboards/）。

Dashboard 市场是 Grafana 官方提供的用于下载第三方 Dashboard 的平台。需要注意的是，它们由第三方维护，所以需要自行辨别质量。

当在 Dashboard 市场选择好一款 Dashboard 之后，有两种方法可以导入。

第一种方法是下载 Dashboard 的 JSON 配置并导入 Grafana，这和导入展示 Ingress-Nginx 核心指标的 Dashboard 的方法是一致的。可以在 Dashboard 的详情页面下载 Dashboard 的 JSON 配置，如图 11-32 所示。

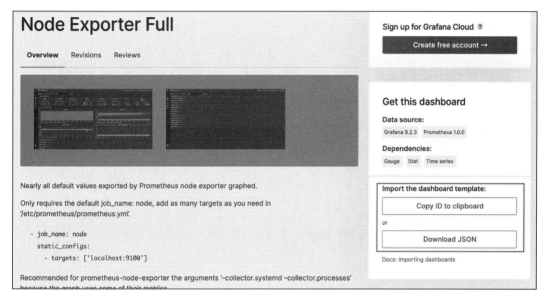

图 11-32　下载 Dashboard 的 JSON 配置

第二种方法是通过 ID 来导入。这种导入方法相比较 JSON 配置导入更简单。单击 Dashboard 详情页的 Copy ID to clipboard 按钮将 ID 复制到剪切板。

然后，进入 Grafana 导入界面，在 Import via grafana.com 输入框中粘贴 ID，并单击左侧的 Load 按钮，如图 11-33 所示。

图 11-33　通过 ID 导入 Dashboard

在导入的最后一步选择 Prometheus 作为数据源，如图 11-34 所示。

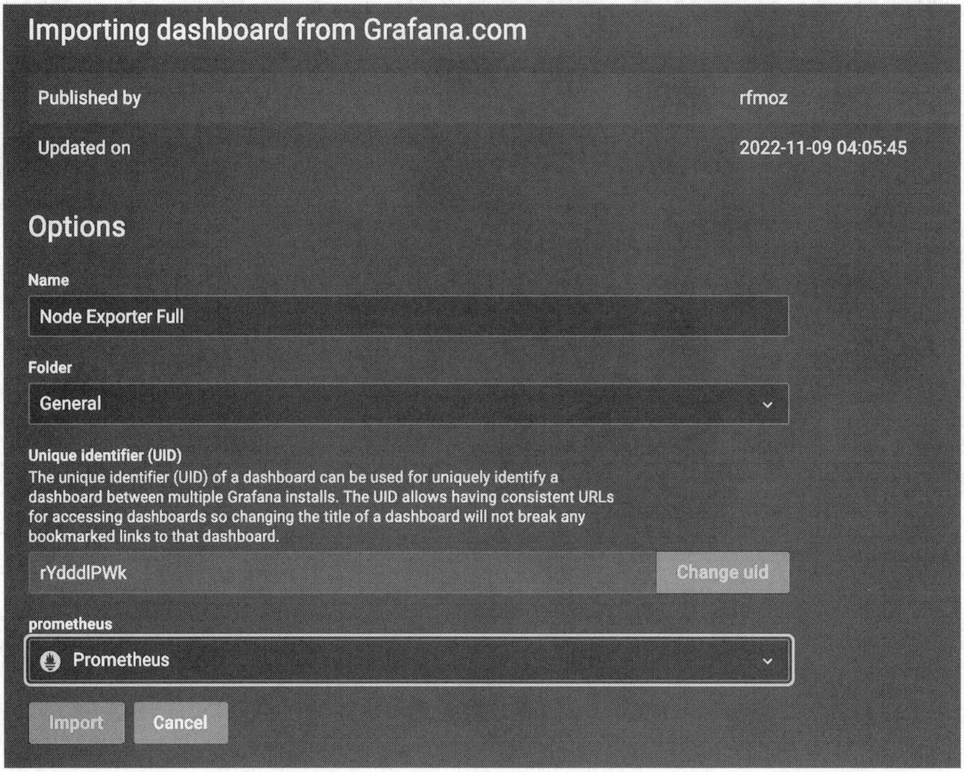

图 11-34 选择数据源

需要注意的是，Dashboard 展示数据依赖 Prometheus 指标数据的支持，如果没有相应的指标，导入的 Dashboard 将无法展示数据。

11.4 告警

当建立了业务监控体系后，系统管理员的一大职责就是对指标进行监控。显然，人工观察这些指标是不现实的，我们需要一种能够自动发现异常指标的机制，它能在指标出现异常时自动发出通知。

这种机制也就是告警。告警是一种自动化的监控机制，能够在指标出现异常时自动发出通知。通知的形式可以是邮件、短信、电话等。

本节将以 HTTP 请求成功率为例从零配置告警策略。在进入实战之前，你需要按照 11.3 节的步骤部署示例应用，并配置 Prometheus 和展示 Ingress-Nginx 核心指标的 Dashboard。

11.4.1　选择告警指标

在 Prometheus 中，指标查询是通过 PromQL 语言实现的。而对于初学者来说，编写 PromQL 并不容易，为了降低实战门槛，建议直接从 Dashboard 中选择已有的指标来配置告警策略。

首先，对 Grafana Service 进行端口转发：

```
$ kubectl port-forward --namespace prometheus service/prometheus-grafana 3000:80
```

然后，使用浏览器访问 http://127.0.0.1:3000，之后输入账号 admin 和密码 prom-operator 登录，单击左侧的 Dashboards 菜单搜索 nginx 并进入展示 Ingress-Nginx 核心指标的 Dashboard，如图 11-35 所示。

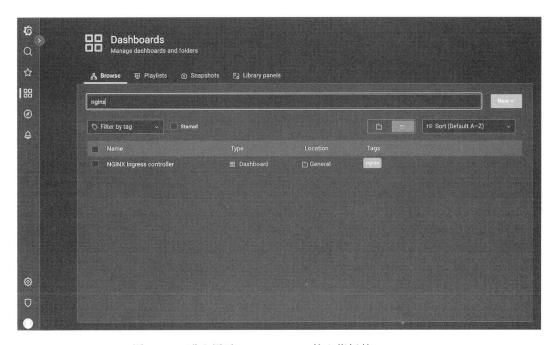

图 11-35　进入展示 Ingress-Nginx 核心指标的 Dashboard

在进入展示 Ingress-Nginx 核心指标的 Dashboard 之后，你将看到界面展示了丰富的 HTTP 请求指标。在生产环境中，一般会关注 HTTP 请求的总体成功情况，所以，我们选择反映接口的请求成功率的 Controller Success Rate 指标，并为它配置告警策略。

在选择好指标后，接下来我们需要获取该指标对应的 PromQL 查询语句，以进一步配置告警策略。

单击 Controller Success Rate 指标的标题展开操作菜单，依次选择 Inspect → Query 查看该指标对应的 PromQL 查询语句，如图 11-36 所示。

Controller Success Rate (non-4|5xx responses)
Config R
0%
View v
Edit e
Share p s
Explore x
Inspect i
More...
Remove p r
100%
50%
0%
Data
Query
Panel JSON

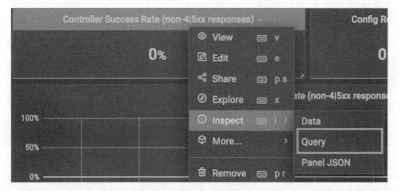

图 11-36 查看指标对应的 PromQL 查询语句

在弹出的界面中，Expr 字段实际上就是这个指标的查询语句，如图 11-37 所示。

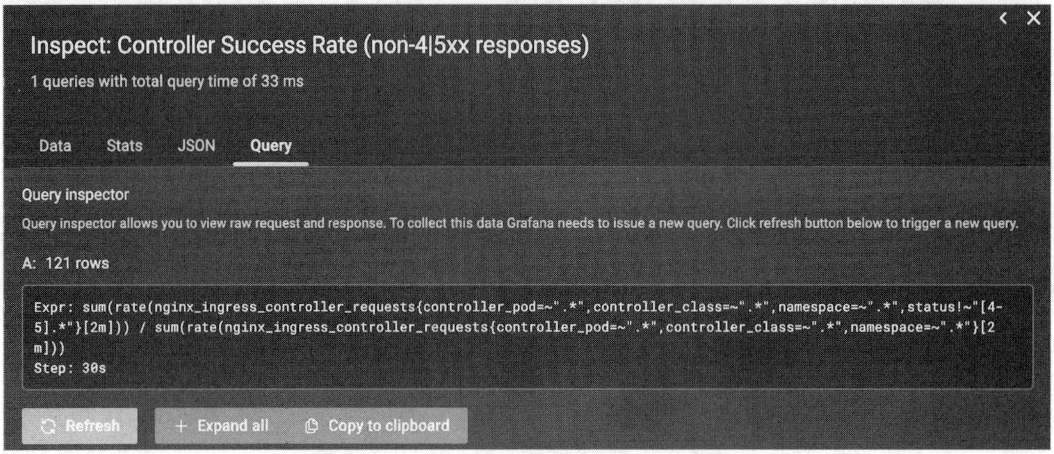

Inspect: Controller Success Rate (non-4|5xx responses)
1 queries with total query time of 33 ms
Data
Stats
JSON
Query
Query inspector
Query inspector allows you to view raw request and response. To collect this data Grafana needs to issue a new query. Click refresh button below to trigger a new query.
A: 121 rows
Expr: sum(rate(nginx_ingress_controller_requests{controller_pod=~".*",controller_class=~".*",namespace=~".*",status!~"[4-5].*"}[2m])) / sum(rate(nginx_ingress_controller_requests{controller_pod=~".*",controller_class=~".*",namespace=~".*"}[2m]))
Step: 30s
Refresh
Expand all
Copy to clipboard

图 11-37 PromQL 查询语句内容

接下来，将 Expr 字段的内容复制下来，以便在配置告警策略时使用。同理，你也可以按照以上步骤选择查看其他监控指标的 PromQL 查询语句。

11.4.2 配置告警策略

在成功获取指标对应的 PromQL 查询语句后，对该指标配置告警策略。

要配置告警策略，首先创建 PrometheusRule CRD 对象，将下面的内容保存为 rule.yaml 文件：

```
apiVersion: monitoring.coreos.com/v1
kind: PrometheusRule
metadata:
  labels:
    release: prometheus
```

```
    name: http-success-rate
    namespace: prometheus
spec:
  groups:
  - name: nginx.http.rate
    rules:
    - expr: |
        sum(rate(nginx_ingress_controller_requests{controller_
          pod=~".*",controller_class=~".*",namespace=~".*",status!~"[4-5].*"}
          [2m])) / sum(rate(nginx_ingress_controller_requests{controller_
          pod=~".*",controller_class=~".*",namespace=~".*"}[2m])) * 100 <= 90
      for: 1m
      alert: HTTPSuccessRateDown
      annotations:
        summary: "HTTP 请求成功率小于 90%"
        description: "HTTP 请求成功率小于 90%，请及时处理 "
```

在上述内容中，重点关注 labels、expr、for 和 annotations 字段。

labels 字段需要匹配 Prometheus CRD 对象中的 ruleSelector，可以通过下面的命令来查看 Prometheus CRD 对象中的 ruleSelector 配置：

```
$ kubectl get Prometheus prometheus-kube-prometheus-prometheus -n prometheus -o
  jsonpath='{.spec.ruleSelector}'
{"matchLabels":{"release":"prometheus"}}
```

如果你采用其他方式部署 Prometheus，那么一定要确保 PrometheusRule 中的 labels 和 Prometheus CRD 对象中的 ruleSelector 配置一致，否则 PrometheusRule 不会生效。

expr 字段用来配置告警策略，它实际上是一个断言语句，表示当 HTTP 请求成功率小于等于 90% 时，则发出告警。

for 字段表示 expr 表达式会在持续多久之后发出告警，例如持续 1min 满足条件后发出告警。

annotations 字段用来配置发出的告警信息，除了固定的告警信息以外，这里还可以使用 Go template 表达式来访问 Prometheus 内置的 labels，以实现动态发出告警内容，例如 {{$labels.instance}}、{{ $labels.job }} 和 {{ $labels.pod }} 等。

然后，使用以下命令将 PrometheusRule 应用到集群：

```
$ kubectl apply -f rule.yaml
prometheusrule.monitoring.coreos.com/http-success-rate created
```

在将 PrometheusRule 应用到集群之后，进入 Prometheus 控制台检查配置是否生效。

在访问控制台之前，首先需要对 Prometheus Service 进行端口转发：

```
$ kubectl port-forward --namespace prometheus service/prometheus-kube-prometheus-
  prometheus 9091:9090
```

接下来，打开浏览器访问 http://127.0.0.1:9001，此时应该能看到 Prometheus 控制台界面。单击菜单栏中的 Alert 进入告警页面，如图 11-38 所示。

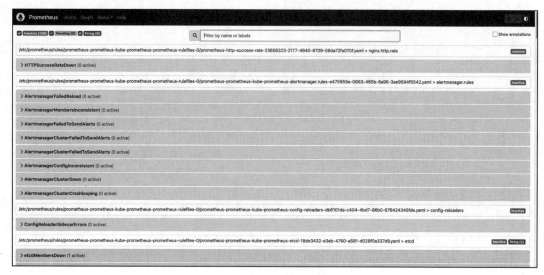

图 11-38　告警页面

在告警页面中，如果能找到刚才配置的名为 HTTPSuccessRateDown 的告警，并且状态为 Inactive，说明告警配置成功；告警状态为未激活，说明是正常状态，如图 11-39 所示。

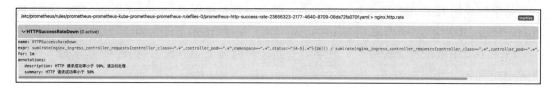

图 11-39　告警未激活状态

从图 11-39 中的告警详情可以看到告警策略的语句和描述信息。至此，我们成功对 HTTP 请求成功率配置了告警策略。

11.4.3　配置邮箱通知

在配置完告警策略后，我们还需要进一步配置告警通知，也就是接收告警的方式。

Prometheus 的告警通知可以被发送到常见的渠道，例如企业微信、钉钉和飞书等。这里介绍适用性最强且配置相对简单的邮箱通知。

1. 获取邮箱 SMTP 密码

要让 Prometheus 以邮件的方式发送通知，首先需要提供邮箱的 SMTP 信息，以便 Prometheus 调用邮箱服务器发送邮件。

以 QQ 邮箱为例，首先进入设置页面，然后进入设置页面中的"账户"菜单。

接着，在"账户"菜单中找到 SMTP 设置，开启 SMTP 服务并生成授权码，如图 11-40 所示。

图 11-40 开启 SMTP 服务并生成授权码

生成授权码后将得到一串密码，复制并保存，如图 11-41 所示。

图 11-41 复制授权码

2. 配置 Prometheus 发信邮箱

在获得邮箱的 SMTP 服务密码之后，还需要配置 Prometheus SMTP 发信邮箱。
将以下内容保存为 alertmanager.yaml 文件：

```
global:
  resolve_timeout: 5m
  smtp_from: 邮箱账户
  smtp_auth_username: 邮箱账户
  smtp_auth_password: 授权码
  smtp_require_tls: false
  smtp_smarthost: 'smtp.qq.com:465'
```

```
route:
  receiver: 'email-alert'
  group_by: ['job']

  routes:
  - receiver: 'email-alert'
    group_wait: 50s
    group_interval: 5m
    repeat_interval: 12h

receivers:
- name: email-alert
  email_configs:
  - to: 接收邮箱
```

注意，你需要将上述 smtp_from、smtp_auth_username、smtp_auth_password 和 email_configs.to 修改为实际的邮箱信息。为了方便测试发送和接收邮件，这里将 smtp_from、smtp_auth_username 和 email_configs.to 字段都配置为同一个邮箱账户。

当告警被触发时，为了避免频繁接收通知，这里配置了 repeat_interval 字段，它表示在 12h 之内只发送一次相同的告警信息。

receivers.email_configs 字段可以配置多个接收邮箱。

接下来，将 alertmanager.yaml 文件内容进行 Base64 编码：

```
$ cat alertmanager.yaml | base64
Z2xvYmFsOgogIHJlc29sdmVfdGltZW91dDogNW0KICBzbXRwX2Zyb206IGhhaW1pYW5ndW1……
```

然后，使用 kubectl edit 命令编辑 Prometheus Secret：

```
$ kubectl edit secret -n prometheus alertmanager-prometheus-kube-prometheus-
alertmanager

# Please edit the object below. Lines beginning with a '#' will be ignored,
# and an empty file will abort the edit. If an error occurs while saving this file
will be
# reopened with the relevant failures.
#
apiVersion: v1
data:
  alertmanager.yaml: Z2xvYmFsOgogIHJlc29sdmVfdGltZW91dDogNW0.... #替换内容
kind: Secret
```

将 alertmanager.yaml 字段后面的内容替换为上一步生成的 Base64 字符串，保存修改。

接下来，还需要进入 Alertmanager 控制台检查配置是否生效。在访问 Alertmanager 控制台之前，需要进行端口转发操作：

```
$ kubectl port-forward svc/prometheus-kube-prometheus-alertmanager -n prometheus
  9093:9093
```

然后，使用浏览器打开 http://127.0.0.1:9093/#/status，检查配置信息是否生效，如图 11-42 所示。

```
Config

global:
  resolve_timeout: 5m
  http_config:
    follow_redirects: true
  smtp_from: haimianguma@foxmail.com
  smtp_hello: localhost
  smtp_smarthost: smtp.qq.com:465
  smtp_auth_username: haimianguma@foxmail.com
  smtp_auth_password: <secret>
  smtp_require_tls: false
  pagerduty_url: https://events.pagerduty.com/v2/enqueue
  opsgenie_api_url: https://api.opsgenie.com/
  wechat_api_url: https://qyapi.weixin.qq.com/cgi-bin/
  victorops_api_url: https://alert.victorops.com/integrations/generic/20131114/alert/
  telegram_api_url: https://api.telegram.org
route:
  receiver: email-alert
  group_by:
  - job
  continue: false
  routes:
  - receiver: email-alert
    continue: false
    group_wait: 50s
    group_interval: 5m
    repeat_interval: 12h
receivers:
- name: email-alert
  email_configs:
  - send_resolved: false
    to: haimianguma@foxmail.com
    from: haimianguma@foxmail.com
    hello: localhost
    smarthost: smtp.qq.com:465
    auth_username: haimianguma@foxmail.com
    auth_password: <secret>
    headers:
      From: haimianguma@foxmail.com
      Subject: '{{ template "email.default.subject" . }}'
```

图 11-42　检查配置信息是否生效

更新 Secret 之后可能需要几分钟才能生效，若在浏览器中看到之前配置的邮箱信息，说明邮箱配置成功。

11.4.4　触发告警

要触发告警，首先需要访问在 11.3 节部署的示例应用，以便产生 HTTP 请求指标数据。

在示例应用中，随机返回了 400 和 500 状态码，所以 HTTP 请求成功率一定会小于 90%，这样就能够触发告警了。

接下来，使用下面的命令来访问示例应用：

```
$ while true; do ; curl http://log-example.com/http ; echo -e '\n'$(date);done
```

现在，进入 Grafana 控制台并打开 Ingress-Nginx Dashboard 进一步查看 HTTP 指标信

息。等待几分钟后，你将看到实时指标，如图 11-43 所示。

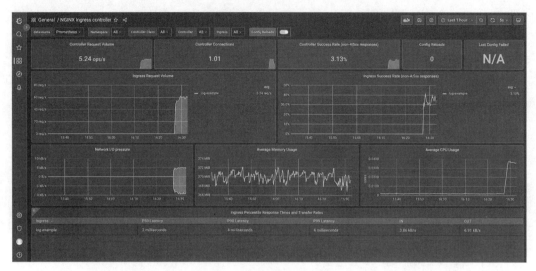

图 11-43 查看实时指标

在 Dashboard 中观察 Controller Success Rate 指标，此时请求成功率小于 90%，符合预期。

接下来，使用浏览器重新打开 http://127.0.0.1:9091/alerts，之后进入 Prometheus Alerts 界面，你将看到之前配置的告警策略处于 PENDING 状态，如图 11-44 所示。

图 11-44 告警策略处于 PENDING 状态

Pending 状态的含义是，当 Prometheus 检测到 HTTP 请求成功率低于阈值，因为告警持续时间还没有达到预定义的时长，所以还不会发送告警通知。

等待 1min 后，告警状态从 PENDING 变成 FIRING 状态，表示告警正在生效，如图 11-45 所示。

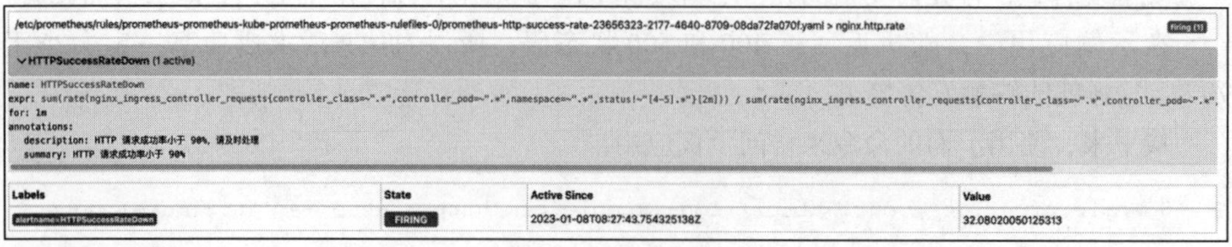

图 11-45 告警生效

此时，打开邮箱，将收到 Prometheus 发送的告警通知邮件，如图 11-46 所示。

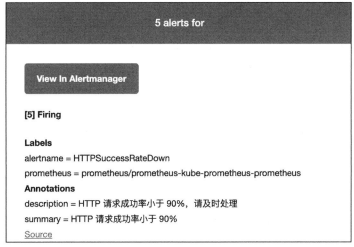

图 11-46　告警通知邮件

至此，我们完成了从创建告警策略、配置邮件通知、触发告警和接收告警通知邮件的全过程。

11.4.5　CPU 使用率告警

在生产环境中，除了为 HTTP 指标配置告警策略外，建议为 Pod 配置 CPU 使用率告警策略，以提前感知业务中 Pod 是否处于流量高峰，并提前做好应对措施。

同样，要配置 CPU 使用率告警策略，你需要创建 PrometheusRule。将以下内容保存为 cpu-rule.yaml 文件：

```
apiVersion: monitoring.coreos.com/v1
kind: PrometheusRule
metadata:
  labels:
    release: prometheus
  name: cpu-usage
  namespace: prometheus
spec:
  groups:
  - name: cpu.usage
    rules:
    - expr: |
        round( 100 * sum( rate(container_cpu_usage_seconds_total{container_
        name!="POD"}[1m]) ) by (pod, container_name) / sum( kube_pod_container_
        resource_limits{container_name!="POD",resource="cpu"} ) by (pod,
        container_name) ) > 80
      for: 1m
      alert: ContainerCPUUsage
```

```
    annotations:
      summary: "Pod {{ $labels.pod }} CPU 使用率超过限制值 80%"
      description: "Namespace {{ $labels.namespace }}, Pod {{ $labels.pod }}, 容器 {{
        $labels.container_name }} CPU 使用率为 {{ $value }}, LABELS = {{ $labels }}"
```

该告警策略使用容器的 CPU 使用量 / 容器的资源 Limit 值来计算容器的 CPU 使用率。在这里，当该值大于 80% 时，告警被触发。

注意：要让上述告警策略生效，还需要额外配置工作负载的资源的 request 和 limit 参数值，在示例应用中已经提前进行相应配置。

annotations 字段和之前配置的 HTTP 请求成功率的通知消息中的 annotations 字段有所不同，此处使用了 Go Template 模板，并读取了内置的 labels 变量。这样，当告警被触发时，Prometheus 会自动填充这些变量，以便在告警通知里直接得到命名空间、Pod 名称、容器名以及当前 CPU 的使用率。

接下来，访问示例应用来触发告警策略：

```
$ while true; do ; curl http://log-example.com/http ; echo -e '\n'$(date);done
```

等待 1～2min 后，重新打开 Prometheus Dashboard，并查看 ContainerCPUUsage 告警策略的状态，你将看到告警正处于 PENDING 状态，如图 11-47 所示。

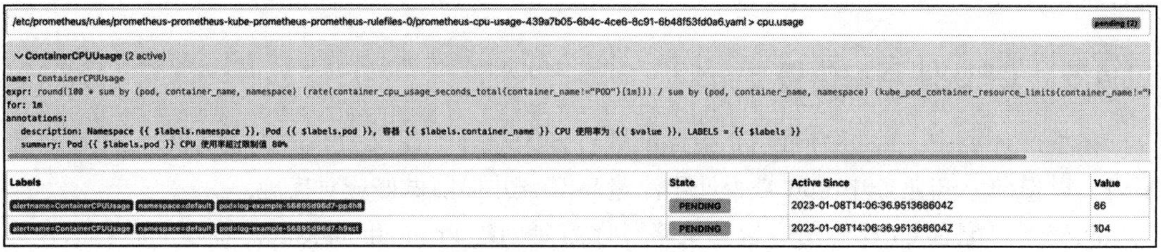

图 11-47 告警处于 PENDING 状态

展开告警详情后，将显示当前正处于 CPU 使用率告警状态的 Pod 信息。

等待 1min 后，PENDING 状态将变成 FIRING 状态，并收到 CPU 使用率告警通知邮件，如图 11-48 所示。

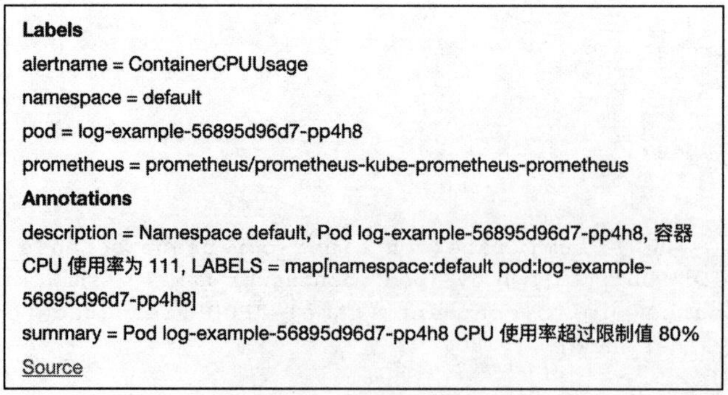
Labels
alertname = ContainerCPUUsage
namespace = default
pod = log-example-56895d96d7-pp4h8
prometheus = prometheus/prometheus-kube-prometheus-prometheus
Annotations
description = Namespace default, Pod log-example-56895d96d7-pp4h8, 容器 CPU 使用率为 111, LABELS = map[namespace:default pod:log-example-56895d96d7-pp4h8]
summary = Pod log-example-56895d96d7-pp4h8 CPU 使用率超过限制值 80%
Source

图 11-48 告警通知邮件

至此，容器 CPU 使用率告警策略就配置完成了。

11.4.6 飞书告警通知配置

除了邮件通知，我们还可以为 Prometheus 配置其他通知方式，例如企业微信、钉钉或者飞书。但是，使用 Prometheus 原生的扩展方式配置这些告警通知比较复杂。本节介绍一种通过 PrometheusAlert 来配置通知的方式，它配置起来比较简单，并且支持丰富的第三方通知。

1. 安装 PrometheusAlert

首先，使用以下命令安装 PrometheusAlert：

```
$ kubectl create ns monitoring
$ kubectl apply -n monitoring -f https://ghproxy.com/https://raw.
  githubusercontent.com/feiyu563/PrometheusAlert/master/example/kubernetes/
  PrometheusAlert-Deployment.yaml
configmap/prometheus-alert-center-conf created
deployment.apps/prometheus-alert-center created
service/prometheus-alert-center created
```

然后，等待工作负载就绪：

```
$ kubectl wait --for=condition=Ready pods --all -n monitoring
pod/prometheus-alert-center-75b7b6465-26zvd condition met
```

2. 配置 PrometheusAlert

安装完成后，PrometheusAlert 默认开启钉钉和企业微信通知的开关，飞书通知需要手动开启。

要启用飞书通知，你需要编辑 PrometheusAlert 的配置 ConfigMap：

```
$ kubectl edit configmap prometheus-alert-center-conf -n monitoring

# 是否开启飞书告警通道，可同时开始多个通道：0 为关闭，1 为开启
open-feishu=0
```

找到 open-feishu 配置项，并将 0 修改为 1，保存配置。

要让配置立即生效，可以通过删除旧的 Pod 来实现：

```
$ kubectl delete pod -l app=prometheus-alert-center -n monitoring
pod "prometheus-alert-center-75b7b6465-26zvd" deleted
```

这样，飞书通知的开关便开启了。

3. 创建飞书机器人

接下来，创建飞书机器人。首先，创建一个飞书群聊，然后单击群聊中的"设置"，之后在"设置"界面选择"群机器人"选项，如图 11-49 所示。

图 11-49   创建群聊并添加群机器人

在弹出的界面中，选择"添加机器人"选项，在弹出的"添加机器人"界面选择"自定义机器人"选项，如图 11-50 所示。

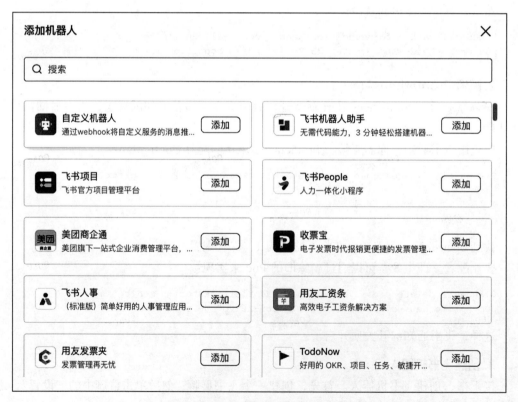

图 11-50   自定义机器人

接下来，单击"添加"按钮完成机器人的创建，此时将得到一个 Webhook 地址（https://open.feishu.cn/open-apis/bot/v2/hook/xxxx-xxx），将它复制下来备用，如图 11-51 所示。

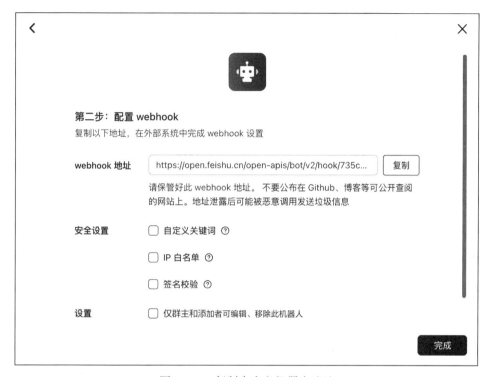

图 11-51　复制自定义机器人地址

4. 配置 Alertmanager

接下来需要配置 Alertmanager，并让所有的告警通知都转发到 PrometheusAlert。将下面的内容保存为 prometheusAlert.yaml 文件：

```
global:
  resolve_timeout: 5m
route:
  group_by: ['instance']
  group_wait: 10m
  group_interval: 1m
  repeat_interval: 12h
  receiver: 'web.hook.prometheusalert'
receivers:
- name: 'web.hook.prometheusalert'
  webhook_configs:
  - url: 'http://prometheus-alert-center.monitoring:8080/prometheusalert?type=fs
&tpl=prometheus-fs&fsurl=https://open.feishu.cn/open-apis/bot/v2/hook/xxxx'  # 替换
为飞书机器人 Webhook 地址
```

从上述配置内容中发现，此处本质上使用了 Alertmanager 的 Webhook 功能，它将所有告警以 HTTP 消息的方式发送到 PrometheusAlert，并由它来发送通知。

请注意，此处需要将 url 字段中的 *fsurl* 参数替换为之前创建的飞书的 Webhook 地址。当然你也可以使用其他的通知方式，例如企业微信或者钉钉，只需要构造不同的 url 参数即可。

然后，将上述文件内容进行 Base64 编码：

```
$ cat prometheusAlert.yaml| base64
```
Z2xvYmFsOgogIHJlc29sdmVfdGltZW91dDogNW0Kcm91dGU6CiAgZ3JvdXBfYnk6IFFsaW5sdGdFuY2Un
  XQogIGdyb3VwX3dhaXQ6IDEwbQogIGdyb3VwX2ludGVydmFsOiAxbQogIHJlcGVhdF9pbnRlcnZhbD
  ogMTJoCiAgcmVjVZWl2ZXI6ICd3ZWJuaG9vay5wcm9tZXRoZXVzYWxlcnQnCnJlY2VpdmVyczoKLSBu
  YW1lOiAnd2ViaG9vucHJvbWV0aGV1c2FsZXJ0JwogIHdlYmhvb2tfY29uZmlnczoKICAtIHVybD
  ogJ2h0dHA6Ly9wcm9tZXRoZXVzLWFsZXJ0LWNlbnRlci5tb25pdG9yaW5nODAvcHJvbWV0aGV1c2FHV
  c2FsZXJ0P3R5cGU9ZnMmdHBsPXByByb21ldGhldXMtZm1sbcmw9aHR0cHM6Ly9vcGVuLmZlaXNodS5
  5jbi9vcGVuLWFwaXMvym90L3YyL2hvb2svNDU2ODIyNWItYjI0Yi00MzJiLWFhOTMtYmVjNjk1ZWJj
  NjE4Jw==

接下来，编辑 Alertmanager 的 Secret 文件：

```
$ kubectl edit secret -n prometheus alertmanager-prometheus-kube-prometheus-
  alertmanager

# Please edit the object below. Lines beginning with a '#' will be ignored,
# and an empty file will abort the edit. If an error occurs while saving this file
  will be
# reopened with the relevant failures.
#
apiVersion: v1
data:
  alertmanager.yaml: Z2xvYmFsOgogIHJlc29dmVfdGltZW91dDogNW0.... # 替换内容
kind: Secret
......
```

将 alertmanager.yaml 字段后面的内容替换为上一步生成的 Base64 字符串，保存修改。为了让配置立即生效，你可以删除旧的 Alertmanager Pod：

```
$ kubectl delete pod -l app.kubernetes.io/name=alertmanager -n prometheus
pod "alertmanager-prometheus-kube-prometheus-alertmanager-0" deleted
```

5. 触发告警

接下来，仍然使用下面的命令来访问示例应用，以便触发告警：

```
$ while true; do ; curl http://log-example.com/http ; echo -e '\n'$(date);done
```

等待几分钟后，你将在飞书收到告警通知，如图 11-52 所示。

图 11-52　飞书告警通知

至此，使用 PrometheusAlert 发送告警通知的全过程介绍完毕。

11.5　小结

本章重点介绍了可观测性的三大支柱，分别是日志、监控和告警。

首先，当系统出现异常时，我们通常需要遵循从外到内的思路排查故障。在 GitOps 工作流中，当应用产生故障，检查应用的健康状态应该是首要任务。

其次，当我们需要深入业务层故障时，日志和监控就显得尤为重要。日志可以帮助我们定位到业务逻辑的具体错误，而监控可以帮助我们实时了解系统的运行状态。

最后，告警是一种主动监控系统健康状态的手段。在系统出现故障时，它可以帮助我们及时通知相关人员，从而缩短故障的修复时间。

Chapter 12 第 12 章

服务网格和分布式追踪

大型的分布式应用往往是由数百个微服务组成的。这些微服务通常由不同的语言编写，通过相互调用来完成业务逻辑。在这种情况下，如何管理服务之间的通信，以及如何跟踪请求的流向，就成了一个非常重要的问题。

在传统架构下要管理服务之间的流量，我们通常需要借助注册中心。但注册中心对代码和业务逻辑有一定的侵入性，这增加了编写业务逻辑的成本，且大大降低了业务灵活性。

为了解决上述问题，服务网格（Service Mesh）应运而生。服务网格是一种管理微服务之间通信的方法，即我们常说的东西流量。

服务网格能够在不侵入业务逻辑的情况下，解决服务之间的流量控制、安全、监控和分布式追踪问题。常见的解决方案有 Linkerd 和 Istio。

本章将介绍服务网格和分布式追踪的基本概念，并以 Istio 为例，进一步介绍如何在 Kubernetes 上部署服务网格，并进行分布式追踪实验。

12.1 服务网格

服务网格是一种现代化微服务架构模式。它的创新之处在于将网络逻辑从应用程序中分离出来，提供了微服务之间进行流量路由、负载均衡、安全性和可观察性管理的能力。这种架构模式的出现是为了解决微服务应用程序开发过程中面临的一些挑战，例如服务发现、流量管理和可靠性等问题。

Istio 是目前比较流行的服务网格工具，成熟度也较高。此外，还有其他开源的服务网格实现工具，如 Linkerd 和 Kuma 等。Linkerd 是一个轻量级服务网格实现工具，它专注于简化服务网格的使用和管理。而 Kuma 是一个基于 Envoy 的服务网格平台，它提供了一些额外功能，例如多集群管理和多租户支持等。

服务网格提升了微服务架构的可维护性和扩展性，让开发人员不再需要像以前一样关注大量与业务无关的运维和网络逻辑，而是专注于创建业务程序，进一步提高研发效率。

12.1.1　Istio 简介

Istio 是一个开源的服务网格平台，提供了一种简单的方式来连接、管理和保护微服务，具有以下特点。

1）流量管理：Istio 具有流量路由、流量控制、故障注入和 A/B 测试等功能。

2）安全性：Istio 可以提供服务间的认证、授权、加密和基于策略的访问控制。

3）观察性：Istio 可以提供服务间的监控、日志和分布式跟踪等功能。

为了不侵入业务逻辑，Istio 是通过 Sidecar 模式实现的，即当运行业务容器时，Istio Webhook 控制器将对其注入额外的 Sidecar 容器。该 Sidecar 容器将劫持业务容器的所有网络请求，并借助 Envoy 代理来实现流量控制，从而实现 Istio 的各项功能。

Istio 包含控制面和数据面，其中控制面主要用于管理和配置数据面，是部署在 Kubernetes 集群中的 Istio 组件。而数据面负责处理实际的网络流量，也就是 Sidecar 容器中的 Envoy 代理。

1. Admission Webhook

在介绍 Istio 中的 Sidecar 注入之前，有必要了解一下 Admission Webhook。

在 Kubernetes 中，Admission Webhook 是一种机制，用于在 Pod 创建阶段对其进行自定义处理。当 Pod 创建请求到达 Kubernetes API Server 时，Kubernetes API Server 会将创建请求发送至 Admission Webhook，Admission Webhook 会在 Pod 创建请求中注入 Envoy 容器，并将其作为 Sidecar 容器与目标容器一起部署到 Pod 中，如图 12-1 所示。

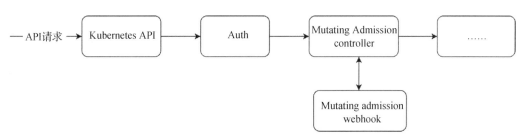

图 12-1　Admission Webhook 注入 Sidecar 的原理

2. Istio 中的 Sidecar

Istio 中的 Sidecar 可以劫持 Pod 中的所有网络请求，并进行流量管理和安全控制。其是通过 iptables 策略实现的。Istio 中的 Sidecar 会在 Pod 中添加 4 条 iptables 规则，将所有出站流量重定向到 Envoy 的监听端口，由于 Sidecar 容器和业务容器共享一个网络空间，因此所有的流量都将由 Envoy 容器进行管理和控制。

3. 数据面和控制面的通信机制

前面提到，Istio 由数据面和控制面组成。当部署 Istio CRD 对象时，实际上是对控制面进行操作，而数据面（Envoy 代理）是将 XDS（X Discovery Service）协议作为与控制面沟通的桥梁，并从控制面获取配置信息。

XDS 是一个通用的 API 协议，用于管理数据面的配置信息（如路由规则、负载均衡策略、故障恢复策略等）。在 Istio 中，控制面上的 Pilot 组件负责为数据面提供 XDS 服务。

XDS 协议使用 gRPC 进行通信，并定义了一组接口和数据类型。Istio 中基于 XDS 协议的通信包含以下几个阶段。

- ❑ 服务注册：当服务启动时，Envoy Sidecar 向 Pilot 发送注册请求，包含服务实例的元数据、监听地址和 health check 配置等信息。
- ❑ 配置推送：Pilot 会根据服务实例的元数据和配置规则，生成一份配置信息，并推送给数据面。
- ❑ 配置更新：当服务实例状态发生变化或者配置规则发生变化时，Pilot 会重新生成配置信息，并将其推送给数据面。
- ❑ 配置删除：当服务实例被下线或者删除时，Pilot 会删除相应的配置信息。

12.1.2 安装 Istio

在安装 Istio 之前，首先需要准备 Kubernetes 集群。以配置 Kind 集群为例，你可以参考 1.2.1 节的内容进行安装。

以 Linux 和 macOS 为例，下载 istioctl 命令行工具：

```
$ curl -L https://raw.githubusercontent.com/istio/istio/master/release/
  downloadIstioCandidate.sh | sh -
```

然后，进入下载的 Istio 目录，例如 istio-1.17.2：

```
$ cd istio-1.17.2
```

安装目录包含两部分：samples 目录（保存示例应用）、bin 目录（保存 istioctl 命令行工具）。

将 istioctl 添加到 PATH 环境变量：

```
$ export PATH=$PWD/bin:$PATH
```

现在，istioctl 安装完成，你可以通过以下命令验证：

```
$ istioctl version
no running Istio pods in "istio-system"
1.17.2
```

为了体验 Istio 的完整功能，采用 demo 的配置进行安装：

```
$ istioctl install --set profile=demo -y
√ Istio core installed
√ Istiod installed
√ Egress gateways installed
√ Ingress gateways installed
√ Installation complete
```

然后给命名空间添加标签，这会为所有部署到该命名空间下的工作负载注入 Sidecar 代理：

```
$ kubectl label namespace default istio-injection=enabled
namespace/default labeled
```

至此，Istio 的安装顺利完成。

12.1.3　示例应用

要体验 Istio 的多种特性，使用 Istio 提供的示例应用 Bookinfo 是一个非常不错的选择。

Bookinfo 是一个在线书店的典型应用，展示页面包含书的描述、书的细节（ISBN、页数等），以及关于这本书的一些评论。它由 4 个微服务组成。

❑ Productpage：产品页，由 Python 编写，是应用的主入口，会调用 Details、Reviews 和 Ratings 三个服务，然后组合结果，最后将内容返给用户。

❑ Details：书的细节服务，由 Ruby 编写，会调用 Ratings 服务。

❑ Reviews：书的评论服务，由 Java 编写，会调用 Ratings 服务。

❑ Ratings：书的评分服务，由 Node.js 编写。

其中，Reviews 微服务有 3 个版本。

❑ v1：不包含评分功能。

❑ v2：包含评分功能，评分分为 1 到 5 星。

❑ v3：包含评分功能，评分分为 1 到 5 星，并且评分星星的颜色为红色。

图 12-2 展示了该应用的端到端架构。

在 12.1.2 节中，我们已经下载了 Istio，现在需要将其目录下的示例应用部署到 Kubernetes 集群：

```
$ kubectl apply -f samples/bookinfo/platform/kube/bookinfo.yaml
service/details created
serviceaccount/bookinfo-details created
deployment.apps/details-v1 created
service/ratings created
serviceaccount/bookinfo-ratings created
deployment.apps/ratings-v1 created
service/reviews created
serviceaccount/bookinfo-reviews created
deployment.apps/reviews-v1 created
deployment.apps/reviews-v2 created
```

```
deployment.apps/reviews-v3 created
service/productpage created
serviceaccount/bookinfo-productpage created
deployment.apps/productpage-v1 created
```

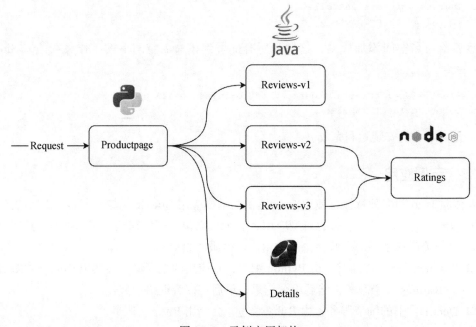

图 12-2　示例应用架构

等待应用部署完成，可以使用以下命令进行验证：

```
$ kubectl get pods
NAME                              READY   STATUS    RESTARTS   AGE
details-v1-5ffd6b64f7-kpf44       2/2     Running   0          26m
productpage-v1-979d4d9fc-f889q    2/2     Running   0          26m
ratings-v1-5f9699cfdf-p2pmn       2/2     Running   0          26m
reviews-v1-569db879f5-ntjz7       2/2     Running   0          26m
reviews-v2-65c4dc6fdc-nn9db       2/2     Running   0          26m
reviews-v3-c9c4fb987-lsdrv        2/2     Running   0          26m
```

当所有的 Pod 都处于 Running 状态时，应用部署完成。

在返回的 Pod 列表中，READY 为 2/2，说明应用除了包含业务容器以外，还被注入了 Sidecar 容器。

最后，通过以下命令确认应用是否正常工作：

```
$ kubectl exec "$(kubectl get pod -l app=ratings -o jsonpath='{.items[0].
  metadata.name}')" -c ratings -- curl -sS productpage:9080/productpage | grep -o
  "<title>.*</title>"
<title>Simple Bookstore App</title>
```

接下来，还需要为示例应用定义默认的路由规则：

```
$ kubectl apply -f samples/bookinfo/networking/destination-rule-all.yaml
destinationrule.networking.istio.io/productpage created
destinationrule.networking.istio.io/reviews created
destinationrule.networking.istio.io/ratings created
destinationrule.networking.istio.io/details created
```

部署完成后，在浏览器中访问 Productpage 服务，可以通过端口转发进行访问：

```
$ kubectl port-forward svc/productpage 9080:9080
Forwarding from 127.0.0.1:9080 -> 9080
Forwarding from [::1]:9080 -> 9080
```

使用浏览器打开 http://127.0.0.1:9080/productpage，你应该能看到类似于图 12-3 的页面。

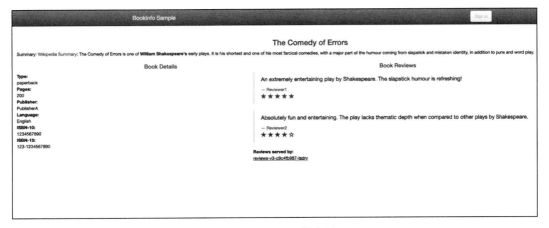

图 12-3　访问示例应用

至此，示例应用 Bookinfo 部署完成。

12.1.4　流量管理：超时

超时机制是指在请求发送后，如果服务器没有在一定时间内响应，那么请求超时并且被取消。

超时机制主要可以应用在以下几个场景。

❑ 避免慢速请求：服务可能因为负载过重或其他原因而响应变慢，超时机制可以避免等待过久的响应导致用户体验下降。

❑ 避免无限期等待：客户端可能因为网络故障或其他原因而无法收到响应，超时机制可以避免用户请求无限期等待响应。

❑ 避免请求竞争：高并发场景可能会导致服务器进入请求响应的竞争状态，超时机制可以避免这种情况发生。

在接下来的实验中，我们将 Reviews 服务的超时时间设置为 1s，并人为对 Ratings 服务引入 2s 的延时，以便观察超时机制的效果。

首先，初始化示例应用的路由，这会暂时忽略 Reviews 服务的 v2 和 v3：

```
$ kubectl apply -f samples/bookinfo/networking/virtual-service-all-v1.yaml
virtualservice.networking.istio.io/productpage created
virtualservice.networking.istio.io/reviews created
virtualservice.networking.istio.io/ratings created
virtualservice.networking.istio.io/details created
```

接下来，将请求路由到 Reviews 服务的 v2，Reviews 服务会发起对 Ratings 服务的调用：

```
$ kubectl apply -f - <<EOF
apiVersion: networking.istio.io/v1alpha3
kind: VirtualService
metadata:
  name: reviews
spec:
  hosts:
    - reviews
  http:
  - route:
    - destination:
        host: reviews
        subset: v2
EOF
```

然后，给 Ratings 服务人为引入 2s 的延时：

```
$ kubectl apply -f - <<EOF
apiVersion: networking.istio.io/v1alpha3
kind: VirtualService
metadata:
  name: ratings
spec:
  hosts:
  - ratings
  http:
  - fault:
      delay:
        percent: 100
        fixedDelay: 2s
    route:
    - destination:
        host: ratings
        subset: v1
EOF
```

现在，你可以对 Productpage 服务进行端口转发：

```
$ kubectl port-forward svc/productpage 9080:9080
```

端口转发完成后，在浏览器中打开 Bookinfo（地址：http://127.0.0.1:9080/productpage），你将看到 Reviews 部分的内容评星为灰色，如图 12-4 所示。

图 12-4　灰色的评星

刷新页面，我们发现页面加载时间变长了，这是因为 Ratings 服务的请求被延时了 2s。接下来，给 Reviews 服务的调用增加 0.5s 的请求超时：

```
$ kubectl apply -f - <<EOF
apiVersion: networking.istio.io/v1alpha3
kind: VirtualService
metadata:
  name: reviews
spec:
  hosts:
  - reviews
  http:
  - route:
    - destination:
        host: reviews
        subset: v2
    timeout: 0.5s
EOF
```

此时，由于 Ratings 服务存在 2s 的延迟，而 Reviews 服务的请求超时为 0.5s，因此当 Reviews 服务调用 Ratings 服务时，请求将超时并且被取消，最终导致 Reviews 部分的内容没有评星。

此时刷新 Productpage 页面，你将看到图 12-5 所示的页面。

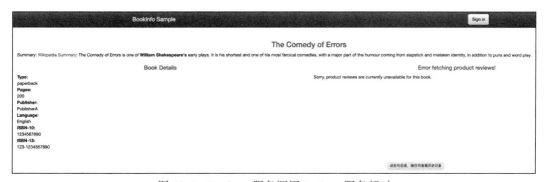

图 12-5　Reviews 服务调用 Ratings 服务超时

至此，超时机制的实验完成。

在超时实验结束后，为了不影响后续的其他实验，你需要删除在上面配置的路由规则：

```
$ kubectl delete -f samples/bookinfo/networking/virtual-service-all-v1.yaml
```

12.1.5　流量管理：熔断

在微服务架构中，服务之间的依赖关系比较复杂。当一个服务发生故障时，由于请求仍然会持续，这可能会导致整个系统崩溃。这被称为雪崩效应。为了避免这种情况发生，我们需要引入熔断机制。

熔断机制可以使系统免受雪崩效应的影响。当某个服务发生故障时，熔断器会自动切断该服务的请求，从而避免请求的传递和积累导致系统崩溃。

接下来进行 Istio 熔断实验。

1）部署示例应用的 httpbin 服务：

```
$ kubectl apply -f samples/httpbin/httpbin.yaml

serviceaccount/httpbin created
service/httpbin created
deployment.apps/httpbin created
```

2）创建一个 DestinationRule，为 httpbin 设置熔断规则：

```
$ kubectl apply -f - <<EOF
apiVersion: networking.istio.io/v1alpha3
kind: DestinationRule
metadata:
  name: httpbin
spec:
  host: httpbin
  trafficPolicy:
    connectionPool:
      tcp:
        maxConnections: 1
      http:
        http1MaxPendingRequests: 1
        maxRequestsPerConnection: 1
    outlierDetection:
      consecutive5xxErrors: 1
      interval: 1s
      baseEjectionTime: 3m
      maxEjectionPercent: 100
EOF
```

3）创建一个客户端应用，它将向 httpbin 服务发起请求，以触发熔断规则。这里，我们使用 Fortio 作为客户端，它可以控制连接数、并发数及发送 HTTP 请求的延时。

通过以下命令部署 Fortio 客户端：

```
$ kubectl apply -f samples/httpbin/sample-client/fortio-deploy.yaml
```

```
service/fortio created
deployment.apps/fortio-deploy create
```

4）当 Fortio Pod 就绪之后，进入 Pod 并使用 Fortio 工具对 httpbin 服务发起调用：

```
$ export FORTIO_POD=$(kubectl get pods -l app=fortio -o 'jsonpath={.items[0].
    metadata.name}')

$ kubectl exec "$FORTIO_POD" -c fortio -- /usr/bin/fortio curl -quiet http://
    httpbin:8000/get

{
  "args": {},
  "headers": {
    ......
  },

}
HTTP/1.1 200 OK
server: envoy
......
```

从上述返回结果可以看出，Fortio 客户端调用后端服务 httpbin 的请求发起成功，接下来进行熔断实验。

1. 触发熔断器

上述 DestinationRule 配置中定义 maxConnections 值为 1，http1MaxPendingRequests 值为 1，这意味着如果并发连接和请求数超过 1，后续请求将会被熔断（阻止）。

接下来，尝试对 httpbin 发起 20 次调用，并发数为 2 的请求：

```
$ kubectl exec "$FORTIO_POD" -c fortio -- /usr/bin/fortio load -c 2 -qps 0 -n 20
    -loglevel Warning http://httpbin:8000/get

......
10.96.192.76:8000: 5
Code 200 : 16 (80.0 %)
Code 503 : 4 (20.0 %)
......
```

从返回结果可知，有 20% 的请求被熔断了，并返回了 503 错误，这是因为 Istio 在处理熔断时允许出现一些误差。

现在，尝试将并发数提高到 3，请求总数为 30：

```
$ kubectl exec "$FORTIO_POD" -c fortio -- /usr/bin/fortio load -c 3 -qps 0 -n 30
    -loglevel Warning http://httpbin:8000/get

......
10.96.192.76:8000: 22
Code 200 : 10 (33.3 %)
```

```
Code 503 : 20 (66.7 %)
......
```

从返回结果可知，有 66.7% 的请求被熔断了，33.3% 的请求成功了。

你可以查询 istio-proxy 日志进一步获取熔断日志：

```
$ kubectl exec "$FORTIO_POD" -c istio-proxy -- pilot-agent request GET stats |
  grep httpbin | grep pending
```

```
......
cluster.outbound|8000||httpbin.default.svc.cluster.local.upstream_rq_pending_
    overflow: 21
cluster.outbound|8000||httpbin.default.svc.cluster.local.upstream_rq_pending_
    total: 29
```

从日志中可知，upstream_rq_pending_overflow 值为 21，这意味着截至目前有 21 个调用被标记为熔断。

2. 清理

首先，清理路由规则：

```
$ kubectl delete destinationrule httpbin
```

然后，删除 httpbin 服务和客户端：

```
$ kubectl delete -f samples/httpbin/sample-client/fortio-deploy.yaml
$ kubectl delete -f samples/httpbin/httpbin.yaml
```

12.2 分布式追踪

由于分布式微服务的调用关系越来越复杂，掌握微服务的调用关系以及快速定位问题成为一个巨大的挑战。而分布式追踪为了解决上述问题而诞生。

分布式追踪能够跟踪微服务的调用请求。它通过给请求加入唯一的 ID，并在请求经过每个服务时记录相关信息，最终汇总请求信息，从而实现对请求的跟踪。

分布式追踪能够观察到一次请求的时间线和服务调用关系，并能够分析分布式请求中服务的调用时间和响应时间，从而快速定位性能瓶颈，进一步定位错误产生的源头。

分布式追踪是服务网格包含的一项功能，常见的实现工具有 Jaeger、Zipkin 和 Lightstep。

12.2.1 原理解析

要实现分布式追踪，追踪工具需要记录请求中所有的服务调用关系。为了实现该功能，追踪工具就需要在请求中添加唯一标识。这个标识（即 TraceId）在整个服务调用链路中都是唯一的。

此外，追踪工具还需要记录服务调用链路中的上下文信息，比如调用链路中的各个服务节点、调用方、调用时间等。这些信息构成了 Span。在 Span 中，最重要的信息是 Span ID 和 Parent ID。它们分别表示当前 Span 的 ID 和父 Span 的 ID，如图 12-6 所示。

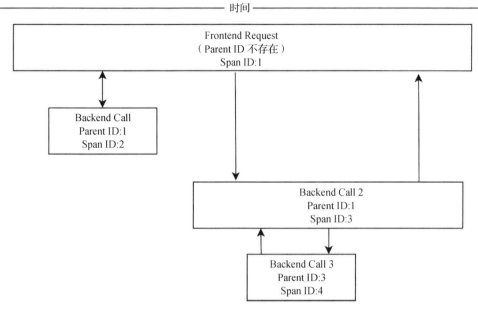

图 12-6　分布式追踪原理

在编写业务程序时，设计在发起和发出请求时主动传播 Span 的上下文信息。Istio 依赖应用程序传播以 b3 开头的追踪 Header 以及由 Envoy 生成的请求 ID。这些 Header 如下。

❑ x-b3-traceid：Trace ID，由应用程序生成。

❑ x-b3-spanid：Span ID，由应用程序生成。

❑ x-b3-parentspanid：Parent ID，由应用程序生成。

❑ x-b3-sampled：是否采样，由应用程序生成。

❑ x-b3-flags：是否采样，由应用程序生成。

如果使用 LightStep，还需要转发 x-ot-span-context。

通常，在业务程序中集成分布式追踪时，我们可以集成分布式追踪工具提供的 SDK 来简化这部分工作。

12.2.2　Jaeger

Jaeger 由 Uber 公司开发和开源，它是基于 Google Dapper 论文实现的分布式追踪工具。它可以帮助用户追踪分布式应用的请求，包括请求的服务调用链路、请求的耗时等。

Jaeger UI 方便用户查看应用的性能和请求的分布情况，并进行数据分析。

Jaeger 经过多年发展，社区活跃度非常高，拥有大量用户和内容贡献者，也是分布式追踪领域相对成熟的项目。

接下来，演示如何在 Istio 上部署 Jaeger，并进行分布式追踪实验。

1. 安装 Jaeger

Istio 提供了一个基础的示例安装，其可以快速启动和运行 Jaeger：

```
$ kubectl apply -f https://raw.githubusercontent.com/istio/istio/release-1.17/
    samples/addons/jaeger.yaml
```

该示例不包括性能和安全配置，仅针对演示和测试使用。

部署后，你可以通过以下命令查看 Jaeger 的部署情况：

```
$ kubectl wait pods -l app=jaeger --for condition=Ready --timeout=90s -n istio-
    system
pod/jaeger-76cd7c7566-l64g6 condition met
```

返回 condition met 表示 Jaeger 正在运行中。

2. 访问 Jaeger UI

对于 Jaeger UI，你可以使用 istioctl 命令进行访问：

```
$ istioctl dashboard jaeger
```

命令运行后，将弹出 Jaeger UI 界面，如图 12-7 所示。

图 12-7　Jaeger UI 界面

3. 访问 Bookinfo 并生成追踪数据

在查看追踪数据之前，首先需要向示例应用发出请求。在安装 Istio 时，默认的分布式追踪采样率为 1%，这意味着至少需要发送 100 个请求才能看到分布式追踪数据。

首先，执行端口转发操作：

```
$ kubectl port-forward svc/productpage 9080:9080
```

然后，打开一个新的命令行终端，并通过以下命令发起 100 个请求：

```
$ for i in `seq 1 100`; do curl -s -o /dev/null http://127.0.0.1:8090/ productpage;
  done;
```

接着，进入 Jaeger UI 首页，在左侧 Service 中选择 productpage.default，并单击 Find Traces 按钮，将展示 Productpage 的分布式追踪数据，如图 12-8 所示。

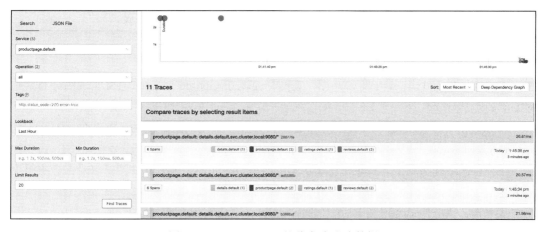

图 12-8　Productpage 的分布式追踪数据

然后，单击第一条追踪数据，进入请求详情页面，如图 12-9 所示。

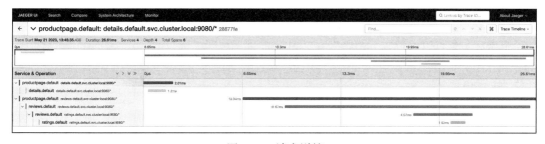

图 12-9　请求详情

从追踪数据中，你可以看到请求的服务调用链路，以及每个请求服务的耗时。你还可以展开对某个服务的请求，并查看 Span 中包含的 Tag 信息（如图 12-10 所示）。

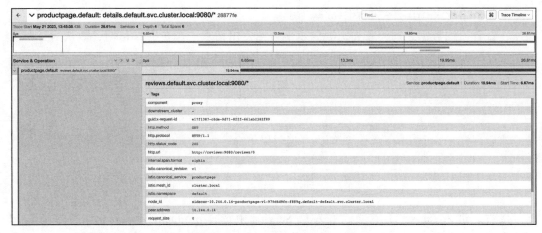

图 12-10 查看 Span 中的 Tag 信息

至此，部署 Jaeger 以及使用 Jaeger 进行分布式追踪的实验已经完成。

12.2.3 Zipkin

Zipkin 最初由 Twitter 开发和开源，它同样是基于 Google Dapper 论文实现的分布式追踪工具。

和 Jaeger 一样，Zipkin UI 使用起来也非常方便。不同的是，Jaeger 采用 Go 语言编写，Zipkin 采用 Java 语言编写。

在分布式追踪实现上，Jaeger 使用了 OpenTracing 标准，Zipkin 使用了自己的数据模型标准。

接下来，我将演示如何在 Istio 上部署 Zipkin，并进行分布式追踪实验。

1. 安装 Zipkin

Istio 提供了一个基础的示例安装，其可以快速启动和运行 Zipkin：

```
$ kubectl apply -f https://raw.githubusercontent.com/istio/istio/master/samples/
  addons/extras/zipkin.yaml
```

部署后，你可以通过以下命令查看 Zipkin 的部署情况：

```
$ kubectl wait pods -l app=zipkin --for condition=Ready --timeout=90s -n istio-
  system
pod/zipkin-977bc78bd-m7mn6 condition met
```

返回 condition met 表示 Zipkin 正在运行中。

2. 访问 Zipkin UI

对于 Zipkin UI，你可以使用 istioctl 命令进行访问：

```
$ istioctl dashboard zipkin
```

命令运行后，将弹出 Zipkin UI 界面，如图 12-11 所示。

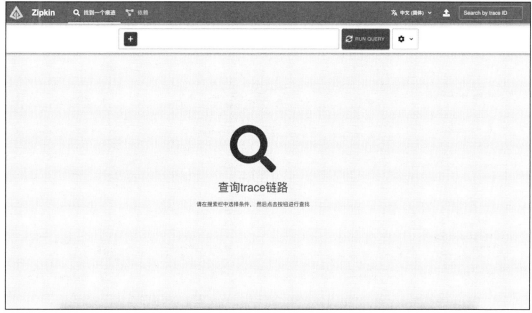

图 12-11　Zipkin UI 界面

3. 访问 Bookinfo 并生成追踪数据

在查看追踪数据之前，首先需要向示例应用发出请求。在安装 Istio 时，默认的分布式追踪采样率为 1%，这意味着至少需要发送 100 个请求才能看到分布式追踪数据。

因为 Zipkin 追踪依赖 Istio Gateway，所以需要先进行 Istio Gateway 部署：

```
$ kubectl apply -f samples/bookinfo/networking/bookinfo-gateway.yaml

gateway.networking.istio.io/bookinfo-gateway created
virtualservice.networking.istio.io/bookinfo created
```

然后，对 Istio Gateway 执行端口转发操作，以便在本地访问：

```
$ kubectl port-forward svc/istio-ingressgateway -n istio-system 8080:80
```

接下来，打开一个新的命令行终端，并通过以下命令发起 100 个请求：

```
$ for i in `seq 1 100`; do curl -s -o /dev/null http://127.0.0.1:8080/productpage;
  done;
```

接着，进入 Zipkin UI 首页，单击 "+" 号图标，选择 serviceName，然后选择 productpage.default，并单击 RUN QUERY 按钮，将展示 Productpage 的分布式追踪数据，如图 12-12 所示。

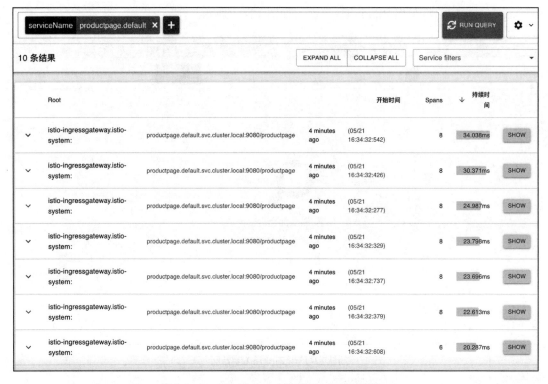

图 12-12　Productpage 的分布式追踪数据

最后，单击第一条追踪数据右侧的 SHOW 按钮，进入请求详情页面，如图 12-13 所示。

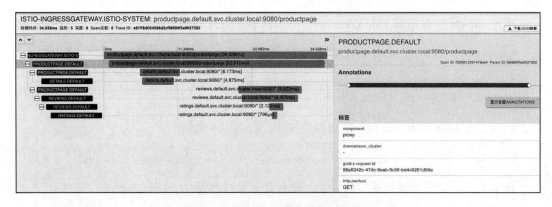

图 12-13　请求详情

同样，在追踪数据中可以看到每个请求服务的耗时以及 Span 中包含的 Tag 信息（如图 12-14 所示）。

至此，部署 Zipkin 以及使用 Zipkin 进行分布式追踪的实验已经完成。

图 12-14　查看 Span 中的 Tag 信息

12.2.4　SkyWalking

SkyWalking 的主要功能包括分布式追踪、服务网格追踪、性能指标分析和可视化。目前，SkyWalking 已经成为 Apache 软件基金会的顶级项目之一。

相比 Jaege 和 Zipkin，SkyWalking 提供的功能更丰富，更像是一个 APM（Application Performance Management）系统，而不仅仅是一个分布式追踪工具。

接下来，我将演示如何在 Istio 上部署 SkyWalking，并进行分布式追踪实验。

1. 安装 SkyWalking

Istio 提供了一个基础的示例安装，其可以快速启动和运行 SkyWalking：

```
$ kubectl apply -f samples/addons/extras/skywalking.yaml
```

部署后，你可以通过以下命令查看 SkyWalking 的部署情况：

```
$ kubectl wait pods -l app=skywalking-oap --for condition=Ready --timeout=90s -n
  istio-system
pod/skywalking-oap-7b9c4d5979-8994v condition met
```

返回 condition met 表示 SkyWalking 正在运行中。

2. 配置 Istio

因为 Istio 代理默认不向 SkyWalking 发送链路追踪，所以需要对 Istio 的配置进行修改：

```
$ kubectl -n istio-system edit cm istio -o yaml

apiVersion: v1
```

```
data:
  mesh: |-
    defaultProviders: #增加配置
        tracing:
        - "skywalking"
    extensionProviders:
    - name: skywalking
      skywalking:
        port: 11800
        service: tracing.istio-system.svc.cluster.local
```

3. 访问 SkyWalking UI

对于 SkyWalking UI，你可以使用 istioctl 命令进行访问：

```
$ istioctl dashboard skywalking
```

命令运行后，将弹出 SkyWalking UI 界面，如图 12-15 所示。

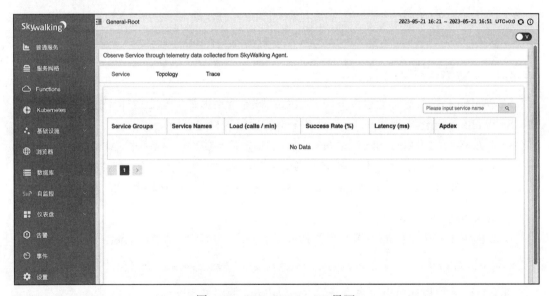

图 12-15　SkyWalking UI 界面

4. 访问 Bookinfo 并生成追踪数据

在查看追踪数据之前，首先需要向示例应用发出请求。在安装 Istio 时，默认的分布式追踪采样率为 1%，这意味着至少需要发送 100 个请求才能看到分布式追踪数据。

因为 SkyWalking 追踪依赖 Istio Gateway，所以需要先进行 Istio Gateway 部署：

```
$ kubectl apply -f samples/bookinfo/networking/bookinfo-gateway.yaml

gateway.networking.istio.io/bookinfo-gateway created
virtualservice.networking.istio.io/bookinfo created
```

然后，对 Istio Gateway 执行端口转发操作，以便在本地访问：

```
$ kubectl port-forward svc/istio-ingressgateway -n istio-system 8081:80
```

为了避免与 SkyWalking UI 的端口冲突，这里将 Istio Gateway 的端口信息转发到 8081 端口。

接下来，打开一个新的命令行终端，并通过以下命令发起 100 个请求：

```
$ for i in `seq 1 100`; do curl -s -o /dev/null http://127.0.0.1:8081/productpage;
  done;
```

接着，进入 SkyWalking UI 首页，将看到 SkyWalking 获取到的应用追踪数据，如图 12-16 所示。

Observe Service through telemetry data collected from SkyWalking Agent.

| | Service | Topology | Trace |

Please input service name

Service Groups	Service Names	Load (calls / min)	Success Rate (%)	Latency (ms)	Apdex
	details.default	6.39	3.23	0.23	0.03
	reviews.default	10.48	3.23	0.13	0.03
	istio-ingressgateway.istio-system	3.23	3.23	0.84	0.03
	productpage.default	15.94	3.23	0.35	0.03
	ratings.default	4.13	3.23	0.03	0.03

图 12-16　查看 SkyWalking 获取到的应用追踪数据

单击 Productpage 服务进入调用详情页，该页面将展示服务的请求监控数据，如图 12-17 所示。

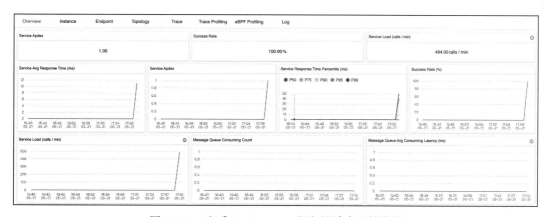

图 12-17　查看 Productpage 服务的请求监控数据

单击 Trace 标签页，将展示该服务的分布式追踪数据，如图 12-18 所示。

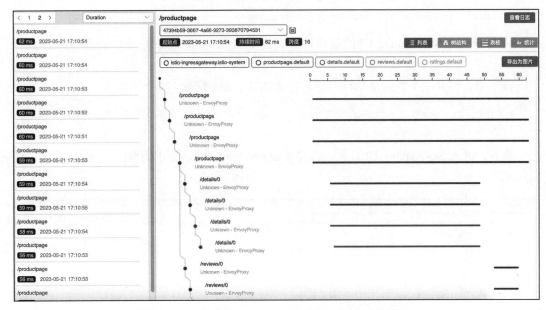

图 12-18　查看 Productpage 服务的分布式追踪数据

最后，还可以单击 Topology 查看应用的拓扑结构，如图 12-19 所示。

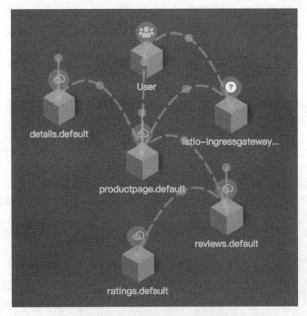

图 12-19　查看应用的拓扑结构

至此，部署 SkyWalking 以及使用 SkyWalking 进行分布式追踪的实验已经完成。

12.3　小结

服务网格和分布式追踪工具是大型分布式系统的重要组成部分。本章介绍了 Istio 及其流量管理，分布式追踪工具 Jaeger、Zipkin 以及 Skywalking。

服务网格将网络逻辑从应用程序中分离出来。在 GitOps 工作流中，你可以将服务网格的配置文件纳入 GitOps 管理，从而实现对服务网格的流量管理。

在实际业务场景中，Istio 的流量管理功能可以帮助实现灰度发布、金丝雀发布、A/B 测试等流量管理策略。此外，Istio 还能提供端到端的安全性和可观察性管理能力。

最后，Istio 的学习内容还远不止于此，本章仅对其做了基本介绍，感兴趣的读者可以继续深入研究。

第 13 章

云原生开发

相比传统的单体应用，云原生应用有非常多的不同之处。比如，云原生应用往往由多个微服务组成，使用容器技术来解决业务的打包和运行问题。此外，它还使用了很多云上的托管服务，例如消息队列、数据库等。

随着业务对云原生应用的依赖越来越大，我们逐渐发现云原生应用的开发越来越复杂，效率也变得越来越低。你可以把这理解为应用迁移到云原生架构的副作用。这些问题目前仍然没有最优的解决方案。

本章将从开发循环反馈开始，介绍造成云原生开发变慢的原因；然后比较单体应用和云原生应用在开发上的差异，以便读者进一步理解为什么会产生这些副作用；最后介绍两种提高开发效率的方案。

13.1 开发循环反馈

要理解什么是"开发循环反馈"，就要从软件开发过程开始说起。

在软件开发过程中，开发者在接到需求后会进行构思、编码。根据编码难度的不同，在编写完一段代码后，他们需要对程序进行编译并运行，如果运行结果不符合预期，则会尝试对一些变量值进行调试，如果还不能满足需求，就需要进行断点调试。调试完成并找到问题后，他们再修改代码，并重新进行上述过程。

这个完整的过程即开发循环反馈，如图 13-1 所示。

通过上述描述，我们很容易得出以下结论。

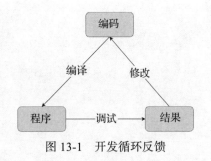

图 13-1　开发循环反馈

1）大部分情况下，一次开发循环反馈验证的代码量在几行到几十行之间，这取决于编码难度。

2）完成一个需求开发需要经历数十甚至数百个开发循环反馈。

3）开发循环反馈的效率很大程度上决定了开发效率。

在上述结论中，第一点和第二点都比较好理解。关于第三点，例如在开发一些大型的Java 项目时，修改代码后要查看编码效果，编译和启动过程可能长达 10min。这意味着每次编码循环反馈有大量无效等待时间，这是开发效率低的原因之一。

13.1.1　架构演进

接下来，按照架构演进顺序，依次分析云前时代、云时代和云原生时代不同架构下的开发循环反馈。

1. 云前时代

在云前时代，我们通常使用瀑布开发方式，最经典的例子是操作系统开发。通常，这需要数年时间，也不便于发布更新。

在这种架构体系下，开发循环反馈的效率取决于项目的大小，通常适用于本地开发。

2. 云时代

在云时代，敏捷和 DevOps 开发方法代替了瀑布开发方法，实现更快地开发和交付。

相比前云时代架构，云时代架构更多使用了云端技术，例如通过连接云端工具进行开发和编译。这在一定程度上解决了本地资源不足导致的编译和启动过慢问题。

在这种架构体系下，使用大型的云端工具可以提高开发循环反馈效率。这种开发方式逐渐变得流行起来。

3. 云原生时代

在云原生时代，业务应用发生了巨大的变化，出现了微服务。

越来越多的单体应用被拆分成微服务，微服务各司其职。通常，一个完整的业务流程需要调用多个微服务才能完成，如图 13-2 所示。

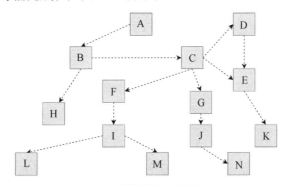

图 13-2　微服务间的调用关系

在微服务架构下，如果本地资源充足，将所有依赖的微服务在本地运行起来，小型的应用仍然可以在本地进行开发。待开发的微服务仍然可以像单体应用一样进行编码、编译和调试。在这种场景下，开发循环反馈变化不大。

但是，随着容器化改造和迁移到 Kubernetes，尤其对于那些无法在本地开发的大型业务应用来说，原有的开发循环反馈流程发生了巨大变化，如图 13-3 所示。

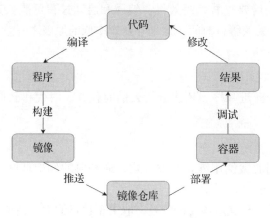

图 13-3　Kubernetes 环境下的开发循环反馈流程

从图 13-3 可以得出结论，在非容器化架构下，开发循环反馈流程只有编码、编译和调试。但在将应用迁移到容器和 Kubernetes 环境时，要查看编码效果，我们必须要先构建镜像，因为只有推送到镜像仓库并等待容器重启才能看到结果，开发效率随之大幅降低。

我们已经知道，微服务和容器化是造成开发循环反馈流程发生变化的根本原因。那么，怎么理解呢？

首先，业务应用在进行微服务改造之后，由于不同应用的环境差异、依赖差异以及本地的资源问题，在开发过程，我们很难在本地将所有微服务都启动起来。在这种情况下，使用云端的 Kubernetes 集群作为开发环境是唯一的解决办法。

此外，当业务进行容器化改造以及迁移到 Kubernetes 之后，要查看某个微服务编码效果，已经无法像单体应用一样只需要简单的编译和启动了。因为该微服务可能依赖其他的微服务、数据库和中间件。这就导致我们只能将应用构建成镜像，并将它部署到具备业务应用完整依赖的远端 Kubernetes 集群，然后才能看到编码效果。

如果从编程角度来理解，单体应用的调用包含代码中的函数和类，而某个微服务的调用包括基于 HTTP 或 RPC 协议调用的其他微服务。

13.1.2　循环反馈变慢的原因

总结来说，在云原生时代，要查看编码效果，会在以下阶段耗费大量无效的等待时间。

❑ 构建镜像。

❑ 推送镜像到镜像仓库。

❑ 修改工作负载的镜像版本并等待 Kubernetes 拉取镜像。

❑ 等待新镜像启动。

以图 13-4 为例，试想一下如果所有的微服务都部署在云端的 Kubernetes 集群，要将 B 服务镜像修改为新版本，一定会经历上述步骤。

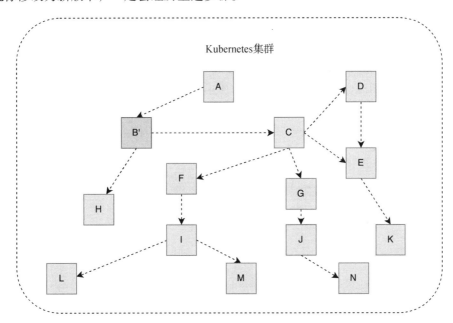

图 13-4　更新 B 服务镜像

至此，相信有一些读者会产生疑问，上面的这些阶段难道不是 GitOps 的优势吗？为什么会变成开发效率降低的原因？

从发布角度来说，这些步骤是必不可少的，这也是 GitOps 的优势。但从开发角度来说，每次编码时循环反馈都需要经历这些步骤是极其浪费时间的。

所以，我们在开发过程中需要专注于降低构建镜像对开发效率的影响。

13.1.3　提高循环反馈效率

在 Kubernetes 架构下，要提高循环反馈效率，可以参考以下 3 个思路。

❑ 提升镜像构建和拉取速度。

❑ "本地 + 远程" 的混合开发方式。

❑ 远程开发。

1. 提升镜像构建和拉取速度

要提高开发循环反馈效率，最容易想到的方案是提升镜像构建和拉取速度，例如，减小镜像体积来加快构建速度，也可以优化 Dockerfile 让构建镜像时尽量使用缓存来加快构建速度，还可以部署私有镜像仓库并将它和 Kubernetes 集群配置在同一个 VPC 网络。

这种方式虽然能在一定程度上提高开发循环反馈效率，但因为它仍然需要构建镜像，所以并不能从根本上解决问题。

2. "本地 + 远程" 的混合开发方式

我们已经知道，之所以需要将镜像部署到远端 Kubernetes 集群，是因为远端集群拥有待开发微服务的所有依赖，例如数据库、中间件和其他微服务等。

换一个思路，如果可以将待开发的微服务在本地直接运行，是不是就不需要构建镜像了？"本地 + 远程" 的混合开发方式如图 13-5 所示。

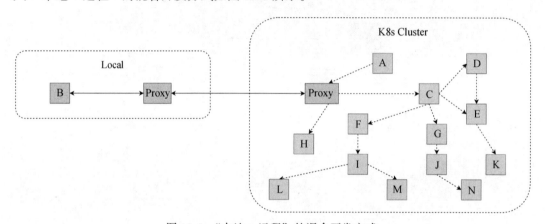

图 13-5 "本地 + 远程" 的混合开发方式

以开发 B 服务为例，要实现这种混合开发方式，需要将集群的 B 服务变成 Proxy 代理（负责将集群内对 B 服务的访问流量转发到本地），并在本地同时启动 Proxy 和 B 服务，这样就可以将本地的 B 服务对集群的依赖服务（例如数据库、中间件和其他微服务）的请求代理到集群。

通过这种双向代理能力，我们能实现在本地以源码的方式开发 B 服务。像开发单体应用一样，在编码后不再需要执行构建镜像等一系列操作，而是可以直接编译源码并启动，提高了开发循环反馈效率。

不过，在真正要实现上述开发方式时，通常会遇到两个比较大的限制。

首先，在一些严格的内网环境下，Proxy 代理可能改变网络拓扑结构，导致原有网络可能失效。Proxy 在特殊场景下也可能无法全流量代理。

其次，要在本地启动 B 服务并不容易。在 Kubernetes 环境下，B 服务的配置可能是由 ConfigMap 或 Secret 提供的，但在本地并不能模拟这两种类型的配置文件。在配置非常复杂的情况下，手动编写配置比较困难。

总体而言，"本地 + 远程" 的混合方式比较适合小型的业务应用，尤其是那些很容易在本地运行的应用。

3. 远程开发

为了解决以上问题，Kubernetes 社区提出了一种新的开发方式：远程开发。

远程开发的核心思想仍然是：复用远端 Kubernetes 集群的环境和依赖，如图 13-6 所示。

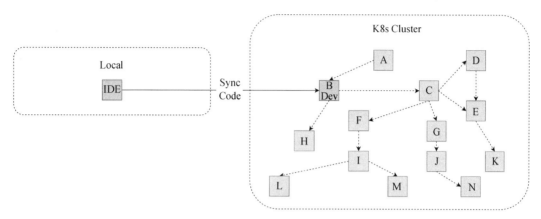

图 13-6　远程开发方式

以开发 B 服务为例，和 "本地 + 远程" 的混合开发方式不同的是，远端开发的原理是将 B 服务从运行模式修改为开发模式，让其以源码的形式启动，并将本地源码的实时修改同步到远端集群 B 服务的容器内，同时通过重启业务进程的方式，实现本地编码实时生效。

这种方式不需要在本地启动微服务，只需要本地有编辑器即可，不需要任何编程环境。此外，因为业务进程仍然是在原来的容器内启动的，所以配置文件、ConfigMap 和 Secret 的读取方式没有产生任何变化，这也是业务进程能够在容器里直接启动的根本原因，也是实现远程开发的基础。

在进行编码时，远程开发方式不需要重新构建镜像，而且其开发体验和在本地开发单体应用一样。

值得注意的是，由于应用编译和启动都是在容器内进行，所以通常需要为容器设置较大的资源配额，以便获得更好的开发体验。

从通用性和体验角度来看，在 Kubernetes 架构下，远程开发是非常推荐的一种开发方式。

13.2　远程开发

谈到远程开发，相信有一些读者会想到 VS Code 的 Remote-SSH。它利用了 VS Code 客户端和 Server 解耦的特性，让 VS Code Server 运行在远端 VM，让本地 VS Code 客户端只起到 UI 展示和交互的作用，两者通过 SSH Tunnel 进行数据交互。Remote-SSH 工作原理如图 13-7 所示。

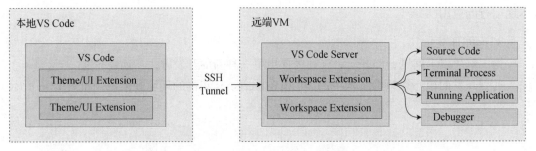

图 13-7　Remote-SSH 工作原理

远程开发有两大好处。

首先，源码并不会在本地保存，在本地编辑的代码实际上是远端机器上的代码，这对源码安全性要求较高的团队来说是非常好的。

其次，由于应用进程运行在远端机器，所以可以借助云端的资源来编译和运行应用，这解决了大型单体应用在本地开发时的资源限制问题。

这种远程开发方式具有创新性。那么，在云原生架构下能否参考这种思路？

在学习容器技术时，我们会把容器比作虚拟机，如果将虚拟机替换成 Pod，似乎就可以实现远程开发效果了。

但事实并没有这么简单。首先，在 Kubernetes 环境下，因为 Pod 并没有外网 IP，所以本地很难通过 SSH 方式连接 Pod。其次，在镜像里内置 SSH Server 并开启 SSH 访问也容易带来安全隐患，需要用其他连接方式取代通过 SSH 连接的方式，这种方式也就是代码远程同步。

13.2.1　安装 Nocalhost

目前，Kubernetes 社区提供的远程开发方案并不多，CNCF Sandbox 项目 Nocalhost 是其中一种解决方案。

Nocalhost 是腾讯云在 2020 年开源的项目，也是云原生开发领域第一个由国人主导并进入 CNCF Sandbox 的项目。笔者也参与了 Nocalhost 从 0 到 1 的开发。

接下来，我们将使用 Nocalhost 来实现远程开发。

在进入实战前，你需要做好以下准备。

1）创建 Kind 集群，并在集群内安装 Ingress-Nginx 控制器。

2）配置 Kubectl，使其能够访问 Kind 集群。

以 VS Code 为例，要安装 Nocalhost，可以在插件市场搜索并安装，如图 13-8 所示。

在安装 Nocalhost 插件之后，Nocalhost 将自动下载 nhctl 工具。nhctl 是 Nocalhost 的核心组件，它为 IDE 插件提供 Kubernetes API 调用能力。

至此，Nocalhost 安装完成。

图 13-8　安装 Nocalhost

13.2.2　添加 Kubernetes 集群

在进入远程开发实战之前，你还需要为 Nocalhost 添加 Kubernetes 集群。

在 VS Code 左侧菜单栏打开 Nocalhost 插件，如果本地已经有 Kind 集群，Nocalhost 将会自动识别，直接单击 Add Cluster 选项即可添加 Kind 集群，如图 13-9 所示。

添加完成后，单击集群名称来查看集群的命名空间，这里以树状结构展示命名空间，如图 13-10 所示。

图 13-9　添加 Kubernetes 集群　　　　　图 13-10　查看集群命名空间

至此，Kubernetes 集群添加完成。

13.2.3 部署示例应用

最后，你还需要部署示例应用。

将鼠标移动到 default 命名空间，单击右侧的火箭状按钮，在弹出的对话框中选择 Deploy Demo 选项来部署示例应用，如图 13-11 所示。

此时，Nocalhost 将自动从 GitHub 克隆示例应用仓库，并将它部署到集群的 default 命名空间。同时，VS Code 输出栏会出现等待 Pod 就绪的提示信息。

弹出图 13-12 所示的提示，说明示例应用就绪。

图 13-11　部署示例应用　　　　　　图 13-12　示例应用就绪

此时，单击 go 按钮打开示例应用，Nocalhost 将自动进行端口转发，并打开浏览器访问示例应用，如图 13-13 所示。

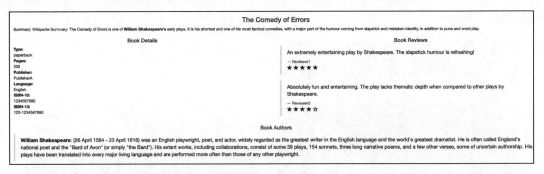

图 13-13　访问示例应用

Nocalhost 部署的示例应用实际上是经过改造的 Istio Bookinfo 应用。服务之间的调用关系可以参考 12.1.3 节的内容，这里不再赘述。

13.2.4 秒级开发循环反馈

示例应用部署完成后，接下来体验秒级开发循环反馈。

假设现在有一个需求，希望能修改 authors 服务输出的作者名信息。一般来说，首先需要在本地找到对应的代码并修改，然后构建镜像，推送到镜像仓库，接着修改 Kubernetes 集群的 authors 工作负载的镜像版本，并等待新的镜像启动。

接下来尝试使用 Nocalhost 来简化该开发过程。

在 Nocalhost 插件中单击 default 展开命名空间，单击 bookinfo 展开应用，单击 Workloads 展开工作负载，最后单击 Deployments 查看工作负载列表，如图 13-14 所示。

图 13-14　查看工作负载列表

此时，将鼠标移动到 authors 服务，单击右侧的绿色锤子状按钮进入该服务的开发模式。然后在弹出的对话框中选择 Clone from Git Repo，并选择一个本地目录来存储源码，然后单击"确认"按钮后，Nocalhost 将自动克隆 authors 服务的源码到所选择的目录，并将源码通过新的 VS Code 窗口打开。

在新的 VS Code 窗口的右下角将看到 Nocalhost 进入开发模式的提示，等待片刻，将获得远端容器的终端，如图 13-15 所示。

图 13-15　获得远端容器的终端

注意，上述终端并不是本地的终端，而是 authors 服务在开发模式下的终端。也就是说，在此终端执行的所有命令实际上都是在 authors 服务的容器里执行的。此时，你可以在终端执行 ls 命令来查看容器内的文件和目录。

```
root@authors-5c5457fbdc-5qlmq:/home/nocalhost-dev# ls
Dockerfile   Makefile   README.md   app.go   bin   debug.sh   go.mod   go.sum   run.sh
   vendor
```

通过观察会发现，容器内的文件目录和 VS Code 正在编辑的文件目录是一致的，如图 13-16 所示。

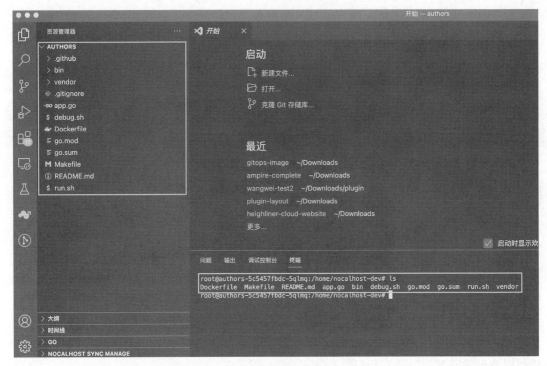

图 13-16　本地和远端容器目录一致

实际上，容器内的文件和目录与本地的文件和目录是一致的。

接下来，尝试修改作者名称。打开 app.go 文件，将作者信息修改为 Geekbang，并保存。接着，在终端运行下面的命令：

```
root@authors-5c5457fbdc-5qlmq:/home/nocalhost-dev# sh run.sh
2023/01/30 16:58:49 Start listening http port 9080 ...
```

run.sh 脚本实际上是 authors 服务的启动命令，它通过 go run app.go 命令启动了 authors 服务。

当服务启动完成后，重新返回浏览器并刷新页面，将看到刚才的修改已经生效，如图 13-17 所示。

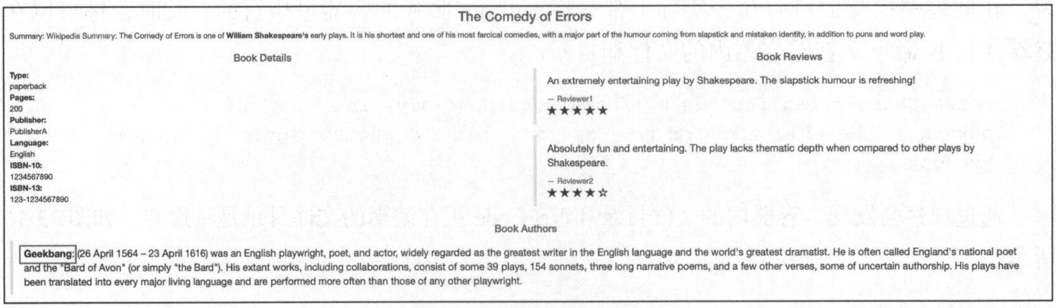

图 13-17　本地编码生效

这就是 Nocalhost 提供的秒级开发循环反馈能力。

现在，你可以在终端通过 Ctrl+C 组合键来中断 authors 服务的进程，如图 13-18 所示。

图 13-18　手动中断服务进程

重新回到浏览器并刷新页面，将看到 authors 服务不可用提示，如图 13-19 所示。

The Comedy of Errors
Summary: Wikipedia Summary: The Comedy of Errors is one of **William Shakespeare's** early plays. It is his shortest and one of his most farcical comedies, with a major part of the humour coming from slapstick and mistaken identity, in addition to puns and word play.

Book Details

Book Reviews

Type:
paperback
Pages:
200
Publisher:
PublisherA
Language:
English
ISBN-10:
1234567890
ISBN-13:
123-1234567890

An extremely entertaining play by Shakespeare. The slapstick humour is refreshing!

— Reviewer1

★ ★ ★ ★ ★

Absolutely fun and entertaining. The play lacks thematic depth when compared to other plays by Shakespeare.

— Reviewer2

★ ★ ★ ★ ☆

Error fetching product authors!

Sorry, product authors are currently unavailable for this book.

图 13-19　authors 服务不可用

这意味着在进入 authors 服务的开发模式并获得远程终端之后，便能够在容器内控制业务进程的启停。修改代码，并再次重启业务进程就可以得到编码效果。远程开发避免了传统开发需要构建镜像的过程。

13.3　热加载和一键调试

除了实现秒级开发循环反馈，Nocalhost 还具备容器热加载和一键调试的能力。

容器热加载是指在变更代码后，无须人工手动重启业务进程，Nocalhost 将自动进行重启，以达到编码实时生效的目的。

一键调试是指，Nocalhost 可以实现在远端容器内以开发模式启动业务进程，并打通调试端口，控制本地的 IDE 连接到调试进程，以达到编码实时生效的目的。

本节将介绍这两种远程开发进阶能力。

13.3.1　容器热加载

要实现 Nocalhost 容器热加载，首先需要按照 13.2.4 节的内容进入 authors 服务的开发模式。

接下来，在 VS Code 窗口打开 Nocalhost 插件，在 authors 服务左侧将出现一个绿色锤子状图标，这表示该服务处于开发模式中，如图 13-20 所示。

接下来，右击 authors 服务，选择最后一个选项 Remote Run，如图 13-21 所示。

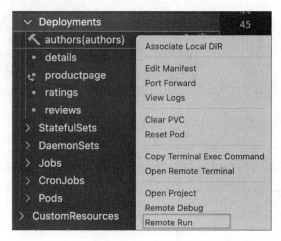

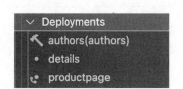

图 13-20　确认 authors 服务处于开发模式　　　图 13-21　选择 Remote Run 开启容器热加载

注意，在单击 Remote Run 选项之前，一定要确保已经通过 <Ctrl+C> 组合键手动停止开发容器内的业务进程，这可以避免重复运行业务进程导致的端口冲突。

现在，Nocalhost 将自动开启一个新的远程终端，并启动业务进程，你也可以通过右侧的列表来切换到不同的终端，如图 13-22 所示。

图 13-22　切换终端

接下来，尝试修改 app.go 文件中的内容，例如删除 bang 字符串并保存。此时，Nocalhost 将自动重启开发容器的业务进程，如图 13-23 所示。

图 13-23　Nocalhost 自动重启开发容器的业务进程

然后，重新打开浏览器并刷新页面，新的修改已经生效，如图 13-24 所示。

图 13-24 修改生效

那么，Nocalhost 如何了解业务的启动命令？在示例应用中已经提前为 authors 服务配置了相应的命令。你可以单击 authors 服务右侧的"设置"按钮，在弹出的对话框中选择"取消"选项来查看配置中的 command.run 字段。实际上，Nocalhost 是通过运行配置的 run.sh 脚本来启动业务的。

最后，在终端窗口通过 <Ctrl+C> 组合键来中断容器热加载。

至此，Nocalhost 容器热加载实战就结束了。

13.3.2　一键调试

除了容器热加载以外，Nocalhost 还提供了便利的一键远程调试能力。

要进行一键调试，首先还是找到 authors 服务，右击后在弹出的快捷菜单中选择 Remote Debug 选项进入远程调试模式，如图 13-25 所示。

图 13-25　一键调试

接下来，Nocalhost 将以调试模式启动业务进程，然后通过 Kubernetes 端口转发的方式将远端的调试端口转发到本地，并控制调试器连接到调试端口。

需要注意的是，由于 auhors 服务是用 Golang 编写的，所以调试依赖本地的 Golang 开发工具，如果你的电脑里没有 Golang 开发环境，Nocalhost 将提示安装相关工具和插件。

进入调试后，你将看到 VS Code 窗口右下角出现准备连接调试器，如图 13-26 所示。

图 13-26　等待连接调试器

大约等待十几秒，如果弹出 VS Code 的调试窗口，说明已经成功连接远端的调试进程。调试界面如图 13-27 所示。

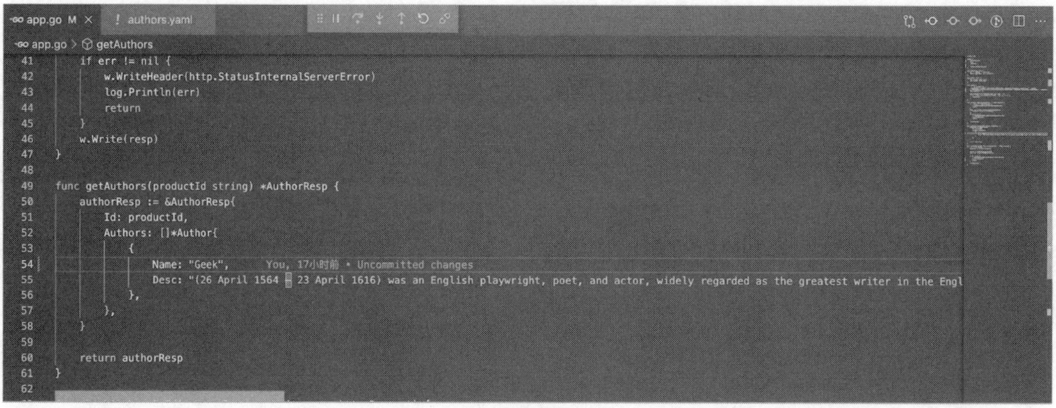

图 13-27　调试界面

接下来，打开 app.go 文件，并在第 54 行右侧打一个断点，此时，在行数的右侧将出现一个红色的圈，代表打断点的位置，如图 13-28 所示。

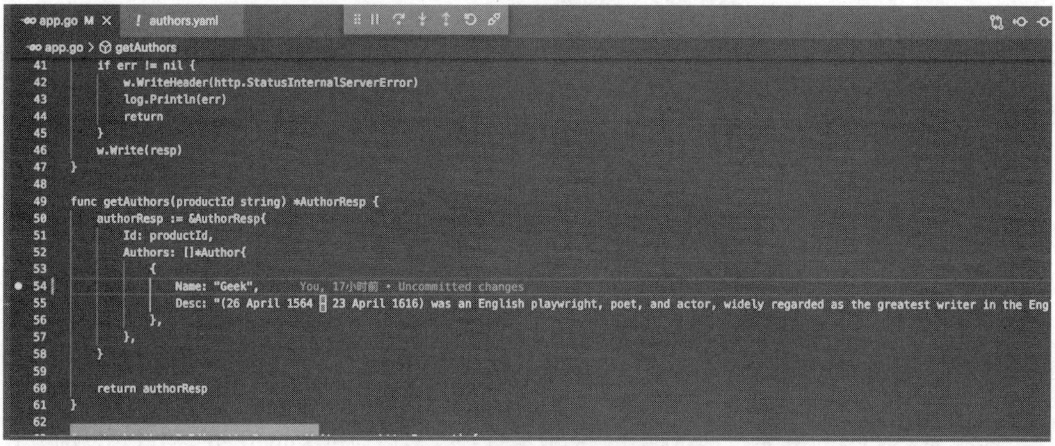

图 13-28　添加调试断点

现在，重新返回浏览器并刷新页面，VS Code 调试器将停留在打断点的位置，并且在左侧调试菜单栏展示相关变量信息，如图 13-29 所示。

通过以上操作，我们完成了对 authors 服务的一键调试。

在上述调试例子中，如果你使用的是搭载 M1 芯片的 Mac 系统，你还需要进行下面的操作。

在 Nocalhost 插件中的工作负载列表找到单击 authors 服务，并点击 "设置" 按钮进入该服务的开发配置页，并将 image 字段修改为 okteto/golang:1.19，然后单击红色锤子状的按钮，退出 authors 服务的开发模式，之后单击 Remote Debug 进入调试模式。

最后，你可以切换到 VS Code 终端菜单，并通过 Ctrl+C 组合键来终止调试进程。

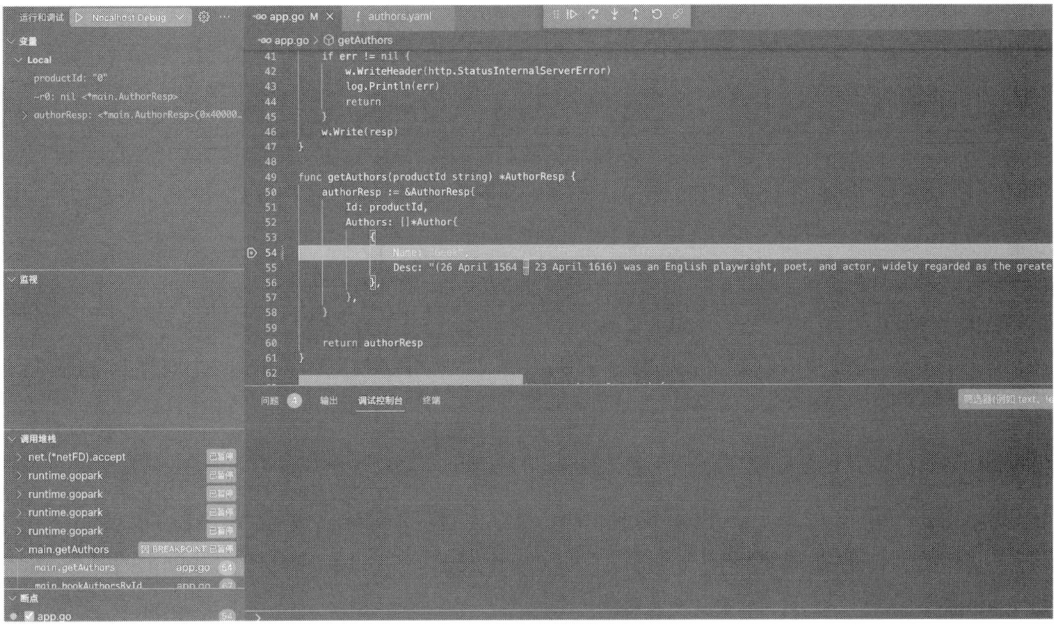

图 13-29　查看调试信息

13.3.3　原理解析

在了解了 Nocalhost 的基本使用后，接下来了解其基本原理。

先思考这样一个问题：在进入开发模式后，为什么能以源码的形式在容器内启动业务进程？

这个问题看似简单，却涉及 Nocalhost 远程开发的核心原理。实际上，之所以能在容器内以源码的形式启动业务进程，是因为容器的配置、Secret、服务依赖等并没有变，我们只是将以二进制方式启动业务进程替换为以源码的形式启动，这是实现远程开发的基础。

在进入开发模式后，Nocalhost 会将容器镜像替换为包含完整开发工具的开发镜像，并增加用来同步文件的 Sidecar 容器，如图 13-30 所示。

对于以编译型语言编写的业务应用，在构建镜像时并不会将源码打包到镜像内，也不包含特定的语言开发和编译工具。所以，为了解决这两个问题，在进入开发模式后，Nocalhost 将原来的业务镜像替换为包含开发和编译工具的 Golang 镜像，并额外增加了 Sidecar 容器，以将本地的源码同步到容器。

此外，开发容器和 Sidecar 容器共享同一个卷存储。这样，当本地代码同步到 Sidecar 容器后，开发容器同样能够访问到源码。这么做的好处是能够将开发镜像和文件同步解耦，以随意更换开发镜像。

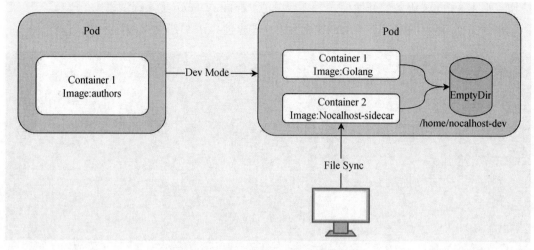

图 13-30　Nocalhost 远程开发原理

那么，本地又是如何连接到 Sidecar 容器以及进行文件同步的？答案是端口转发。

Sidecar 容器在启动后，将启动 Syncthing 文件同步服务，并监听容器特定端口。随后，Nocalhost 将容器的文件同步服务通过端口转发的方式和本地打通，并同时在本地启动 Syncthing 客户端，实现文件的单向和双向同步。

以上是 Nocalhost 实现远程开发的基本原理。

13.4　小结

本章介绍了开发循环反馈的概念以及在云原生场景下，开发循环反馈变慢的原因，还介绍了如何借助 Nocalhost 提高开发效率，包括秒级开发循环反馈、一键调试、容器热加载等。

在设计 GitOps 工作流时，使用 CI/CD 来实现自动化发布是必不可少的，在项目早期，我们也可以借助它们来更新开发环境。随着项目的发展，当 CI/CD 流水线成为开发效率的瓶颈时，我们就需要考虑引入 Nocalhost 来提高开发效率。

第四部分 *Part 4*

知识拓展与落地

■ 第 14 章　云原生知识拓展
■ 第 15 章　如何落地 GitOps

云原生知识拓展

CNCF 是 Linux 基金会组织和管理的一个非营利性技术基金会，致力于推动云原生计算的发展。CNCF 主要关注云原生软件的标准化、普及，以及云原生计算人才的教育和培训。

对于开发者来说，由于 CNCF 是云原生最上游的组织，对它保持关注有助于获取一手信息和了解行业发展情况，进一步提升技能水平。

14.1　CNCF 和云计算

CNCF 成立于 2015 年 12 月，它是 Linux 基金会的一部分。在成立之初，CNCF 得到了 Google 和 SoundCloud 的支持。这两家公司分别捐赠了著名的 Kubernetes 以及 Prometheus。在当时，一并作为会员加入 CNCF 的企业还有：Cisco、CoreOS、Docker、Google、华为、IBM、Intel 和 Redhat 等。

回顾云计算历史，我们会发现 CNCF 的诞生是顺应时代的。

2000 年以前，当时流行的云计算技术是以 Sun 公司为代表的非虚拟化技术，但在需要运行应用时，首先要购买物理服务器，然后在服务器上运行它。

2001 年，VMware 的虚拟化技术得到普及。我们能够在一台物理机上运行多个虚拟机，虚拟机成为程序运行的载体。

2006 年，Iaas（基础设施即服务）诞生，AWS 创建了以 EC2 服务器为代表的云计算和弹性计费方式，AMI（Amazon Machine Image）镜像成为程序打包和运行的普遍方式。

2009 年，PaaS（平台即服务）诞生，以 Heroku 为代表的 PaaS 平台变得非常流行。这时，基础设施层面产生了巨大变化，以 Buildpacks 为代表的技术引入容器的概念。在当时，交付应用只需要执行一条命令简直是一个"魔法"技术。

2010 年，IaaS 层的开源方案 OpenStack 诞生。它由 AWS 和 VMware 开发。至今 OpenStack 在私有云市场仍然是非常流行的解决方案。2011 年，Cloud Foundry 发布开源的 PaaS 解决方案，它是 Heroku 的开源替代方案。

2013 年，著名的 Docker 技术诞生。Docker 整合了 LXC、联合文件系统和 cgroups 技术，是有史以来普及率最快的开发技术，现在仍然被全世界的开发者使用。Docker 技术实现了环境隔离、镜像层可重用和镜像不可更改性，彻底改变了应用的构建、分享和交付方式。

随着容器技术的蓬勃发展，2015 年，CNCF 成立，开始传播微服务和容器化技术。直到今天，微服务和容器化仍然是企业应用的热点技术。

从历史发展角度来看，我们会发现应用的运行环境产生了巨大变化。从最初的物理机，到虚拟机，再到 Buildpacks，最后到容器，应用的交付产物越来越内聚。

此外，运行环境的隔离性也产生了一系列变化，从最初的硬件隔离，到虚拟化隔离，最后到容器技术的 cgroups 隔离，隔离方式越来越轻量。

最后，从供应商角度来看，软件从最初的封闭和单一供应商供应逐渐演进为开源和跨供应商供应。

14.1.1　组织形式

CNCF 是一个中立组织，主要通过推动开源项目的发展来实现自身的目标，所以它的社区组织是为了更好地推动开源项目发展而设计的。

1. 员工、会员和大使

首先，CNCF 有自己的全职员工，也有 CTO、总监、项目管理等职能岗位。此外，由于 CNCF 的工作大多数是围绕开源项目的社区会议进行的，所以它还有诸如会议和事件管理岗（负责事件统筹和协调）。

其次，CNCF 还会向全球企业招募会员，例如国内的腾讯云、蚂蚁金服和华为等。这些会员每年需要向 CNCF 支付一定的费用来维持它在基金会的席位，这其实也是 CNCF 的重要收入来源。会员是 CNCF 组织中非常重要的组成部分，和 CNCF 一样也押注在云原生领域，并投入研发人力来参与社区项目，以获得更大的影响力。

此外，大使也是 CNCF 组织非常重要的组成部分。大使是 CNCF 非官方的布道师，他们通常是社区的意见领袖。CNCF 借助大使的影响力来传播云原生技术。

2. TOC 和 SIG

除了上述提到的 3 个角色以外，因为 CNCF 也非常注重开源社区的贡献，所以 CNCF 还设置了 TOC（Technical Oversight Committee，技术监督委员会小组）。TOC 小组成员主要来自会员（云厂商）固定席位和社区投票选举。TOC 是 CNCF 的领导层，负责决策和管理 CNCF 的项目和社区。

TOC 主要关注 CNCF 的总体战略和管理。对于 CNCF 托管的项目细节，TOC 很难在代码层面提供指导。为此，CNCF 还设置了 SIG（Special Interest Group，特别兴趣小组）。SIG 是 CNCF 的技术管理机构，负责制定规范以及监督所有的 CNCF 项目。目前，活跃的 SIG 有以下几个。

- ❑ 安全小组：负责云原生访问策略和控制。
- ❑ 存储小组：负责云原生存储项目标准制定。
- ❑ 应用交付小组：负责云原生应用交付，包括构建、部署和管理。
- ❑ 网络小组：负责云原生网络，如 API 网关和负载均衡等。
- ❑ 运行时小组：负责制定云原生运行时标准。
- ❑ 贡献者策略小组：负责贡献者体验，在项目可持续性、治理和开放性方面提供指导。
- ❑ 可观测性小组：负责云原生应用可观测性和最佳实践。
- ❑ 环境可持续性小组：负责云原生环境可持续性，例如碳排放。

总体来说，CNCF 的组织形式如图 14-1 所示。

图 14-1 CNCF 的组织形式

14.1.2 项目托管

开源项目是 CNCF 的核心资产。著名的 Kubernetes、Etcd 和 Helm 等项目都是 CNCF 的托管项目。托管项目来自厂商的捐赠，包括源码、商标、网站等和项目相关的内容。

为了区分项目的成熟度，CNCF 把项目分成 3 个阶段：Sandbox（沙箱阶段）、Incubating（孵化阶段）、Graduated（毕业阶段）。

一个项目被捐赠后会先进入沙箱阶段。进入沙箱阶段后，CNCF 会给予项目一些宣发资源以及亮相云原生大会的机会。经过一段时间后，如果项目的使用人数、贡献者和成熟度符合一定要求，经过 TOC 的评审，项目会进入孵化阶段，最后到毕业阶段。

由此可见，CNCF 的毕业项目是从所有捐赠项目中层层筛选出来的。它们通常已经非常成熟并且被广泛使用，一般代表云原生某个领域的事实标准。

那么，厂商为什么会把自己重金投入的项目免费捐赠给 CNCF？我们认为主要的原因有 3 个。

首先，CNCF 作为云原生的风向标，被接受意味着 CNCF 对项目的认可。

其次，在项目捐赠后，可以通过 CNCF 的影响力吸引更多的用户以及贡献者，进一步完善项目的同时，增强了厂商的品牌影响力，以换取更高的商业价值。

最后，所有捐赠给 CNCF 的项目都有机会成为云原生某个领域的事实标准。一旦自己所维护的项目成为标准，其商业价值是不可估量的。

14.1.3　职业认证

职业认证是 CNCF 最重要的板块之一。在为开发者提供认证的同时，CNCF 也能从中获得收入。

目前，CNCF 的职业认证有以下几个。

❑ CKA：Kubernetes 管理员认证。

❑ CKAD：Kubernetes 开发者认证。

❑ CKS：Kubernetes 安全认证。

❑ KCNA：Kubernetes 管理员助理认证。

❑ PCA：Prometheus 管理员认证。

❑ KCSA：Kubernetes 安全助理认证。

对于开发者来说，推荐参加 CKA 和 CKAD 认证。这两个认证推出的时间长，市场认可度高，在很多 DevOps、SRE 和运维开发工程师的招聘要求上都能看到这两个认证。

14.2　GitOps 原则和优势

2017 年，一家做 Kubernetes 解决方案的初创公司 Weaveworks 首次提出了 GitOps。那时，DevOps 盛行，GitOps 绝对是具有创造性的提出。Weaveworks 对 GitOps 的定义是：利用云原生工具和云服务进行应用程序部署和管理的最佳实践，定位是 DevOps 的进一步扩展。

除了给出定义，Weaveworks 还开源了 Flux CD。它也是现在与 Argo CD 竞争的 CNCF 毕业项目。它们的作用都是监听 Git 仓库的变化，和集群内的对象进行对比，并自动部署和集群内有差异的对象。

需要注意的是，GitOps 并不等于 Flux CD 或者 Argo CD，代表的是一种工程实践方法。在具体实现时，我们需要遵循 GitOps 的四大原则。

GitOps 作为 DevOps 的扩展，它的独特优势也是其能够脱颖而出的原因。

14.2.1　GitOps 的定义

根据 Weaveworks 的总结，GitOps 的定义如下。

❑ 它是一种管理模型，也是一种云原生技术，负责为应用程序的部署、管理和监控提供统一的最佳实践。

❑ 它提供了一种开发者自助发布的实现路径，统一了开发团队和运维团队。

更进一步，GitOps 为开发者提供了持续部署的标准。它以开发者为中心，为开发者提供基础设施管理和运维方法。它通过使用开发者已经熟悉的工具，例如 Git 来管理 Kubernetes 集群，实现应用交付。

Git 仓库作为基础设施和应用的唯一可信源。通过 Git 仓库，开发者可以使用他们熟悉的推送、拉取代码和 Pull Request 流程来对基础设施和应用进行修改。

14.2.2 GitOps 的 4 个原则

任何技术方案都需要一个标准。为了建立行业内的 GitOps 标准，2020 年，由 CNCF 牵头的 GitOps 工作组成立。最初的 GitOps 工作组由 Weaveworks、微软、GitHub 和亚马逊等公司组成。成立工作组之后的第一步，他们启动了 OpenGitOps 项目（目前是 CNCF Sandbox 项目）。

此外，GitOps 工作组还制定了 GitOps 遵循的基本原则：声明式、版本化和不可变、自动拉取、持续协调。

1. 原则一：声明式

声明式是实现 GitOps 的基础。在 GitOps 中，所有工具必须是声明式的，并将 Git 仓库作为唯一可信源。应用可以非常方便地部署到 Kubernetes 集群。最重要的是，当出现平台级故障时，应用可以随时部署到其他的标准平台。

2. 原则二：版本化和不可变

有了声明式的帮助，基础设施和应用的版本可以映射为 Git 源码对应的版本，你可以通过 Git Revert 随时执行回滚操作。更重要的是，Git 仓库版本不会随着时间的推移出现变化。

3. 原则三：自动拉取

一旦将声明式的对象合并到 Git 仓库，意味着提交会自动应用到集群。这种部署方式安全且高效，不存在人工运行命令的步骤，杜绝了人为错误。当然，为了安全起见，你也可以在部署过程中加入人工审批环节。

4. 原则四：持续协调

协调实际上依赖 Flux CD 或者 Argo CD 这些控制器，它们会定期自动拉取 Git 仓库并对比它和集群的差异，然后将差异的对象部署到集群，这样可以确保整个系统进行自我修复。

14.2.3 GitOps 的优势

当有新的内容提交到 Git 仓库时，GitOps 工具会自动对基础设施和应用进行修改。但实际上，背后的机制比看起来要复杂得多。GitOps 工具能够自动对基础设施的状态以及 Git 代码仓库的定义进行对比，当状态不一致时提示并自动同步。

总体来说，GitOps 的优势主要体现在以下 5 方面。

1）提升发布效率。GitOps 显著缩短了软件发布时间。Weaveworks 估计，团队每天的发布次数提升了 30～100 倍，开发效率提升了 2～3 倍。

2）优化开发者体验。GitOps 流水线包含 CI 构建过程，对开发者屏蔽 Kubernetes 内部复杂的工作原理，以便开发人员只需要熟悉 Git 的使用就可以间接控制 Kubernetes 的更新。此外，GitOps 也对新手开发工程师非常友好，降低了开发门槛。最后，GitOps 为开发者提供了自助式发布体验，开发人员可以随时发布和回滚应用。

3）更高的稳定性和可靠性。因为 Git 仓库是唯一可信源，当系统出现故障时，开发者只需要对 Git 仓库进行回滚即可，这将系统恢复时间从几小时缩短到了几分钟。此外，每次变更都会产生新的提交，相当于提供了一个审计日志，有助于追溯操作记录。

4）标准化和一致性。借助声明式和 Kubernetes，Git 仓库定义的对象都是标准化的。它天然支持不同云厂商的产品，当我们需要在其他云厂商的产品中重建环境时，只需要修改部署的目标集群即可。此外，GitOps 流水线对组织的所有团队来说都是一致的，这可以避免不同的团队在实现相同的部署需求时重复造轮子。

5）更高的安全性。因为 GitOps 借助 Git 仓库来存储标准的定义文件，而 Git 仓库的安全性又非常好，所以 GitOps 的存储也是安全的。此外，开发者并不会直接接触到基础设施的凭据，所以，相比较传统的发布过程，GitOps 具有更高的安全性。

14.2.4　GitOps 成为交付标准的原因

GitOps 之所以能成为云原生应用交付的标准，除了上述五大优势以外，还因为它给现有的 DevOps 应用交付模式带来了巨大变革。

它带来的变革性影响主要包括以下几方面。

❑ 将应用交付从推模式转变为拉模式。

❑ 增强了 Infra structure As Code（IaC，基础设施即代码）。

❑ 逐渐取代 DevOps。

1. 将应用交付从推模式转变为拉模式

在 DevOps 主导的应用交付过程中，CD 工具往往需要在 CI 流水线执行完之后才会启动。在这个过程中，CD 工具需要具有集群的访问权限。而在 GitOps 工作流中，当有新的变更提交到 Git 仓库时，集群内的 GitOps 工具会自动对比差异并执行变更。

为什么应用交付从推模式变成拉模式就产生了如此巨大的差异？

在推模式下，修改集群对象时，CI 或 CD 工具需要在集群外部取得凭据，这是非常不安全的做法。此外，推模式下的部署往往是命令式的，例如通过 kubectl apply 来执行变更。

由于缺少"协调"的过程，变更行为并不是原子性的。

而 GitOps 通过 Operator 在集群内实现了拉模式，在解决凭据安全问题的同时，加入了协调过程。这个过程就像是一个不断运行的监视器，不断拉取仓库变更并对比差异。这一切都在集群内实现。

出于安全性和原子性考虑，应用交付从推模式转变为拉模式。

2. 增强了 IaC

以 Terraform 为代表的 IaC 获得了巨大成功，它将以往通过命令部署的操作变成声明式配置方式。GitOps 继承了这个思想，在 GitOps 流程中，不仅通过声明式的方式定义基础设施，还可以定义应用的交付方式，增强了 IaC 的交付。

3. 逐渐取代 DevOps

虽然 DevOps 比 GitOps 支持更广泛的应用程序模型，但随着容器化和 Kubernetes 技术的普及，DevOps 的优势已经不这么明显了。

随着云原生技术的发展，DevOps 的工具链已经逐渐落后于 Kubernetes 的生态系统。GitOps 的工具链相对来说更轻量，也更符合云原生快速发展的需求。

虽然 DevOps 和 GitOps 并不是完全独立的，它们有许多共同目标。但随着云原生的普及，GitOps 和 Kubernetes 的组合注定会成为新的工程实践方式。而随着 GitOps 在开发者群体中的认可度越来越高，DevOps 很可能会淡出开发者的技术选型范围。

14.3 GitOps 最佳实践：Argo CD

2022 年 12 月，CNCF 宣布 Argo 项目从孵化阶段进入毕业阶段。这意味着它和 Kubernetes、Prometheus 这些影响力巨大的项目一样，加入了毕业项目的行列。

Argo 项目其实包括多个子项目，Argo CD 是其中关注度最高且终端用户最多的项目。

CNCF 的统计数据显示，Argo CD 至少被 350 家企业用在生产环境，有超过 2300 家公司和 8000 名个人为这个项目做出贡献。Argo CD 项目在 GitHub 上拥有超过 20000 个 Star，是 CNCF 中最活跃和最多样化的开源社区之一。

为什么 Argo CD 如此成功？它相比 GitOps 的鼻祖 Flux CD 有哪些优势？为什么 Argo CD 会成为最受开发者欢迎的 GitOps 工具？

本节将带你了解 Argo CD 的特性，对 Argo CD 和 Flux CD 进行简单的对比以及学习 Argo 生态。

14.3.1 特性

Argo CD 之所以能够在众多 GitOps 工具中脱颖而出，主要原因如下。

❑ 支持多种应用标准。

- ❑ 对开发者友好的 Dashboard。
- ❑ 支持多租户。
- ❑ 支持多集群。
- ❑ 配置漂移检测。
- ❑ 支持垃圾回收。
- ❑ 其他特性。

1. 支持多种应用标准

Argo CD 几乎支持 Kubernetes 社区所有的应用标准，例如 Kustomize、Helm、Ksonnet、YAML/JSON Manifest 标准。

不管 Kubernetes 应用是以哪种应用标准封装，只要存储在 Git 仓库，Argo CD 都能够将它们作为应用导入，并通过对应的工具渲染成标准的 YAML Manifest，然后应用到集群。

2. 对开发者友好的 Dashboard

Argo CD 内置了对开发者友好的 Dashboard，支持对项目、应用和用户进行管理。通过 Dashboard，开发者可以很方便地创建应用，并观察应用部署的状态。当集群资源和 Git 仓库中的资源不一致时，Dashboard 还会发出提示。

此外，开发者也可以在 Dashboard 执行手动刷新和同步应用操作。一旦应用被创建，Dashboard 还会提供应用的拓扑图，以便用户查看应用包含的资源，了解大致的流量拓扑等。

3. 支持多租户

单个 Argo CD 实例可以处理不同团队下不同的业务应用。它内置了项目的概念，支持多租户应用，并将项目映射到实际的团队。在 Argo CD Dashboard 中，特定的团队成员能看到分配给他们的项目和应用程序。

借助多租户功能，我们可以很方便地用一个 Argo CD 实例来管理组织中的多个团队和应用，实现多租户和隔离性。

4. 支持多集群

Argo CD 可以在它所运行的 Kubernetes 集群上同步应用，同时也可以管理外部集群。

其他集群的 API Server 的凭据会作为 Secret 对象存储在 Argo CD 命名空间。我们可以很轻松地在 Dashboard 管理多集群。在部署应用时，我们还可以选择不同集群进行部署。Argo CD 内置的 RBAC 机制还可以控制用户对不同环境的访问权限。

支持多集群部署在大型组织和应用中非常重要。在这种情况下，业务应用往往被部署在不同的集群，如何更方便地管理多集群是一项很有挑战的工作。

5. 配置漂移检测

当集群的管理员在不通过 GitOps 工作流（也就是将变更提交到 Git 仓库）更改资源时，Kubernetes 资源可能会和 Git 仓库存储的资源出现差异，产生漂移。这是 GitOps 中的常见的一个问题，Argo CD 可以自动检测这些对象漂移，还可以自动将集群对象状态恢复为 Git 仓库中定义的状态。

不过，在 Argo CD 控制台的应用配置中，我们还可以设置是否执行自动恢复策略。

6. 支持垃圾回收

当部署的对象从 Git 仓库中删除时，如果你使用 kubectl apply 命令重新部署，Kubectl 并不会帮助删除集群中已经存在的对象，但 Argo CD 可以很好地解决这个问题。

7. 其他特性

除了上面提到的这些特性，Argo CD 还具有以下特性。

- ❏ 支持手动或自动将应用程序部署到 Kubernetes 集群。
- ❏ 支持自动同步 Git 仓库的变更。
- ❏ 拥有 Web 用户界面和命令行界面（CLI）。
- ❏ 支持可视化部署、可视化检测和修复错误。
- ❏ 支持基于角色的访问控制。
- ❏ 支持基于 GitLab、GitHub、OAuth 2 和 SAML 2.0 等的服务单点登录。
- ❏ 支持使用 GitLab、GitHub 和 BitBucket 的 Webhook。

14.3.2　Argo CD 和 Flux CD 对比

Argo CD 和 Flux CD 各有特点。首先，Flux CD 整体架构比较简单、轻量，也比较容易维护。不过，Flux CD 并没有像 Argo CD 一样提供 Dashboard。对于喜欢通过界面操作的开发者来说，Argo CD 是更好的选择。

其次，在单实例条件下，Flux CD 缺少多租户和多集群的支持。在中大型团队中，Argo CD 是更好的选择。当然，Flux CD 多实例的部署方式虽然能间接实现多租户和多集群的支持，但在管理上增加了复杂度。

然后，在 GitOps 部署的支持上，两者并没有太大差异。它们都只是部署工具，无法自动构建镜像，并且都符合 GitOps 所要求的几大原则。

最后，如果你希望通过二次开发的方法构建 GitOps 工具，同时希望实现多租户支持，那么 Flux CD 可能是更好的选择。

14.3.3　Argo 生态

除了 Argo CD 自身的优势以外，Argo 丰富的生态也是 Argo CD 能够脱颖而出的一个重要因素。Argo CD 可以结合 Argo 生态中的其他工具一起使用，这就扩展了 Argo CD 的能力。

以下是 Argo 生态中的其他工具。

1. Argo Workflows

Argo Workflows 是一个开源工作流编排引擎，用于在 Kubernetes 上编排并行任务。它通过在容器里运行工作流定义的每一个步骤，并将工作流构建成 DAG 来控制任务的依赖关系，特别适合调度密集型计算任务。

当然，我们也可以通过 Argo Workflows 来实现 CI/CD 流水线。

2. Argo Rollouts

Argo Rollouts 可以实现蓝绿发布、灰度发布以及自动金丝雀发布。Argo Rollouts 提供了一组 Kubernetes 控制器和 CRD，让渐进式交付变得非常简单。

此外，Argo Rollouts 可以与 Ingress 和服务网格集成，并结合它们的流量控制功能在版本更新期间逐步将流量切换到新版本。它还支持在发布过程中查询指标，以验证部署结果，进而决定执行升级或回滚操作。

3. Argo Events

Argo Events 是一个事件管理的扩展工具。在 Kubernetes 环境中，我们通常需要管理来自不同系统的事件，并针对事件编写相关的业务逻辑。Argo Events 提供了一个可扩展的事件集成解决方案，支持自定义事件监听器。

Argo Events 支持 20 多个不同的事件源（例如 Webhook、S3、Cron 和消息队列等），并支持 10 多种触发器。通过触发器、Argo Events，你可以将事件源和触发器连接起来，比如，在接收到触发器消息之后，创建 Kubernetes 对象。

Argo Events 一般不独立工作，需要和其他工具集成，比如 Argo Workflows。

4. Argo Autopilot

对于新手而言，从零开始配置 Argo CD 和建立完整的 GitOps 工作流可能存在一定难度。Argo Autopilot 是专门面向 GitOps 新手的 CLI 工具。它可以一键帮你配置好 Git 仓库并安装 Argo CD，同时在 Argo CD 里配置好示例应用。

5. Argo Image Updater

前文介绍了如何使用 Argo Image Updater 来监听镜像版本的修改，并自动触发 GitOps 工作流。

Argo Image Updater 的主要功能如下。

- ❑ 更新 Helm 或 Kustomize 创建的 Argo CD 应用的镜像版本。
- ❑ 支持通过多种更新策略来更新应用的镜像。
- ❑ 支持大部分容器镜像仓库以及私有镜像仓库。
- ❑ 支持将镜像版本回写到 Git 仓库。
- ❑ 支持根据规则过滤特定的镜像版本。

6. Argo ApplicationSet

Argo ApplicationSet 支持一次创建多个 Argo CD 应用。

普通的 Argo CD 应用只能从单个 Git 仓库部署到单个目标集群或者命名空间。Argo

ApplicationSet 提供了更高级的功能，它提供的模板可以一次创建多个 Argo CD 应用。Argo ApplicationSet 在设计上和 Application 是解耦的，可以通过规则生成多个 Application CRD，以此实现多 Argo CD 应用创建。

Argo ApplicationSet 主要提供以下两个功能。

❑ 一次将多个 Argo CD 应用部署到一个或多个 Kubernetes 集群。

❑ 一次从单个 Git 仓库中以模板的方式部署多个 Argo CD 应用。

7. Argo CD Operator

Argo CD Operator 可以管理 Argo CD 及其所需组件。它的一个优点是自动配置 Argo CD，包括升级、备份、恢复以及安装。它的另一个优点是可以自动配置 Prometheus 和 Grafana，为 Argo CD 提供可观测能力。

8. Argo Vault

Argo Vault 用于从各种密钥管理工具中提取密钥并将它们注入 Kubernetes 集群。它支持丰富的第三方密钥管理工具，例如 HashiCorp Vault、IBM Cloud Secrets Manager 以及 AWS Secrets Manager。

Argo Vault 旨在解决 GitOps 和 Argo CD 的密钥管理问题。它希望通过一种不需要 CRD 和 Operator 的方法来管理密钥。Argo Vault 不仅可以用来管理密钥，还可以用来部署 ConfigMap 或任何其他 Kubernetes 资源。

如果在 GitOps 工作流中使用了外部密钥管理工具，那么在使用 Argo CD 实施 GitOps 工作流时，你就需要用 Argo Vault 将这些密钥提取出来并应用到 Kubernetes 集群。

14.4　命令式和声明式开发

云原生得到快速发展，和声明式开发有着极大的关系。

命令式和声明式开发最直观的区别是：命令式开发描述代码执行步骤，通过代码控制程序的输入和输出，是一种过程导向的思想；声明式开发不直接描述代码执行步骤，描述的是期望的状态和结果，由程序内部逻辑控制来实现输入和输出，是一种结果导向的思想。

举例来说，使用 docker run 命令启动一个容器，这就是简单的命令式开发。

当业务逻辑简单且只有一个单体应用时，使用命令式开发简单且直观。但随着系统越来越复杂，加上微服务数量的增加，服务之间就可能产生依赖。例如所有服务都依赖 MySQL 和 RabbitMQ 服务，那么在启动其他服务前就必须启动这两个服务，这时要想人为记住服务依赖和启动顺序，依次执行 docker run 启动服务就变得困难起来。用户需要用一种方法来声明微服务之间的依赖和启动关系。

为了解决这个问题，声明式的服务编排系统出现。在 Kubernetes 之前，其实还有很多容器编排方案，比较知名的有 Docker-compose。你可以通过一个 YAML 文件来声明式地描述服务之间的依赖关系，Docker-compose 会自动处理它们的启动顺序。

本节将介绍什么是命令式和声明式开发、命令式和声明式开发对比、Kubernetes 实现声明式开发的核心原理以及其他声明式项目。

14.4.1　什么是命令式开发

在命令式开发中，一般通过运行一组特定的命令来实现控制流，然后利用赋值和变量来存储中间状态，以便后续流程的使用。它也可能使用流程控制命令（如 for 循环）来对条件进行判断，这是命令式开发的思想。

在云原生时代之前，软件部署和运维通常使用命令式方法实现，也就是通过远程的方式将命令发送到基础设施并运行。如果结果正常，程序运行结束；如果结果不正常，系统则会发送其他命令。

对于实现简单的流程，命令式开发毫无疑问是不错的选择，因为只需要执行一个或一组特定的有序命令就可以完成任务。例如使用 FTP 命令将网站上传到生产环境：

```
ftp 192.168.1.1
put index.html /usr/share/nginx/html
```

当面对复杂的部署场景，例如优雅停止、控制流量和回滚等流程时，工程师一般会编写一系列 Shell 脚本来实现目标。很显然，大量的 Shell 脚本管理和运行完全由运维工程师完成，也很容易因为人为错误而产生故障。

14.4.2　什么是声明式开发

相比较命令式开发，声明式开发不直接描述运行过程，而是描述期望的状态和结果，推导和中间过程由程序内部逻辑实现，对用户相对透明。它会对外提供一套声明式的模板来描述最终的期望状态。

例如，我们在开发中常见的 SQL 语句就可以理解为一种"声明式"思想：

```
SELECT * FROM users WHERE name like "%cici"
```

SQL 语句让用户自己去定义想要什么数据（也就是最终期望的状态）。具体数据库如何存储数据、如何使用更高效的算法和索引来查找数据都由数据库决定，最终返回的数据集是我们期望看到的结果。

再举个例子，有一些团队会因为复杂度而放弃 Kubernetes 而使用 Docker-compose 作为容器编排方案。实际上，它和 Kubernetes 一样，也是声明式容器编排工具。比如，以下 YAML 文件定义了 3 个服务的端口和依赖关系：

```
version: '2.2'
services:
  mysql:
    image: mysql:latest
```

```
    environment:
      - MYSQL_USER=username
      - MYSQL_PASSWORD=password
    volumes:
      - ./mysql/docker-entrypoint-initdb.d:/docker-entrypoint-initdb.d
    ports:
      - "3306:3306"
  redis:
    image: redis:latest
    volumes:
      - redis-data:/data
    ports:
      - "6379:6379"
  api-backend:
    image: api-backend:latest
    depends_on:
      - mysql
      - redis
    ports:
      - "8080:8080"
```

在上述 Docker-compose 例子中，depends_on 字段定义了容器的依赖关系，api-backend 服务会等待 MySQL 和 Redis 服务都启动完成之后才会启动。

试想一下，如果希望通过命令式开发来实现上述程序效果，你首先需要理解依赖关系，然后通过手动的方式来启动 MySQL 和 Redis 服务，再手动启动 api-backend 服务。整个服务启动过程都需要等待并人为判断运行状态，非常麻烦。

类似地，例如现在要创建一个 Nginx 容器，你可以使用 kubectl 命令来创建容器：

```
$ kubectl create deployment nginx --image=nginx
```

当然，你还可以通过 YAML 文件以声明式的方式来创建 Nginx 容器：

```
apiVersion: apps/v1
kind: Deployment
metadata:
  labels:
    app: nginx
  name: nginx
spec:
  replicas: 1
  selector:
    matchLabels:
      app: nginx
  template:
    metadata:
      labels:
        app: nginx
    spec:
      containers:
```

```
    - image: nginx
      name: nginx
```

然后使用 kubectl apply -f 命令把这段 YAML 文件内容应用到集群。

14.4.3　命令式开发和声明式开发对比

至此，相信大家已经理解了命令式开发和声明式开发。为什么 IT 系统的运维和部署会从传统的命令式开发转变为声明式开发？

在理解声明式开发的优势之前，先举一个例子。

假设你现在要去朋友家，以前，你需要你的朋友告诉他的位置，并让他给出具体的路线：先从大路一直走，走到底然后左转，50 米之后然后右转等。你可以把它理解为命令式的思想。

现在有了导航软件，你不再需要记这么烦琐的路线，只需要输入目的地，GPS 会实时计算，并根据你的位置实时给出最佳路线，最终带你到达目的地。你可以把它理解为声明式的思想。

可见，声明式相比命令式没有了中间过程，对开发者屏蔽了分叉的逻辑，减轻了心智负担。

此外，声明式开发还为我们提供了更好的幂等性，这意味着即便多次执行，每次产生的结果也都是相同的。由于我们定义的只是最终所需的状态，因此无论怎么操作，都会得到相同的结果。这就给我们的开发带来了巨大便利。尤其是当我们把声明式的工具集成到 CI/CD 流程之后，我们不再需要人工判断发布条件，只需要在流水线中执行就可以了。

当然，声明式还有其他好处。

❑ 提供版本控制。
❑ 便于管理定义与环境的配置漂移。
❑ 更容易重复运行。
❑ 集中式管理，降低管理成本。
❑ 更高的部署透明度。

表 14-1 展示了声明式开发与命令式开发的优缺点。

表 14-1　声明式开发和命令式开发的优缺点

	声明式开发	命令式开发
优点	• 更低的编程技能要求 • 幂等 • 能够很好地管理配置漂移	• 能够精确控制流程的每一步 • 简单或一次性任务的最优选择 • 运行流程符合直觉
缺点	• 很难控制过程 • 会使简单的任务复杂化 • 更难形成概念	• 需要更多的编程知识 • 很难幂等 • 容易出错

14.4.4　Kubernetes 实现声明式开发的核心原理

Kubernetes 是最具代表性的声明式容器调度系统，那么它是如何实现的？为什么修改 YAML 文件能够实时修改 Pod 的状态？

Kubernetes 实现声明式开发的原理如图 14-2 所示。

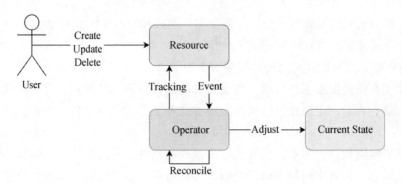

图 14-2　Kubernetes 实现声明式开发的原理

首先，用户通过 Kubectl 来创建、删除和修改资源，例如 Deployment Manifest。此时，运行在集群内的 Operator 会通过消息队列接收资源的变更操作，并触发 Reconcile 协调函数，比对当前资源实际状态和描述状态的差异，进而调整资源。

在这个过程中，Reconcile 协调函数处理是最重要的一个环节，其可以理解为一个循环函数。

```
import (
    ctrl "sigs.k8s.io/controller-runtime"
    cachev1alpha1 "github.com/example/memcached-operator/api/v1alpha1"
    ...
)
func (r *MemcachedReconciler) Reconcile(ctx context.Context, req ctrl.Request)
(ctrl.Result, error) {
  _ = context.Background()
  ...
  // Lookup the Memcached instance for this reconcile request
  memcached := &cachev1alpha1.Memcached{}
  err := r.Get(ctx, req.NamespacedName, memcached)
  ...
}
```

对于 Kubernetes 内置的对象（例如 Deployment、StatefulSet 和 Service），它们由 Kubernetes 内置的 Operator 来实现业务逻辑。你同样可以对 CRD（自定义资源）进行扩展，打造自己的 Operator。

总体来说，Kubernetes 就像基础设施的数据库，Etcd 存储基础设施的 Manifest 描述文件。Kubernetes 提供了一种通用的机制让 Operator 能够实时获取基础设施状态变更信息，至于状态对比以及如何让基础设施达到预期状态，则交由代码逻辑来实现。

14.4.5 其他声明式项目

声明式的思想让很多云原生项目大获成功。除了 Kubernetes 以外，接下来介绍几个在 GitOps 工作流中经常用到的声明式项目。

1. Terraform

Terraform 是一个基础设施自动编排工具，旨在实现 IaC 思想，允许使用声明式配置文件来创建基础设施，例如 AWS EC2、S3 Bucket、Lambda、VPC 等。

它主要有以下几个功能。

❑ 生成执行计划：生成执行计划的步骤并显示，有效避免人为误操作。

❑ 生成资源图表：生成所有资源的拓扑结构和依赖关系，确保被依赖的资源优先执行，并且以并行的方式创建和修改依赖，保证创建资源的高效性。

❑ 变更自动化：当模板中的资源发生变化时，Terraform 会生成新的资源拓扑图。

例如，你可以通过 Terraform 声明式的配置文件创建 AWS S3：

```
provider "aws" {
  region = "cn-north-1"
  shared_credentials_file = "~/.aws/credentials"
  profile = "bjs"
}

resource "aws_s3_bucket" "b" {
  bucket = "my-tf-test-bucket"
  acl = "private"

  tags = {
    Name = "My bucket"
    Environment = "Dev"
  }
}
```

上述声明文件中使用了 aws provider，并创建了一个名为 my-tf-test-bucket 的私有 S3 存储桶，同时配置了标签。之后，运行 terraform plan 和 terraform apply 命令就可以创建定义好的资源了。

使用 Terraform HCL 能够实现对大部分基础设施的创建和修改，将原来需要在控制台执行的操作变更为对代码的编写和定义，实现了"代码即基础设施"。

2. Ansible

Ansible 是使用 Python 开发的自动化运维工具。在容器和 Kubernetes 没有流行之前，它可能是最流行的自动化运维工具。它的核心原理是将声明式的 YAML 文件转化成 Python 脚本并上传至服务端运行，以实现自动化工作。

Ansible 主要组成结构如下。

❑ 模块：由不同功能的自动化脚本组成。

❑ 模块程序：当多个模块使用相同的代码时，Ansible 将这些代码存储为模块实用程序，以最大限度减少重复开发和维护。模块程序只能用 Python 或 PowerShell 编写。

❑ 插件：提供 Ansible 增强能力。

❑ 清单：一组需要被管理的远程服务器列表，例如 IP 或域名。

❑ Playbooks：声明式自动化编排脚本。

与直接编写 Python 脚本不同，Ansible 将各种底层能力封装成模块，通过 Playbooks 进行脚本编排，同时具有自定义插件的能力。

以下 Playbooks 声明将本地 Jar 包上传至远端服务器，并终止当前运行的 Java 进程，最后运行新的 Jar 程序包。

```
tasks:
  # 获取本地 targe 目录的 Jar 包
  - name: get local jar file
    local_action: shell ls {{ pwd }}/target/*.jar
    register: file_name

  # 上传 Jar 包至远端服务器
  - name: upload jar file
    copy:
      src: "{{ file_name.stdout }}"
      dest: /home/www/
    when: file_name.stdout != ""

  # 获取 java-backend 包运行的 pid
  - name: get jar java-backend pid
    shell: "ps -ef | grep -v grep | grep java-backend | awk '{print $2}'"
    register: running_processes

  # 发送退出信号
  - name: Send kill signal for running processes
    shell: "kill {{ item }}"
    with_items: "{{ running_processes.stdout_lines }}"

  # 等待 120s，确认进程是否结束运行
  - wait_for:
      path: "/proc/{{ item }}/status"
      state: absent
      timeout: 120
    with_items: "{{ running_processes.stdout_lines }}"
    ignore_errors: yes
    register: killed_processes

  # 仍未退出，强制结束进程
  - name: Force kill stuck processes
```

```
    shell: "kill -9 {{ item }}"
      with_items: "{{ killed_processes.results | select('failed') |
map(attribute='item') | list }}"

  # 启动新的 Jar 包
  - name: start java-backend
    shell: "nohup java -jar /home/www/{{ file_name.stdout }} &"
```

在上述声明式的 Playbooks 中，将执行的部署行为转变为简单的使用模块并提供参数，例如使用 copy 模块上传文件，使用 shell 模块运行命令，使用 wait_for 模块运行等待。相比传统的编写 Shell 部署脚本，Playbooks 通过模块封装降低了部署难度，同时使部署脚本变得标准化。

14.5 小结

本章从组织形式、项目托管和职业认证方面介绍了 CNCF。还介绍了 GitOps 的四大原则及其优势，以及 Argo CD 成为 GitOps 最佳实践的原因。

此外，本章还介绍了命令式和声明式开发的概念以及区别，剖析了 Kubernetes 实现声明式开发的核心原理。

如何落地 GitOps

如果你有过从 0 到 1 落地一项新技术的经验，相信会有一些负面回忆。当新技术来临时，组织内每个人的反应是不同的，有好奇、有接纳，也可能有拒绝。在我们看来，企业往往很难用技术的先进性来说服团队迅速接受一门新技术，需要从多个角度进行思考。

本章将重点从说服团队以及迁移原则角度介绍如何落地 GitOps。

15.1 说服团队

在落地一项新技术时，首先要做的是说服团队。建议结合云原生架构和 GitOps 的优点，从项目实际情况出发，向团队成员介绍新架构下的发布和运维优势，目的是对齐双方的目标：提升团队研发效率。

俗话说："不打无准备之仗"，你需要提前准备好 GitOps 演示 Demo 和 PPT，尝试将重点放在以下几方面。

1）研发自助发布。

2）提升发布效率。

3）Kubernetes 对业务的帮助：不中断发布；负载均衡，避免单点故障；服务自愈，业务不宕机；根据业务高低峰自动扩缩容；提供高级部署策略。

4）标准化应用。

对于实施 GitOps 的团队来说，因为他们的实施对象是开发者，所以要打动他们就需要从实际的痛点出发，并设计能够解决开发者核心痛点的技术方案和 GitOps 工作流，只要做到这一点，就几乎成功了一半。

在 Demo 演示阶段，你需要做好充分的准备，确保在现场演示完整的发布过程，以便留下好的印象。通常，演示完之后的环节是对你心理承受能力的考验。这时，你往往会面临开发同学的灵魂发问，比如：

- ❑ 新的方案在工作流程上产生的影响是什么？
- ❑ 迁移大概需要多久？
- ❑ 我们需要怎么配合？
- ❑ 迁移如果导致生产故障，怎么办？
- ❑ 会影响我们日常的工作吗？
- ❑ 我们组暂时不想迁移，行不行？

结合实际情况，你需要提前站在开发者的角度设想他们可能会提出的问题，并准备好问题的答案。在大多数情况下，对于提升研发效率的事，管理层会表示支持，你也可以借机提出一些要求，比如将迁移工作纳入季度的 OKR 或绩效考核。这会大大减小实施迁移过程中人为因素导致的阻碍。

15.2　迁移原则

正式迁移涉及的范围非常广，例如不同团队的持续部署习惯、工具链，不同的小组的技术氛围、技术水平和面临的业务。这里提供以下几点迁移原则供参考，以减小迁移阻力。

15.2.1　提供组织保障

提供组织保障是迁移过程中需要遵循的第一原则。也就是说，在迁移过程中要尽量将实施 GitOps 的小组独立出来，为迁移提供人力保障。

不同团队在不同的时期，根据业务情况可能会有不同的组织架构形式。对于产品研发团队，其有两种常见的组织架构：集中式运维管理、分散式小组管理。

1. 集中式运维管理

集中式运维管理的组织架构通常是由 N 个业务研发团队和 1 个运维团队组成。运维团队负责维护所有生产环境所需的资源，例如运行环境、基础设施和集群网络等。

在这种组织架构下，运维团队对业务研发团队负责，并制定相关标准。要实施 GitOps 相当于需要从运维团队手里拆分出一些职权，这是有挑战的。

因为运维团队的特殊性和专业性，在实施迁移过程中往往需要他们的配合，比如提出一些非产品层面的问题，例如网络、业务流程和安全问题等。值得注意的是，这些并不是负责实施 GitOps 的团队所能解决的问题。双方需要把目标聚焦在迁移带来的效率提升和流程优化上。

简而言之，在这种组织架构下，实施 GitOps 的团队首先需要应对来自运维团队的挑战。

2. 分散式小组管理

这种组织架构常见于中大型技术团队。他们崇尚敏捷文化并实施了 DevOps。小组内部的研发工程师兼职运维，他们负责整合工具链并提供自动化部署流程。在这种组织架构下，实施 GitOps 的关键对象是每个小组里负责整合工具链以及实施持续部署的工程师。

这意味着，负责实施 GitOps 的团队需要对每个小组进行迁移落地，这是一个巨大的挑战。其难点在于：不同的小组研发流程可能差异较大，没有 100% 适用于每个小组的迁移方案，有些小组的迁移方案甚至需要定制。

那么，如何解决这个问题？我们认为可以采用"各个击破"的方式。

首先寻找有痛点、感兴趣并且愿意做出流程改变的 1～2 个小组，对他们进行深入调研后制定迁移方案和计划，并在迁移过程中提供 100% 的支持和持续跟进，最终达成迁移目标。

迁移完成后，该小组作为优秀案例，积攒口碑。下一步，寻找机会在各小组内继续宣讲优秀案例和收益，并主动寻找其他小组的痛点，逐步覆盖，最终达成所有迁移小组的目标。迁移过程可能很漫长，短期内很难达到 100% 覆盖，这是正常的。实施团队要保持足够的耐心和决心。

总之，无论哪种组织架构，最重要的都是提供组织保障。也就是说，在迁移过程中要单独成立实施 GitOps 的小组或者将职责纳入已有的基础职能部门，为迁移提供人力资源保障以及合法性。

15.2.2　工作流最小变更原则

工作流最小变更原则指的是在部分环节尽可能复用之前的流程。比如，在实施 GitOps 之前，团队内很常见的实践是通过 Jenkins 来执行 CI/CD 流水线。对于这种情况，工作流最小变更原则就显得很重要了。由于实施 GitOps 工作流涉及非常多工具链以及上下游连接，为了能够平滑迁移，你可以设计两期迁移：在第一期迁移时，仍然使用 Jenkins 作为 CI 工具，但把 CD 流程拆分到 GitOps 工作流；在第二期迁移时，把 Jenkins 替换为其他的云原生构建工具。

实际上，这种迁移原则是在照顾一些短时间内难以改变工具使用习惯的开发者。在迁移的早期阶段，开发者仍然使用部分原来的技术栈和工具是一个很好的开始。对于成熟的业务和团队，推荐通过这种方式来稳步推进迁移。

不过，在评估是否应当遵循这个原则时，你需要综合考虑团队的现状，如果团队目前没有成熟的工具链和使用习惯，并且正面临一系列发布问题，这时应该全量迁移到 GitOps 工作流。

15.2.3　利用已有的基础设施

在大部分情况下，为了减少运维团队对基础设施的维护成本以及资源开支，你可以考虑复用已有的基础设施，例如 Redis、MySQL 和 Kubernetes 集群等。当然，这不是绝对的。有一些运维团队认为故障隔离问题优先于维护成本和开支问题，他们宁愿使用新资源来承载新的业务，这也是一个选择。

GitOps 工具链和已有的基础设施整合度越高，其在团队内的不可替代性就越高，这对巩固 GitOps 的推广成果是很有帮助的。

15.3　小结

由于组织和个人存在特殊性，在落地新技术过程中，情况很容易变得复杂。其实在任何时候，你只需要记住一点：在公司体系下，你需要在实施迁移时找到与你有相同利益的管理者，并争取他们的必要支持，配合同级其他业务组的成员，一起打配合。

特别是在中大型公司，新技术的落地往往意味着打破常规和利益重新分配，如果没有从上到下的支持和推动，仅仅凭借自己的热情是很难实现的。

推荐阅读